06/2500

Über 40 Jahre
Heyne Science Fiction
& Fantasy

2500 Bände
Das Gesamt-Programm

SCIENCE FICTION

Herausgegeben
von Wolfgang Jeschke

ASIMOVS
SCIENCE FICTION

54. FOLGE

ausgewählt und herausgegeben
von
Friedel Wahren

Originalausgabe

WILHELM HEYNE VERLAG
MÜNCHEN

HEYNE SCIENCE FICTION & FANTASY
06/6345

Das Umschlagbild malte Bob Layzell
Übersetzungen aus dem amerikanischen Englisch
von Karl Bruckmaier, Michael Koseler, Siglinde Müller
und Michael Siefener

Umwelthinweis:
Dieses Buch wurde auf chlor- und
säurefreiem Papier gedruckt

Deutsche Erstausgabe 3/2000
Redaktion: Friedel Wahren

http: // www.heyne.de
Printed in Germany 2000
Umschlaggestaltung: Nele Schütz Design, München
Technische Betreuung: M. Spinola
Satz: Schaber, Satz- und Datentechnik, Wels
Druck und Bindung: Elsnerdruck, Berlin

ISBN 3-453-16195-5

INHALT

Nancy Kress

EIN DAMPFSCHIFFSOLDAT AN DER INFORMATIONSFRONT

Kurz bevor das Flugzeug in Logan aufsetzte, überprüfte Allan Haller ein letztes Mal das PSD an der Rückseite seiner Krawattennadel. Gut. Intensive Schwingungen im Cathy-Symbol, hyperintensive bei Suzette, und sogar Charlie zeigte eine akzeptable Oszillation. Kein Grund, einen von ihnen zu kontaktieren; so konnte er Zeit sparen. Genauso bei Patty und Jon – ihre Symbole zitterten und flatterten fast mit Höchstgeschwindigkeit. Und noch drei Minuten bis zur Landung.

»Meine Güte, schau sich das mal einer an«, sagte seine Sitznachbarin freundlich. Sie war von der wohlgerundeten, großmütterlichen Sorte und hatte seit La Guardia versucht, ihn in ein Gespräch zu verwickeln. »Darf ich fragen, was das für ein Apparat ist?«

Nein, hätte Allan fast gesagt, denn was sollte das bringen? Aber dann sah er sie noch einmal an. Teures Jackett, guter Haarschnitt, Tasche von Gucci. Auf alle Fälle steckte Geld dahinter, das aber bestimmt nicht aus einem Unternehmen kam. Reiche alte Frauen bevorzugten sichere und unflexible Geldanlagen. Doch was hatte er zu verlieren? Zweieinhalb Minuten bis zur Landung. Er wußte nur zu gut, daß man Spekulationskapital manchmal an den seltsamsten Orten fand.

»Das ist ein PSD – ein Persönliches Symbol-Display«, sagte er zu Mütterchen Moneten. »Es zeigt den Grad elektronischer Interaktion in meiner Familie an – das hier ist meine Frau Cathy, und diese zwei Symbole stehen für meinen Sohn und meine Tochter, und hier sind zwei meiner wichtigsten Geschäftspartner. Jeder von ihnen ist mit einem PISEL verbunden, einem ›persönlichen interaktiven schwach elektronischen Feld‹. Es befindet sich in verschiedenen Kleidungsstücken, die durch einen schwachen Strom, der ihnen durch den Körper fließt, miteinander in Kontakt stehen. Alle Interaktionen mit anderen elektronischen Feldern in ihrer Nähe werden in ihren PISELn registriert und drahtlos zu ihren PSDs geschickt. An der Vibrationsintensität des Cathy-Symbols zum Beispiel erkenne ich, daß sie jetzt wahrscheinlich an ihrem Terminal arbeitet – eine ganze Menge Daten gehen augenblicklich durch ihr Symbol. Suzette spielt vermutlich Tennis – sehen Sie, ihr Symbol hyperoszilliert genauso, wie es PISEL-Felder tun, wenn sie eine physische Schnellbewegungsinterferenz empfangen, und Charlie hier…«

»Sie schicken elektrischen Strom durch den Körper Ihrer Kinder?« Mütterchen Moneten klang erschrocken.

»Das ist nicht gefähr…«

»Die *ganze* Zeit über? Und Sie spielen den Großen Bruder für sie? Die *ganze* Zeit über?«

Allan schnippte die Krawattennadel herunter. Nun, es war das Wortgeplänkel wert gewesen, denn die Zeit, die er im Gespräch mit ihr verbracht hatte, war sowieso Ruhezeit gewesen. Mit einem leichten Schlag setzte die Maschine auf der Landebahn auf.

»Haben Sie… also, ich will ja nicht unhöflich sein, aber hat Ihre Familie denn nichts dage…«

Aber Allan bewegte sich bereits den Gang entlang und auf die Gangway zu. Er hatte den vordersten Sitz gebucht, weil er dann als erster aussteigen konnte. Als die anderen Passagiere noch nach ihrem Gepäck in den Fächern über sich griffen, befand er sich schon im Flughafengebäude. Er ging schnell und sprach in sein Telefon.

»Jon, was hast du für mich?«

»Einen dritten Interessenten. Draußen in Newton. Die Mietwagengesellschaft wird die Maximaleffizienzroute nehmen. Die Gesellschaft heißt *Feigenpudding* und das Produkt NewsSort. Es geht durch das ganze Internet und fahndet nach Ergänzungen für Suchwörter, dann vergleicht es die neuen Wörter mit denen, die der Benutzer in der Vergangenheit genommen hat, und trifft eine Vorauswahl für ihn – die übliche statistisch-algorithmische Chose. Aber sie behaupten, daß sie eine Erfolgsquote von dreiundneunzig Prozent haben.«

»Ziemlich viel, wenn das stimmt.«

»Ein kleines Geplänkel wert«, sagte Jon in New York. »Es liegt alles in Boston.« Er legte auf.

Allan blieb nicht einen Augenblick lang stehen. *Feigenpudding.* Der niedliche Name bedeutete, daß es eine alte Firma war – übriggeblieben aus einer Generation, die einen Computer noch nach einer Frucht und eine Computersprache nach einem heißen Getränk benennen konnte. Aber ein paar von diesen exzentrischen alten Knackern hatten es noch voll drauf. War ein Geplänkel wert.

»Ihr Wagen wartet bei diesen Koordinaten«, sagte seine Armbanduhr und zeigte ihm gleichzeitig eine Karte von Logan. »Vielen Dank, daß Sie das Mikroglobalpositionssystem benutzt haben.«

Allan wand sich durch die Menge und zwängte sich an den Schnellimbissen, den öffentlichen Terminalständen und den Virtual Reality-Stuben vorbei, die vollgestopft mit dort geparkten Kindern waren, während die Eltern auf ihre Flüge warteten. Der Fahrer, der Allan natürlich bereits durch das MGPS geortet hatte, hatte schon die Wagentür geöffnet und kannte die Zeitplanänderungen, die Jon ihm übermittelt hatte, sowie die MaxEffiz-Route. Es waren keine Worte nötig. Allan sank auf den Rücksitz und entfaltete sein MaschenNet.

Das war das letzte Investment von Haller Ventures gewesen, das auf den Markt gekommen war. Ein leichtes, flexibles Tuch, das mit Optikfaserdrähten wie mit Maschen durchsetzt war; man konnte es fast so klein zusammenfalten wie ein Taschentuch. Und doch konnte es fast so viele Daten empfangen wie jedes andere normale Terminal *und* sie in variableren, komplexeren Konfigurationen anzeigen. Das MaschenNet war alles, was High-Tech sein sollte: schnell, kraftvoll, sowohl an Allans Sprache als auch an seine vorher ausgewählten Berührungskommandos angepaßt und kompatibel mit seinem PSD und fast allen anderen Informationssystemen – alles für MaxEffiz. Es würde jeden, der mit Haller Ventures in Verbindung stand, reich machen.

Noch reicher.

»Jon Nachricht«, sagte Allan zu dem MaschenNet. »Anzeige.« Und da standen alle Informationen über *Feigenpudding*: Börsendaten, Jahresberichte, zusammengefaßte Insider-Informationen, die Jon mit seiner üblichen Effizienz durch die Haller-Investment-Algorithmen hatte laufen lassen. Niemand an der Informationsfront konnte besser abchecken als Jon – außer Allan selbst natürlich.

Er studierte die *Feigenpudding*-Daten sorgfältig. Es sah gut aus, sehr gut.

»Fünf Minuten bis zu Ihrem ersten planmäßigen Halt«, sagte seine Armbanduhr. Eine Sekunde später summte das Telefon und überspielte dann automatisch den Anruf auf das MaschenNet, sobald es nachgeprüft hatte, daß das MaschenNet ausgefaltet war. Cathys Bild erschien auf der weichen, metallischen Oberfläche.

»Cathy Nachricht«, sagte Allan. Der Fahrer war neugierig geworden und heftete seinen Blick auf den Rückspiegel, doch Allan beachtete ihn nicht. Bei ihm war definitiv nichts zu gewinnen.

»Hallo, Liebling«, sagte Cathys Stimme. »Zeitplanänderung.«

»Gib mir's«, sagte Allan, der noch mit einem Auge auf die *Feigenpudding*-Projektionen schielte.

»Suzette hat's geschafft. Sie ist im Halbfinale der Denver-Unter-Zehn-Eiskunstlauf-Meisterschaft!«

»Das ist ja großartig!« sagte Allan. Verdammt, er hatte wirklich tolle Kinder. Obwohl Charlie... »Ich werde ihr meine Glückwünsche senden.«

»Gut. Aber sie muß am Dienstag mit der Neun-Uhr-Zwanzig-Maschine fort. Ich muß im Darlington-Fall ins Gericht von Albuquerque. Kannst du sie zum Flughafen bringen?«

»Augenblick, Schätzchen.« Allan rief die neueste Version seines Zeitplans auf. »Kann ich nicht. Patti hat etwas für mich in Brüssel von Montag abend bis Dienstag nachmittag und auf dem Heimflug etwas in einem Londoner Biotech-Labor.«

»In Ordnung«, sagte Cathy freundlich. Sie war immer freundlich; das war einer der Gründe, warum Allan froh war, daß er sie zur Frau hatte. »Ich werde einen Fahrer für sie bestellen, und Mrs. Canning kann sie begleiten. Betrachte es als erledigt. Stehen unser Abendessen und der ganze andere Hokuspokus am Mittwoch noch?«

»Laß mich nachsehen... ja, es sieht gut aus. Fünf Uhr im Chicago Plaza.«

»Ich werde da sein«, sagte Cathy. »Oh, und ruf Charlie an, ja? Heute?«

»Was ist denn mit Charlie los?«

»Wieder dasselbe«, sagte Cathy, und einen Augenblick lang schwankte die Freundlichkeit in ihrer Stimme.

»In Ordnung«, antwortete Allan. »Mach dir keine Sorgen.«

»Bist du auf dem Weg zu Novation?« Cathy erhielt natürlich alle Änderungen seines Zeitplans, und er erhielt die ihren. Sie hatte allerdings weniger Änderungen; sogar Anwälte von ihrer Güte blieben manchmal drei lange Tage hintereinander in derselben Stadt. »Novation ist eine Bioroboterfirma, nicht wahr?«

»Ja«, sagte Allan. »Patti treibt die Sache ganz schön an. Aber ehrlich gesagt: Ich habe kein großes Vertrauen in Grundlagentechnologie und ihre vollmundigen Behauptungen. Sie versprechen den Mond und liefern einen schäbigen Asteroiden. Ich glaube nicht, daß ich beeindruckt sein werde.«

»Das ist mein Mann, wie er leibt und lebt. Setz ihnen die Pistole auf die Brust. Ich liebe dich.«

»Ich liebe dich auch«, sagte Allan. Cathys Bild verschwand aus dem MaschenNet.

»Zwei Minuten bis zu Ihrem ersten planmäßigen Halt«, sagte seine Uhr.

Perfekt.

Allan hatte unrecht. Er hatte zwar nicht erwartet, daß Novation ihn beeindrucken würde, aber fast gegen seinen Willen war er schließlich doch beeindruckt.

Sobald er den reizlosen Betonbau betreten hatte, spürte er das Rauschen der Daten. Sie vibrierten, rannten umher, tanzten. Was immer einen Ort an die vorderste Informationsfront katapultierte – dieser Ort hatte es.

Seine Kontaktperson betrat die Vorhalle gleichzeitig mit Allan. Immer einen Schritt voraus. Es war eine Indianerin in den späten Dreißigern; sie trug eine locker sitzende Khakihose und ein rotes Hemd. Jede ihrer Bewegungen war schnell und leicht. Ihre schwarzen Augen glänzten vor Intelligenz.

»Allan. Ich bin Skaka Gupta, die Chefwissenschaftlerin von Novation.« Das hatte Allan natürlich bereits gewußt, genauso wie alle wichtigen Einzelheiten über ihre Karriere, und sie wußte, daß er es wußte. »Herzlich willkommen in unserer Bioroboter-Einheit.«

»Vielen Dank.«

»Möchten Sie einen MaxEffiz-Ausdruck unseres augenblicklichen Status haben?« Das war reine Höflichkeit; das offizielle Profil von Novation hatte seine Firma schon gestern erhalten. Heute morgen hätte es ein Update gegeben, falls sich über Nacht etwas geändert hätte. Und sie wußte bestimmt auch, daß er es bevorzugte, wenn die Zahlen und Hochrechnungen, in denen das offizielle Profil nur ein einzelner Faktor war, von seinen eigenen Leuten zusammengestellt wurden.

»Nein, vielen Dank.« Allan lächelte. »Aber ich bin sehr neugierig, Ihre Arbeit mit eigenen Augen zu sehen.«

»Na, dann los.« Sie lächelte völlig selbstsicher zurück. Oder war es ihre Arbeit, die sie sicher machte? Allan hoffte es, denn er konnte den Erfolg riechen. Es roch nach Geld.

»Ich werde Ihnen etwas über die Grundlagen erzählen«, sagte Skaka, »und Sie fallen mir mit Ihren Fragen ins Wort, wann immer Sie wollen. Soeben gehen wir durch das Biolabor, wo wir die Roboter bauen. Oder eher zum Wachsen bringen.«

Hinter einer Glaswand stand eine Reihe steriler Tische, die von Automaten überwacht wurden. Ein einsamer Techniker mit weißem Kittel und Handschuhen arbeitete an einem weit entfernten Tisch. Allan sagte: »Ich will sehen, ob ich das hier verstehe. Ihre Roboterkörper sind grundsätzlich Massenware-Zylinder mit einer Elektrofeld-Interkommunikation, kletterfähigen Gliedern und den üblichen Sensoren.«

»Das ist richtig. Wir werden sie gleich sehen. Sie

sehen aus wie aufrecht stehende Blechdosen mit vier dünnen, unbeholfenen Beinen und zwei ebenso dünnen und unbeholfenen Armen. Aber ihre Prozessoreinheiten sind völlig neuartig. Jeder Schaltkreis, den Sie in den Klarsichtboxen sehen, ist gewachsen. Wir beginnen mit gewebeartigen Silikonplatten, in die Logikschaltkreise implantiert sind, und besäen sie dann mit Fötalneuronen, die auf synthetischen Peptiden gewachsen sind. Das benutzte Fötalgewebe stammt aus unterschiedlichen Quellen. Obwohl die Grundschaltkreise identisch sind, bilden die Neuronen schließlich verschiedene Axone und Dendriten aus. Und da fötale Hirne immer mehr Neuronen produzieren, als sie letztendlich benötigen, verkümmern auf den verschiedenen Schaltkreisen nicht immer dieselben Neuronen. Am Ende ist jeder Prozessor unterschiedlich, und deshalb sind auch die Roboter leicht unterschiedlich.«

Allan sah sich in dem stillen, ordentlichen Labor um. Skaka wartete nur. Schließlich sagte er: »Ihre Firma ist nicht die einzige, die diese Technik erforscht.«

»Nein, natürlich nicht. Aber wir haben wesentliche neue Varianten entwickelt – wesentlich in verschiedener Hinsicht. Aber das ist natürlich alles unser Eigentum, bis Sie sich bei uns eingekauft haben.«

Bis und nicht *wenn.* Das gefiel Allan.

»Der Beweis dafür, wie sehr sich unsere Techniken von den anderen unterscheiden, liegt da vorn. Hier entlang geht es zum Primatenhaus.«

»Affen?« fragte Allan verwirrt. Das hatte *nicht* in seinem Vorab-Dossier gestanden.

Skaka lief munter voran. Sie lächelte über die Schulter zurück. »P-r-i-m-A-c-h-t-Haus. Das war nur ein Witz. Im Augenblick haben wir acht Roboter in je einem von zwei verschiedenen Entwicklungsstadien. Beide Gruppen befinden sich in einer Lernumgebung, die den geschlossenen Waldsystemen nachempfunden ist, wie man sie früher einmal für Schimpansen benutzt hat. Folgen Sie mir.«

Sie führte ihn aus dem Labor hinaus und durch einen fensterlosen langen Korridor. Auf halbem Weg piepste Allans Krawattennadel zweimal.

»Verzeihen Sie, Skaka, aber wo sind die Toiletten?«

»Durch diese Tür dort.«

Hinter der Tür drehte Allan seine Krawattennadel um. Das PSD-Symbol für Charlie vibrierte nicht mehr. Sofort rief Allan seinen Sohn an.

»Charlie? Wo bist du?«

»Was meinst du damit? Es ist Freitagabend, oder etwa nicht? Ich bin in der Schule.«

»In...«

»In Aspen.«

»Warum bist du nicht in Denver?«

»Doch nicht diese Woche, Vati. Hast du das etwa vergessen?«

Allan hatte es vergessen. Mrs. Cannings Stundenplan für die erzieherischen Echtzeit-Erfahrungen der Kinder war komplex, auch wenn Allan natürlich über sein MaschenNet Zugang zu ihm hatte. Vielleicht hätte er einen Blick darauf werfen sollen. Aber es ging nicht um Charlies körperlichen Aufenthaltsort.

»Was tust du denn in Aspen, mein Sohn? Jetzt in dieser Sekunde?«

»Nichts.«

Allan schluckte seine Verärgerung herunter. Und auch seine Sorge. Charlie – der so hübsch, so intelligent und gerade erst zwölf Jahre alt war – verbrachte schrecklich viel Zeit damit, nichts zu tun. Er saß in dem einen oder anderen Zimmer herum und starrte ins Leere. Das war nicht normal. Er sollte draußen sein und Fußball spielen oder durch das Internet surfen oder Mädchen necken oder mit dem Fahrrad fahren.

Selbst Lesen wäre produktiver als dieses passive Starren ins Nichts.

Allan sagte: »Wo ist Mrs. Canning? Warum läßt sie es zu, daß du nichts tust? Du weißt, daß wir sie dafür nicht bezahlen.«

»Sie glaubt, daß ich meinen Aufsatz über die archäologische Ausgrabung schreibe, die wir in der Wüste gemacht haben.«

»Und warum schreibst du ihn dann nicht?«

»Das werde ich schon tun. Also, Paps, ich muß jetzt los. Bis nächste Woche. Hab dich lieb.«

»Aber Charlie …«

Das Telefon verstummte.

Sollte er ihn zurückrufen? Wenn Charlie so war, antwortete er oftmals nicht. Wenn er *wie* war? Was stimmte nicht mit einem Jungen, der sich einfach ausklinkte und nur herumhockte?

Nichts. Nichts war ungewöhnlich an seinem Sohn.

»Allan? Alles in Ordnung?« Skaka klopfte behutsam an die Tür der Herrentoilette. Verdammt, wie lange hatte Allan auf Charlies regloses PSD-Symbol gestarrt? Zu lange. Der Zeitplan würde noch zum Teufel gehen.

»Alles bestens«, sagte er und trat in den Korridor hinaus. »Tut mir leid. Jetzt wollen wir uns aber das Prim-Acht-Haus anschauen.«

»Solche Daten haben Sie bestimmt noch nie gesehen«, versprach Skaka und lief schneller, um die verlorene Zeit wieder hereinzuholen.

Solche Daten hatte er wirklich noch nie gesehen.

Jede der beiden identischen ›Lernumgebungen‹ war riesig; sie maßen zwei mal drei Morgen, waren von einer durchsichtigen Plastikmauer umgeben, mit grauen Plattformen in verschiedenen Höhen und Winkeln eingerichtet und hatten Stufen, Rampen und Schlaglöcher, Mini-Labyrinthe und Hindernisse, die von außerhalb des Geheges verändert werden konnten. Die Gelände sahen aus wie monochrome Minigolfplätze nach einem Erdbeben. Im ersten Gehege befanden sich acht Blechdosenroboter. Sie bewegten sich langsam und schwerfällig über das verrückte Gelände. Jeder von ihnen war mit einem hellen Logo bemalt: ›Trumans Hot Log‹, ›Pringels Kartoffelbits‹, ›Campbells Grüne Ionensuppe‹.

»Programmiererhumor«, erläuterte Skaka. »Dieser Haufen ist erst gestern aktiviert worden. Wie Sie sehen, haben sie noch nicht viel über Navigation gelernt und erst recht nicht wie sie ihr Ziel am wirkungsvollsten angehen.«

»Was ist denn ihr Ziel?« fragte Allan. Jetzt kamen sie zu dem Teil des Manövers, das nicht von seinem Dossier abgedeckt wurde.

»Sehen Sie diese grau-grünen Scheibchen, die überall in der Gegend verstreut liegen? Die Roboter sollen davon so viele wie möglich einsammeln, und zwar so schnell wie möglich.«

Allan spähte durch das Plastik. Jetzt sah er die Scheibchen; jedes hatte etwa die Größe eines kleinen Kekses. Sie lagen in Löchern, auf Geländern, zwischen Gehwegen und unter Rampen. Der ihm an nächsten stehende Roboter namens Sandswitch griff mit seinem zangenbewehrten ›Arm‹ nach einem der Scheibchen. Er verfehlte es. Das Scheibchen glitt fort, und der Roboter fiel vornüber. Bei dem Versuch, sich wieder aufzurichten, geriet er zu nahe an den Rand eines großen Schlagloches und fiel um sich schlagend hinein.

Allan lachte. »Krieg ist die Hölle.«

»Wie bitte?« fragte Skaka.

»Nichts. Wie viele Scheibchen haben die Roboter bisher eingesammelt?«

»Eins.«

»Und wie lange sind sie schon dabei?«

»Sechs Stunden. Kommen Sie bitte jetzt mit zu Prim-Acht-Zwo.«

Allan folgte ihr wieder einmal. Sie kamen an Trumans Hot Log und Nedweiser Bier vorbei, die sich gerade gegenseitig blockierten. Jedesmal, wenn der eine nach rechts auswich, um den anderen zu umrunden, tat der andere dasselbe. Es endete damit, daß sie sich an der Plastikmauer festgefahren hatten und mit ihren vier dürren Beinen sinnlos gegeneinander anmarschierten.

Skaka schloß eine Tür auf und führte Allan auf einen Laufsteg, von dem aus das zweite Gehege zu überblicken war. Es war identisch mit dem ersten und enthielt ebenfalls acht bemalte Roboter, die bewegungslos dastanden.

»Passen Sie auf«, sagte Skaka.

Sie drückte auf einen Knopf. Ein Schwall graugrüner Scheibchen ergoß sich aus der Decke und landete in Löchern, auf Geländern, zwischen Wegen und unter Rampen. Sofort wurden die Roboter lebendig. Sie marschierten, kletterten, suchten. Allans Uhr prickelte am Handgelenk, und seine Krawatte zuckte. Selbst außerhalb des Geheges registrierte sein elektrisches Biofeld die gewaltige Datenmenge, die durch die Luft brandete, als die Roboter miteinander kommunizierten. Innerhalb weniger Minuten waren alle Scheibchen auf einen Haufen zusammengetragen worden; jetzt wurden sie durch einen Schlitz im Gehege geschaufelt. Sie fielen in einem Schwall auf den Boden des Korridors.

»Rhesus Christus«, sagte Allan unpassenderweise. »Wollen Sie mir weismachen, daß diese Roboter das selbst gelernt haben? Daß sie keine über die ersten Bioboter hinausgehende Programmierung hatten?«

»Exakt«, sagte Skaka triumphierend. »Sechs Minuten und neunundvierzig Sekunden. Sie schlagen immer wieder ihren eigenen Rekord, weil sie immer geschickter an die ganze Sache herangehen. Diese Gruppe lernt seit fünf Wochen und zwei Tagen.«

»Das möchte ich noch einmal sehen.«

Skaka drückte den Knopf und setzte weitere Scheibchen frei, die an andere Stellen als zuvor fielen. Die acht Roboter wurden tätig. Allan bemerkte, daß sich nicht jeder Roboter einen eigenen Bereich innerhalb des Geheges aussuchte, sondern daß sie jeweils aufgrund einer komplexen Berechnung der Nähe und der relativen Höhe, des Schwierigkeitsgrads des Einholens und offenbar sogar der unterschiedlichen eigenen Beweglichkeit, die sich aus den voneinander abweichenden fötalen Neuronen in ihren Prozessoren ergaben, auf die einzelnen Scheibchen losgingen. Mehr als einmal sah er, wie ein Roboter auf ein bestimmtes Scheibchen zulief, dann abdrehte und einem anderen entgegeneilte, während ein anderer Roboter das erste Scheibchen ergriff.

»Das ist richtig«, sagte Skaka und sah Allan scharf an. »Sie haben gelernt, die Erfolgsquote zu erhöhen, indem sie ihr Wissen teilen. Und sie treffen gemeinschaftliche Entscheidungen, die unseren mathematischen Analysen nach auf einer sehr genauen Kenntnis ihrer unterschiedlichen Fähigkeiten beruhen. Und sie haben *alle diese Techniken selbst entwickelt*.«

Allan beobachtete, wie Hot Bytes Salsa auf seinen spindeldürren Beinen zum Schlitz in der Wand rannte und die Scheibchen hindurchschob.

»Sechs Minuten, vierunddreißig Sekunden«, erklärte Skaka. »Allan, ich bin sicher, jemand wie Sie erkennt den Durchbruch, den dies für den Bereich des autonomen Computerlernens bedeutet. Jetzt ist die künstliche Intelligenz – mit allen Konsequenzen, die sich für wirtschaftliche oder militärische Systeme ergeben – fast in Reichweite. Sieht das nicht nach einer lohnenden Investition für Ihre Risikokapitalfirma aus?«

Allan beobachtete, wie sich die Plastikscheibchen über Skakas Füße ergossen. *Die Beute gehört dem Sieger.*

»Ja«, sagte er. »Wir sollten darüber reden.«

Danach bedeuteten *Feigenpudding* und *Morrison Telekommunikation* einen Abstieg. *Feige* war vielleicht eine kleine Investition wert, nur damit man auch in dieser Branche einen Brückenkopf hatte, aber es war nichts Größeres. *Morrison Telekommunikation* war unverdaulich, befand sich nicht einmal in der Nähe der Front, ja nicht einmal im Kriegsgebiet. Immer dasselbe.

Allan flog nach Washington DC und verbrachte die Nacht im jüngst renovierten Watergate. Jon hatte ihm morgen zwei Geplänkel mit Labors gebucht, die Regierungsarbeit machten, und Patti hatte zwei Einsatzbesprechungen mit Firmen hinzugefügt, die bereits Haller Ventures-Geld benutzen. Während des Abendessens studierte er die beiden Infos, die man ihm geschickt hatte. Bis zum Dessert hatten sich die Zahlen bereits einmal und die morgigen Treffen zweimal geändert.

Auch in seinem Zimmer fand Allan keine Ruhe. Es lief nichts Gutes im Fernsehen, und das bei zweihundertvierzig Kanälen. Er konnte sich nicht einmal auf sein Lieblingsnetspiel ›Kriegsschach‹ konzentrieren. Jedesmal, wenn er einen Spielstein bewegte, konterte ihm der Computer mit atemberaubender Geschwindigkeit. Als er seinen Leutnant an den gegnerischen Panzer verlor, der jede beliebige Anzahl von Feldern durch alle drei Dimensionen ziehen konnte, gab Allan auf. Es war eine Erleichterung für ihn, als Cathy anrief.

»Allan? Wie war's heute?«

Er erzählte ihr von Novation – vor Cathy hatte er keine Geheimnisse. Sie war beeindruckt, was ihn ein wenig aufmunterte. Aber dann sagte sie: »Hör mal, Liebling, ich muß leider unser Treffen am Mittwoch umplanen. Es hat sich schließlich doch die Möglichkeit ergeben, nach Hongkong zu fliegen.«

»Im Burdette-Fall? Großartig!« zwang er sich zu sagen. Cathy hatte lange darauf hingearbeitet.

»Ich bin natürlich wahnsinnig aufgeregt. Lane überarbeitet meinen Terminplan. Wir schicken ihn dir, sobald das ganze Durcheinander geordnet ist. Hast du Charlie angerufen?«

»Ja. Er sitzt immer noch oft tatenlos herum. Schatz, meinst du nicht auch, daß wir ihm, äh, Hilfe besorgen sollten?«

Cathys Stimme änderte sich. »Du weißt, daß ich darüber auch schon nachgedacht habe. Mit ihm ist alles in Ordnung – es wäre nur eine Vorsichtsmaßnahme…«

»Ich werde Jon darum bitten, geeignete Psychologen ausfindig zu machen«, sagte Allan schwer. »Vielleicht könnten wir unser Treffen umterminieren, etwa auf…«

»Huch, ich muß weitermachen. Lane hat ein neues Update für den Burdette-Fall. Himmel – ich und die internationale Politik! Ich kann es noch kaum glauben. Ich liebe dich.« Cathys Bild verschwand.

»Ich liebe dich auch«, sagte Allan zu dem leeren MaschenNet.

Aber es gab keinen Grund, in Schwermut zu versinken. Er wollte Suzette anrufen; seine Tochter war immer eine reine Freude. Suzette aber nahm augenblicklich keine Anrufe entgegen. Allans Bruder in Florida ebenfalls nicht. Sein System informierte ihn darüber, daß seine Mutter in der Ägäis segelte und ihn zurückrufen werde, wenn sie heimgekehrt war, es sei denn, es handle sich um einen Notfall. Es war aber kein Notfall. Die Symbole auf seinem PSD vibrierten und schimmerten allesamt, selbst das von Charlie, Gott sein Dank.

Allan ging zu Bett.

Am nächsten Tag fühlte er sich großartig. Konferenzen, der Datenfluß, Geld und neue Möglichkeiten. Himmel, das liebte er. Ein prothetisches System, beinahe unsichtbar, um das menschliche Gehör bis auf 30.000 Hertz zu steigern. Eine wesentliche Steigerung der Bildauflösung von Überwachungssatelliten. Einer der endlosen kleinen Fortschritte in der Nanotechnologie, durch den Atome neu zusammengesetzt wurden – ein späterer ›Geist aus der Flasche‹ für die Telekommunikation und jede andere Industrie.

Um 6.18 Uhr rief ihn Skaka Gupta an, während er gerade die Nanotech-Einsatzbesprechungsnotizen zusammenpackte. »Allan, es tut mir leid, daß ich Ihnen den Tag durcheinanderbringe, aber könnten Sie noch heute nacht hierher zurückfliegen? Ich möchte Ihnen etwas zeigen.«

Ihre Stimme zitterte vor Aufregung. Allan spürte, wie sie über die Netzverbindung sprang und seine Nerven elektrisierte. So konnte er einen weiteren trostlosen Abend in einem Hotelzimmer vermeiden. Aber er sagte mit kalter Professionalität: »Mein Zeitplan ist ziemlich voll, Skaka. Sind Sie sicher, daß der Rückflug nach Boston es wert ist?«

»O ja«, sagte sie. Der Ton in ihrer Stimme bewirkte, daß er Jon anrief, um den Zeitplan zu ändern.

Die Roboter in Prim-Acht-Eins kämpften immer noch darum, Scheibchen zu finden und zu apportieren. Trumans Hot Log lag auf seiner zylindrischen Seite wie ein umgedrehter Käfer und wedelte mit den spindeldürren Beinen im verzweifelten Versuch, sich wieder aufzurichten. Skaka rannte förmlich auf Prim-Acht-

Zwei zu und warf nicht einmal einen Blick durch den Plastikzaun.

»Sehen Sie«, sagte sie vor dem zweiten Gehege. »Beobachten Sie das!«

Aber es gab nichts zu beobachten. Die acht Roboter standen bewegungslos in dem unebenen Gelände herum. Es verging eine Minute, dann eine weitere. Allan wurde langsam ungeduldig. Seine Zeit war schließlich kostbar. Er hätte sich statt dessen mit Jon abgleichen, Updates erhalten, Hilfe für Charlie organisieren oder auch Kriegsschach spielen können...

Plötzlich bewegten sich die Roboter. Sie rumpelten schwerfällig zu etwa gleichweit voneinander entfernten Positionen innerhalb des Geheges. Es entstand eine kurze Pause, und dann regneten die Scheibchen von der Decke herab. Innerhalb weniger Minuten waren sie alle eingesammelt. Ungesüßte Intelsoße warf sie durch den Schlitz.

»Sechs Minuten, vierzehn Sekunden«, keuchte Skaka. »Die physischen Beschränkungen werden weiteren Fortschritten bald einen Riegel vorschieben. Aber darum geht es jetzt nicht mehr. Allan, sie haben gelernt, vorauszuahnen, wo die Scheibchen herunterkommen werden. Sie ahnen Ziele voraus, die noch nicht einmal ausgesucht worden sind!«

»Aber es gibt ein regelmäßiges Schema, nicht wahr? Angenommen, die Scheibchen fallen alle zwei Stunden...«

»Nein! Das ist ja gerade das Verblüffende! Die Scheibchen fallen in der Tat nicht ganz willkürlich. Es gibt ein Schema, und zwar dasselbe, das wir von Anfang an benutzt haben, auch wenn ich zugeben muß, daß wir es gestern wegen Ihres Besuchs verändert hatten. Das übliche Schema besitzt eingebaute Variationen aufgrund menschlicher Faktoren wie Arbeitsschichten, Mitarbeitertreffen, Mittagspausen. Die Roboter haben dies anscheinend die ganze Zeit über beobachtet und nehmen jetzt den Zeitpunkt, zu dem die Scheibchen fallen, mit hundertprozentiger Genauigkeit vorweg. Sie erahnen auch die Stellen, an denen die rollenden und abprallenden Scheibchen wahrscheinlich zur Ruhe kommen. Das Gelände wechselt zwar täglich, aber die Stellen in der Decke, aus denen die Scheibchen kommen, sind unveränderlich. Seit der letzten Nacht begeben sie sich zum Einsammeln in eine MaxEffiz-Position, und zwar ein paar Minuten *bevor* die Scheibchen fallen!«

Allan starrte die Blechdosen-Roboter und ihre grellen Logos und dümmlichen Namen an. Vorausahnendes Zielmanagement, basierend auf eigenem Erlernen eines Musters aus variierenden Intervallen. In Biochips. Hier lag ein ungeheures Potential für die Industrieproduktion, für die Wartung von Maschinen, für die Beschleunigung von Voraussageprogrammen… Seine Gedanken überschlugen sich.

Skaka sagte sanft: »Glauben Sie nicht auch, daß dies die Reise wert war?«

Allans Stimme blieb gelassen, auch wenn es ihn große Anstrengung kostete. »Möglicherweise. Aber natürlich habe ich eine ganze Reihe von Vorbehalten und Fragen. Haben Sie zum Beispiel…?« Sein Telefon klingelte. Zwei Piepser. Ein Prioritätsanruf.

»Papa? Charlie hier. Hast du schon gewußt, daß unsere Nachbarn in Aspen verhaftet worden sind?«

»Charlie, ich habe im Augenblick ziemlich viel zu tun. Ich bin bei einer…«

»Sie sind wegen *Terrorismus* verhaftet worden. Hier wimmelt es von Polizisten.«

Terrorismus. Polizisten. Bomben. Gewehre. Welche Nachbarn? Allan konnte sich nicht erinnern, in Aspen irgend jemanden getroffen zu haben.

»Wo ist Mrs. Canning? Ich will mit ihr sprechen. Geht es dir gut?«

»Natürlich geht es mir gut«, sagte Charlie verächtlich. »Mrs. Canning hat Suzette zur Eislaufbahn mitgenommen.«

»Also, ich will, daß du folgendes tust. Einen Augenblick noch...« Reichlich spät erinnerte sich Allan an Skaka, die so tat, als hätte sie nichts mitbekommen. »Entschuldigen Sie, Skaka, es ist mein Sohn...«

»Natürlich«, sagte Skaka. Sie wandte den Blick ab und schaute in das Robotergehege. Ihre etwas zu steife Schulter sagte: *Hast du dein persönliches Leben etwa so schlecht im Griff, daß es dir bei der wahrscheinlich wichtigsten Investment-Gelegenheit des Jahrzehnts in die Quere kommt?*

»Charlie, ruf als erstes deine Mutter an und erzähl ihr, was du mir gerade gesagt hast. Und ruf auch Mrs. Canning an. Dann nimm dir einen Wagen mit Fahrer, pack deine Sachen zusammen und auch die von Suzette und Mrs. Canning. Laß dich von dem Fahrer zum Appartement in Denver bringen. Ich werde Jon oder Patti anweisen, daß sie die Wagenrechnung bezahlen und das Haus in Aspen stornieren.«

»Aber Papa...«

»Tu es einfach, Charlie. Ich will nicht, daß du in Gefahr gerätst!«

»Ja, in Ordnung.« Charlie klang verärgert. Der Heldenmut eines Zwölfjährigen.

Schnell rief Allan Jon an. Skakas Schultern waren immer noch steif. Allan bedauerte es, daß er seinen Vorteil ihr gegenüber verloren hatte. So beherrscht wie möglich sagte er zu Skaka: »Mein Sohn. Es hat Aktivitäten von Terroristen gegeben, und dabei hätte es eigentlich eine sichere Nachbarschaft sein sollen. Ich mußte ihn da rausholen.«

Ihre Augen weiteten sich. »Natürlich. Welche Art von Terroristenaktivität?«

Allan fiel auf, daß er gar nicht danach gefragt hatte. Er kannte weder die Anklagepunkte noch die Situation und schon gar nicht die Nachbarn. Sie waren ortsgebunden, er dagegen verbrachte die meiste Zeit auf Reisen um den ganzen Globus.

»Die Art, die unter Kontrolle ist«, sagte er und hoffte, daß sie diese Ausrede nicht hinterfragen würde. »Wir können innerhalb einer halben Stunde dort raus sein. Charlie ist ein guter Packer.«

Skaka lächelte. »Meine Tochter auch. Und wir ebenfalls; wir haben keinen festen Wohnsitz. Ich weiß nicht, wie die Wissenschaftler vor den Zeiten der Blitzmiete klargekommen sind.«

»Ich auch nicht.« Allan war ihr wieder freundlicher gesinnt; sie machte seinen Rückfall ins Zivilleben entschuldbar. »Welchen Plan benutzen Sie?«

»Lebendiges Amerika. Ihren Code-Neun-Plan: Mietwohnungen mit drei Schlafzimmern, nicht weiter als zehn Minuten vom Flughafen entfernt, warmes blaues Dekor, Drei-Sterne-Luxus. Sie suchen uns sogar unser Lieblings-Haustier für jedes Domizil aus. Es gefällt meinem Mann, meiner Tochter und unserem Kindermädchen sehr gut.«

»Wir haben Code-Elf. Vier Schlafzimmer. Wir haben zwei Kinder.«

Allan und Skaka lächelten sich an, dann sahen sie weg. Das war das Problem, wenn man über persönliche Dinge redete: Es störte die Strategie. Späher mußten für sich bleiben, immer in Bewegung, angespannt und wachsam. Die Informationsfront war ein unberechenbarer Ort.

Skaka sagte lebhaft: »Meine Mitarbeiter werden sehr genau beobachten, was die Roboter als nächstes in ihr Wissen aufnehmen – falls es überhaupt noch etwas sein sollte. Wenn sich ein weiterer Durchbruch ereignet, werden sie mich benachrichtigen, und dann werde ich Sie benachrichtigen.«

»Gut«, sagte Allan. »In der Zwischenzeit sollten wir

über den Durchbruch reden, den wir schon erzielt haben. Ich habe da ein paar Fragen.«

»Schießen Sie los«, bat Skaka. Ihre Schultern entspannten sich.

Allan verbrachte die Nacht in einem Schlafflugzeug nach Singapur. Mrs. Canning quartierte die Kinder im Denver-Appartement ein. Suzette beschwerte sich allerdings, daß die hiesige Eislaufbahn nicht so gut wie die in Aspen sei. Sie wollte sich gern in Chicago einmieten, das ›Trainer Palmer zufolge eine X-Mega-Eislaufbahn‹ hatte. Allan versprach ihr, darüber nachzudenken. Cathy rief ihn an und verschob ihr romantisches Rendezvous auf Sonntag; ihr Fall zog sich hin. Patti fand noch zwei Firmen heraus, die Allan überprüfen sollte; beide befanden sich am Ende der Welt, beide waren mögliche Sahnehäubchen. Eine befand sich in Sydney, die andere in Brasilia. Das Charlie-Symbol auf Allans PSD zeigte keine Bewegung.

Das Unternehmen in Singapur hatte etwas entwickelt, das man dort ein ›reizend ernsthaftes Näherkommen‹ an einen alten Traum bezeichnete: die intelligente Straße, die in der Lage war, selbständig Autos zu lenken, so daß der Fahrer sich auf andere Dinge konzentrieren konnte. Allan hatte erwartet, daß sein Besuch darauf hinausliefe, einen der unabhängigen Berater einzuschalten, die Haller Ventures für die Bewertung automobiler Technologie benutzte, aber nicht einmal das war nötig. In Singapur hatte man nichts entwickelt, was Allan nicht schon gesehen hätte. Das war kein Geplänkel wert. Also auf nach Sydney.

Vom Flugzeug aus rief er Charlie an. »Sohnemann? Nicht gerade viel Aktivität in deinem PSD-Symbol.« Völlig vibrationslos, fünf geschlagene Stunden lang, und es war nicht die Zeit, zu der Charlie erwartungsgemäß schlief.

»Nein«, sagte Charlie in neutralem Tonfall.

Allan versuchte, unbeschwert zu klingen. »Was tust du denn?«

»Nichts.«

»Charlie…«

»Als Robert Fulton das Dampfschiff erfunden hat, haben mindestens drei andere Jungs dasselbe zur selben Zeit auch erfunden. Wußtest du das schon?«

»*Charlie…*«

»Muß los, Paps. Liebe dich.«

»Drei Minuten bis zur Landung«, sagte seine Armbanduhr. »MGPS-Koordinaten für Ihren Wagen werden angezeigt.«

»Allan!« rief Patti. »Etwas in Tunis. Sieht wie ein echter Vorposten an der Front aus. Das Unternehmen heißt *Saharasonne,* und es stellt Solarzellen her. Berichte folgen. Auch eine Routenänderung auf dem Plan für morgen.«

»Zwei Minuten bis zur Landung.«

Allan schloß die Augen. Doch als das Flugzeug anhielt, war er der erste, der aufsprang, seinen Reisekoffer packte und von der ersten Reihe aus die Maschine verließ. In Djakarta.

Nein – in *Sydney*. Djakarta war morgen.

Oder übermorgen?

Sydney war Faseroptik mit gesteigerter Durchflußkapazität dank eines feinkörnigeren Gemischs.

Djakarta war medizinische Technologie, und zwar ein verbesserter Elektrokardiograph, der Fibrillationen vorhersehen konnte, indem er Elemente der Chaos-Theorie in die computergesteuerte Datenauswertung einarbeitete. 81,3 Prozent Erfolgsquote. Bisher.

Bombay war nichts. Angeblich ein wichtiger Fortschritt bei holographierter Videokonferenzschaltung, aber in Wirklichkeit ein ganz alter Hut. Jon hatte sich einen Ausrutscher geleistet.

Bern waren eine Einsatzbesprechung und eine Inspektionstour bei einem laufenden Investment, das sich jetzt in der Beta-Testphase befand. Dort traf Allan einen Buchhalter und Qualitätsversicherungsexperten von Haller Ventures.

Mailand war faszinierend. Die Bestleistung für Parallelsystemprozessoren lag bei einer Trillion Operationen pro Sekunde. Die italienischen Technik-Freaks hatten das mit der halben Hardware erreicht, die dafür üblich war. Es gab viele lärmende Gesten und einen erdigen Toskanerwein.

Tunis war Roboter in der Wüste. Die Unternehmer fuhren Allan bis zum Rand der Sahara; sie wurden in den Landrovern meilenlang auf steinigen Pisten durchgeschüttelt und kamen schließlich zu einem sonnenüberfluteten Ort, an dem Solarplatten von einfachen Robotern zusammengebaut wurden. Die Roboter montierten sich auch selbst. Sie trennten Erze aus dem Wüstensand, das sie als Rohmaterial benutzten, und gebrauchten Solarenergie, um die notwendigen hohen Temperaturen zu erzeugen: ein sich selbst erhaltendes mechanisches Königreich, das sich langsam über den leeren Wüstenboden ausdehnte. Die überschüssige Solarenergie wurde in Elektrizität umgewandelt, die wiederum verkauft werden sollte, sobald die Kabel gelegt waren. Eine solide, konservative Strategie. Allan orderte sofort eine Tech-Berater-Bewertung einschließlich einer Klimavorhersage für dreißig Jahre. Schon früher waren Wüstenkriege an das Klima verloren worden.

Er erwischte einen Transatlantikflug nach Hause. Der Termin in Brasilien war verschoben worden. Cathy war zusammen mit Suzette, die an einem größeren Eiskunstlaufwettbewerb teilnahm, nach Los Angeles geflogen – der Ausflug nach Tunis hatte ihr

Rendezvous wieder einmal durchkreuzt. Charlie befand sich mit der kommerziellen Edukationsgruppe, die Mrs. Canning für ihn gebucht hatte, auf einer Wanderung durch die Natur des Yosemite-Parks. Das gemietete Appartement in Aspen – nein, Aspen war storniert worden, und außerdem waren sie in diesem Monat wegen Suzettes Wettbewerbsplan sowieso in Oakland – wäre leer.

Die kleinen tunesischen Roboter hatten wie rechteckige Koffer und nicht wie zylindrische Blechbüchsen ausgesehen. Trotzdem rief Allan während seines transatlantischen Flugs Skaka Gupta an. Sie war in Bern. Allan änderte seine Route und flog nach Boston. Er mochte es nicht, in eine frisch gemietete Wohnung nach Hause zu kommen, wenn niemand auf ihn wartete.

Bei Novation traf er einen etwa dreiundzwanzigjährigen nervösen jungen Mann in Jeans und mit einem Lederpullover. Er trug die unvermeidlichen, mit winzigen Spiegeln besetzten Turnschuhe. Allan erkannte seinen Typ: ein Software-Experte. Linkisch, höllisch aufgeweckt und voll stiller Verachtung für ›Erbsenzähler‹. Nein, so hieß es nicht mehr: Jetzt nannte man es ›Geldgebertölpel‹. Allan lächelte eisig und sah leicht gelangweilt drein.

»Paul Sanderson? Allan Haller. Sie sollen mich auf Skakas Informationsstand hieven, stimmt's?« Soweit Allan wußte, hatte Skaka keine Daten für einen neuen Informationsstand hinterlassen.

Paul Sanderson sah verwirrt drein. »Ja… nein, ich meine, sie hat mir nichts dagelassen… ich kann Ihnen nur zeigen, was die Roboter jetzt können.«

»Schön, schön. Aber schrauben Sie Ihr Fachkauderwelsch auf ein Minimum zurück.« Ein Präventivschlag mit der Gewalt eines Befehls. Sanderson würde es ihm entweder übelnehmen oder lammfromm werden; bestimmt wußte er nicht, wie Allan nach dem Willen seiner Chefin behandelt werden sollte.

Er wurde lammfromm. »Nun, ja, äh, hier entlang.«

Die Roboter in Prim-Acht schienen Allan etwas weniger unkoordiniert zu sein, auch wenn sie noch immer hoffnungslos herumirrten. Campbells Grüne Ionensuppe stürzte auf ein Scheibchen los, verfehlte es aber. Sanderson bummelte an dem Gehege vorbei, spähte durch das Plastik, war unruhig und nervös. Warum? Allan wollte seine eigene Gereiztheit verbergen, drehte deshalb seine Krawatte um und überprüfte sein PSD.

Alle Symbole vibrierten so schnell, daß er ihre Position kaum erkennen konnte.

»Sie haben hier ein überstarkes Datenfeld erzeugt!« rief er aus, und als Sanderson sich mit einem verlegenen Grinsen nach ihm umdrehte, verstand er. »Das haben Sie doch, oder etwa nicht? Sie haben die ganze Anlage in ein Mikrowellenfeld umgewandelt, damit die Prim-Acht-Zweier eine direkte Schnittstelle mit dem Internet haben. Sie haben sie dafür mit Kommunikationssoftware nachgerüstet.«

Sanderson nickte einfältig. »Ich weiß, daß ich Sie nach den Bestimmungen hätte warnen müssen, bevor Sie das Feld betreten, aber wenn man ihm so kurz ausgesetzt ist, stellt es keine Gefahr dar, wirklich nicht. Ihre eigenen Kommunikationssysteme werden wieder normal funktionieren, sobald wir...«

»Es geht mir weder um meine Systeme noch um meine Gesundheit!« schnauzte Allan. »Aber Skaka hat mir versprochen, mich über alle größeren Änderungen in der Versuchsanordnung auf dem laufenden zu halten.«

»Nun, es hat eigentlich keine gegeben«, sagte Sanderson. »Obwohl wir gehofft hatten... aber bisher hat sich nichts verändert. Die Roboter sehen noch immer das Schema der Scheibchenverteilung voraus und…«

»Ist Prim-Acht-Eins ebenfalls mit dem Internet verbunden? Oder wollen Sie mir das auch nicht verraten?«

Sanderson sah entsetzt aus. »Nein, natürlich ist es nicht angeschlossen. Wenn wir es nicht an exakt derselben Stelle täten wie bei dieser Gruppe, würden wir den Forschungsverlauf gefährden.«

»Die Gefährdung des Vertrauens Ihres Investors scheint Ihnen im Gegensatz dazu egal zu sein«, giftete Allan. »Schön. Sagen Sie Mrs. Gupta, sie soll mich anrufen, wenn sie zurück ist. Und seien Sie bitte darauf vorbereitet, daß ich meine eigenen Auswerter mitbringe, da man mir offensichtlich nicht alles freiwillig mitteilt.«

»Bitte, Mr. Haller, glauben Sie nicht, daß… weil…«

»Das ist alles«, zischte Allan, drehte sich um und ging.

Als er wieder in seinem Wagen saß, fragte er sich, warum er so wütend war. Nun gut, es gehörte ihm ein Teil von Novation, aber es gehörte ihm doch schließlich eine ganze Menge Vorposten, bei denen sich die Front abrupt und unvorhersehbar änderte. Das lag in der Natur einer Front. Warum also hatte er sich so aus der Fassung bringen lassen?

Er wußte es nicht. Und er hatte keine Zeit, um darüber nachzudenken. Sein nächster Flug ging in zweiundvierzig Minuten.

Gerade noch genug Zeit, um die Informationen für die Frühstückskonferenz morgen um 6.30 Uhr zu studieren.

Cathy und Allan kamen schließlich in New York zusammen; sie hatte eine unerwartete Routenänderung in ihrem Plan gehabt. Als er den Aufzug betrat, spürte Allan, wie sich seine Brust versteifte. Es war zehn Tage her, seit er seine Frau das letzte Mal gesehen hatte! Wie sehr er sie doch vermißte... und wie sehr er das schwindelerregende Gefühl ihrer Treffen liebte. Sicherlich waren Paare, die die ganze Zeit über zusammen waren, nicht mehr so erregt.

Er wurde nicht enttäuscht. Als sie danach zusammen in dem großen Hotelbett lagen und er sah, wie das Wandprogramm von einem hektischen Rot zu einem kalten, sanften Blau überging (wahrscheinlich reagierte es auf ihr Atmen), fühlte sich Allan vollkommen zufrieden.

Cathy erlaubte ihm aber keine lange Ruhepause. »Schatz, wir müssen über ein Problem reden. Über Charlie.«

Sofort änderte sich Allans Stimmung. Er stemmte sich gegen die Kissen. »Wie hat er denn in Los Angeles gewirkt?«

»Seltsam.« Cathy zögerte. »Ich weiß, daß er dabei ist, erwachsen zu werden, daß er flügge wird, daß Feindseligkeiten zu erwarten sind, blablabla... aber er *war nicht* feindselig. Er war so nett zu Suzette wie immer und war richtig begeistert von ihr, als sie gewonnen hatte. Und er war mir gegenüber gar nicht verschlossen. Aber seine persönlichen Interessen gehen in eine seltsame Richtung. So hat er zum Beispiel viel über das Zeitalter der Aufklärung und dessen soziale Konsequenzen geredet.«

»Ein Minütchen«, sagte Allan. Er griff nach seinem MaschenNet, das zerknüllt mit dem Rest seiner Kleidung auf dem Boden neben dem Bett lag, und machte einen Schnell-Check. *Zeitalter der Aufklärung (18. Jahrhundert): eine Periode großen intellektuellen Bewußtseins und starker Aktivitäten, charakterisiert durch Infragestellung von Autoritäten, Betonung der Experimentalmethode in der Wissenschaft und kreativer Selbstbestimmung in Kunst, Kultur und Politik.*

»Das hätte ich dir auch sagen können«, meinte Cathy gereizt.

»Ich weiß.« Cathy war Anwältin; sie wäre viel zu tief in gut recherchierte Einzelheiten eingedrungen, als es Allan lieb war. »Aber das ist doch nur Geschichte, stimmt's? Interesse an Geschichte, das klingt doch gar nicht so schlecht. Übrigens hat mir Charlie auch irgendwas über Robert Fulton und das Dampfschiff erzählt. Vielleicht hat Mrs. Canning eine neue Unterrichtsreihe gestartet.«

»Nein, das habe ich schon überprüft. Sie konzentrieren sich noch auf Erdkunde. Aber das ist noch nicht alles. Ich habe mir Zugang zu Charlies Zweiundzwanziger verschafft – zu der Datei mit seinen persönlichen Notizen, aber natürlich nur zum unverschlüsselten Teil, und er...«

»Er benutzt immer noch einen Zweiundzwanziger? Gütiger Gott, dieser Computer ist doch schon seit mindestens drei Monaten veraltet! Ich werde dafür sorgen, daß er einen neuen bekommt – es kommt gerade etwas viel Besseres heraus.«

Cathy sagte scharf: »Es kommt immer gerade etwas viel Besseres heraus. Aber das ist nicht der springende Punkt, Allan. Ich habe in dieser Datei Listen von ›Zeitaltern‹ gefunden. Alle Listen unterschieden sich in Einzelheiten, aber es waren *Dutzende.*«

»Was meinst du mit Zeitaltern?«

»Steinzeit. Eisenzeit. Das heroische Zeitalter. Das Zeitalter des Glaubens. Das Mittelalter. Das Zeitalter der Aufklärung und Vernunft. Das Industriezeitalter. Das Weltraumzeitalter. Das Informationszeitalter. Das ist immer das letzte auf jeder Liste, vermutlich weil es unser eigenes Zeitalter ist. Dutzende verschiedener Listen!«

»Komisch«, sagte Allan, weil Cathy eindeutig erwartete, daß er etwas dazu sagte. »Aber ehrlich gesagt,

Cathy, das klingt nicht gefährlich. Er macht sich also Gedanken über Geschichte. Das ist doch gut, oder etwa nicht?«

»Beweisstück Nummer drei: Als ich ihn nach den Listen fragte, war er nicht wütend darüber, daß ich in seiner Datei herumgeschnüffelt hatte. Statt dessen hat er mich auf seine typische, eindringliche Art angeschaut und nicht einen einzigen Gesichtsmuskel bewegt – du weißt ja, wie er ist – und gesagt: ›Mami, woher wissen wir, daß wir tatsächlich Krieger an der Informationsfront und nicht einfach nur heimatlose Leute sind?‹«

Allan überlegte. Das klang tatsächlich bedenklich. »Hast du ihn gefragt, ob er der Meinung ist, daß du und ich zuviel auf Reisen sind? Daß wir uns anstrengen sollten, öfter als Familie zusammenzusein?« Das hatte ihm und Cathy schon mehrfach Sorgen gemacht.

»Ja. Aber er sagte, darum gehe es überhaupt nicht; bei den Eltern seiner Freunde sei es überall dasselbe. Also habe ich ihn gefragt, worum es dann gehe, und er meinte nur: ›Wenn Dampfschiffzeit ist, dann ist Dampfschiff*zeit*‹ und versank danach wieder in einen seiner üblichen träumerischen Zustände. Allan, ich konnte ihn nicht einmal dazu bringen, sich eine halbe Stunde lang mit mir zu unterhalten, und ich habe wirklich alles versucht. Es war, als ob er ganz woanders sei, während er doch direkt vor mir saß!«

Allan starrte aus dem Fenster. Tief unter ihnen summte der beruhigende New Yorker Verkehrslärm. Allan sagte langsam: »Ich habe die Namen von zwei guten Kinderpsychologen; einer in Denver, der andere in San Francisco.«

»Na, das wird's nicht bringen, weil wir erst in ein paar Wochen wieder in Oakland sein werden. Wir werden uns alle während des Shepard-Prozesses in Kansas City einmieten. Würde es dir vielleicht etwas ausmachen, dir endlich einmal unseren Plan einzuprägen?«

Nach einer Minute fügte sie hinzu: »Tut mir leid.«

»Ist schon in Ordnung«, sagte Allan. »Ich weiß, daß du dir auch Sorgen um Charlie machst. Ich werde einen Psychologen finden, und zwar in...« Für einen Augenblick herrschte in seinem Kopf völlige Leere. »... in Kansas City.«

»In Ordnung.« Cathy lächelte schwach und klammerte sich dann an ihn. Er spürte die Spannung in ihrem nackten Rücken.

Charlie war immer ein so problemloses Kind gewesen. Die Temperamentvolle war Suzette gewesen. Das ist der Grund, warum wir uns Sorgen machen, sagte Allan zu sich; es ist alles relativ. Aber trotzdem: War es normal für ein Kind, einfach nur dazusitzen und in einen entrückten Zustand zu verfallen, in dem er den Leuten nicht einmal mehr antwortete? Sich so zu verschließen?

Er war nicht einmal ins Internet eingeklinkt. Alles mögliche konnte passieren, ohne daß Charlie es überhaupt mitbekam!

Allan hielt seine Frau noch fester umschlungen. »Ich ändere meine Route und besuche ihn morgen.«

Es war nicht einfach, die Route zu ändern. Weder Jon noch Patti waren erfreut darüber. Jon mußte nun selbst nach Raleigh fahren und sich das Knochenmark-Scannen ansehen. Der Direktor einer Firma, die preiswerte orbitale Sonnensegel in Dallas herstellte, wäre zwei Wochen lang nicht zu sprechen, falls Allan die Verabredung verpaßte, weil der Direktor dann in Tokio war. Und er sagte naserümpfend, eine Videokonferenz sei kein annehmbarer Ersatz. Allan sagte Patti, sie solle dem Direktor sagen, er möge sich doch bitte zum Teufel scheren. Er buchte einen Flug zum neuen Appartement in Kansas City.

Aber dann rief ihn Paul Sanderson von Novation an. Skaka Gupta war wohl wieder irgendwo anders. »Sie sagten... ich meine, Sie schienen das letzte Mal, als Sie hier waren, anzudeuten, Allan, äh, Mr. Haller, daß Sie es sofort wissen wollten, wenn etwas Wesentliches mit den Robotern passiert, und deshalb...«

»Und? Ist etwas passiert? Der Zeitpunkt könnte leider nicht schlechter sein. Können Sie mir die neue Entwicklung beschreiben?«

»Aber sicher«, sagte Sanderson mit so großer Erleichterung in der Stimme, daß Allan beschloß, besser doch persönlich bei Novation zu erscheinen. Es roch nach Wichtigem. Wenn er sofort einen Flieger nach Boston nahm, selbst wenn es ein Last Minute-Flug sein sollte... Mist, er haßte Last Minute-Flüge. Wenn doch nur die Fortschritte im Personentransfer mit denen im Datentransfer mithalten würden! Wenn er also einen Last Minute-Flug erwischte und dann noch einen Flug zum Appartement nach Kansas City nahm, so daß er spätestens um Mitternacht dort war...

»Machen Sie sich keine Mühe. Ich bin heute nachmittag bei Ihnen.«

»In Ordnung«, sagte Sanderson unglücklich. »Wir erwarten Sie.«

Wir. Er und die Roboter? Identifizierte sich Sanderson schon so sehr mit ihnen? Vielleicht; diese Ingenieurtypen schienen alle kein richtiges Leben zu haben. Nur endloses Basteln an Computerprogrammen, immer dieselbe Routine, derselbe Ort, dieselben Zeiten.

Plötzlich suchte eine Erinnerung Allan heim. Sie war so lebendig, so überwältigend. Er schien sich nicht mehr mitten in einem rasenden großstädtischen Flughafengebäude zu befinden, sondern in den kühlen Wäldern hinter dem Haus, in dem er aufgewachsen war; er lag rücklings auf einem Teppich aus Kiefernnadeln. Billy Goldman, sein bester Freund, lag neben ihm; sie beide starrten hoch auf die sonnenbetupften Zweige, die den Himmel verzierten, und rochen die süßen, würzigen Kiefern, und Billy sagte: »Wie kann man nur ein Mädchen küssen? Igittigittigitt!«

Woher war denn *das* gekommen? Allan schüttelte erstaunt den Kopf, um ihn wieder freizubekommen. Das Gedächtnis war schon ein seltsames Ding. Es stürzte sich auf Unzusammenhängendes, Zweckloses, Unprofitables, Unwesentliches. Auf Ablenkung.

Als er Boston erreichte, hatte er Kopfschmerzen, und keine Tablette half.

Er kam in schlechter Stimmung bei Novation an. Sanderson begrüßte ihn nervös. »Hier entlang, Mr. Haller. Wir gehen sofort zu Prim-Acht-Zwei, es sei denn, Sie hätten gern einen, äh, Kaffee oder vielleicht...«

»Nein. Gehen wir.«

Sanderson marschierte an Prim-Acht-Eins vorbei, ohne den Kopf zu wenden, doch Allan hielt inne und studierte die Roboter. Es schien ihm, als sammelten sie die Scheibchen etwas zügiger und geschickter auf. Er glaubte sogar zu sehen, wie Trumans Hot Log nach vorn stürmte und dann jäh auswich, um nicht mit Bitte ein Byte zusammenzustoßen. Langsam fingen sie an, zusammenzuarbeiten.

Bei Prim-Acht-Zwei hingegen war keine Veränderung festzustellen. Die Roboter standen bewegungslos in dem Gelände. Allan und Sanderson standen vor dem Gehege; Sanderson zappelte nervös herum. »Fall der Scheibchen in sieben Minuten. Wissen Sie, wir wollen das Schema nicht verändern. Dann brauchten Sie zwar nicht zu warten, aber Sie würden nicht dasselbe Phänomen sehen, das wir beobachtet haben, und deshalb...«

»Ich verstehe«, sagte Allan. »Ich kann warten.«

Aber er mußte die sieben Minuten mit irgend etwas ausfüllen; Sanderson einzuschüchtern reichte ihm nicht. Das schwere Datenfeuer bedeutete, daß er keinen Zugang zu seinem MaschenNet hatte. Statt dessen wiederholte Allan die persönliche Datei aus dem Zweiundzwanziger seines Sohnes. Er hatte sich vom Flugzeug aus Zugang zu ihr verschafft und sich gesagt, daß die elterliche Pflicht schwerer wog als die kindliche Privatsphäre.

Zeitalter der Aufklärung... Zeitalter der Aufklärung... Informationszeitalter... Zeitalter der Vernunft... Aufklärung? Nein, nein, nein... neuer Start. Steinzeit Eisenzeit Bronzezeit... nein nein nein NEIN NEIN es ist irgendwo hier – NOCH ZU TUN: Sektionen 84-86 Hausaufgaben für Dienstag drei Beispiele für Eruptivgestein Mutti ein Geburtstagsgeschenk kaufen... ZEITALTER DER AUFKLÄRUNG... Das Mädchen, das ich im Park gesehen hab, hatte keine Unterwäsche an!!!!!! **ZEITALTER DER AUFKLÄRUNG**...

Die Roboter hinter der Plastikwand rumpelten in Position, kurz bevor die Scheibchen aus der Decke gestreut wurden. »Sie haben ziemlich gut gelernt, die Antizipationszeit zu verkürzen«, erläuterte Sanderson. Allan gab darauf keine Antwort. Er beobachtete die Roboter dabei, wie sie mit größtem Erfolg die Scheibchen einsammelten. Sie schienen nicht schneller als zuvor zu sein, aber auch nicht langsamer. Sein MaschenNet war tot, vermutlich weil die Roboter die gesamte Bandbreite des Internets in Beschlag genommen hatten. Was genau luden sie sich herunter? Und was konnten ihre Biochip-Gehirne damit anfangen? Sie benötigten doch die gewaltigen Bibliotheken des Internets nicht dazu, die Scheibchen geschickt einzusammeln.

»Haben Sie schon ihre Ladequellen aufgespürt?«

»Einige davon«, sagte Sanderson. Er sah Allan nicht an und klang ausweichend. »Passen Sie auf – jetzt kommt es.«

Aber das, was kam, war – nichts. Wortwörtlich nichts. Die Roboter kippten alle ihre Scheibchen in den Kübel, der von Techs/Mex Chili gehalten wurde, und erstarrten dann zur Reglosigkeit.

Jetzt redete Sanderson sehr schnell. »Das machen sie nun schon seit vierundzwanzig Stunden. Sie sammeln die Scheibchen so ein, wie sie programmiert sind, aber sie reichen sie nicht durch die Wand. Keiner hat an ihrem Programm herumgefummelt. Sie... tun es einfach nicht.«

Allan besah sich Techs/Mex Chili. »Was sagen denn Ihre Nachforschungen über die Quellen, aus denen die Roboter ihre Informationen herunterladen?«

»Nicht viel«, erwiderte Sanderson, und Allan erkannte, daß sein früheres ausweichendes Verhalten Verlegenheit gewesen war. Programmierer haßten es, wenn sie nicht wußten, was in ihren Programmen vorging. »Oder eher zuviel. Sie klinken sich in alles mögliche ein und nehmen von jedem ein Stück, vielleicht sogar wahllos. Zumindest haben wir bisher noch kein System gefunden.«

»Hmmm«, sagte Allan unverbindlich. »Schicken Sie die vollständigen Suchordner an mein Büro. Unsere Leute werden sich ebenfalls darum kümmern.«

»Ich bin aber eigentlich nicht autori...«

»Tun Sie's einfach«, sagte Allan, aber diesmal funktionierte sein Kommandoton nicht. Sanderson sah zwar verängstigt, aber entschlossen aus.

»Nein, Sir, ich fürchte, das kann ich nicht. Nicht ohne Skakas Einwilligung.«

Allan gab auf. »In Ordnung. Ich werde sie selbst anrufen.«

Der junge Programmierer sah erleichtert aus. Allan

betrachtete weiterhin die stillen Roboter in ihrer farbenfrohen, dümmlichen Bemalung, wie sie ihren Eimer voller absolut nutzloser Scheibchen bewachten.

Er konnte Skaka Gupta nicht erreichen; also hinterließ er ihr eine Nachricht und bat sie um Rückruf. Sein Flug hatte Verspätung, und es war weit nach Mitternacht, als der Wagen ihn vor dem unvertrauten Appartementhaus in Kansas City absetzte. Nein, nicht unvertraut… es sah erfreulicherweise genauso aus wie das in Oakland, wie das in Denver, wie das in Aspen, wie das in New Orleans, wie das in Atlanta, wie das in Raleigh…

Mrs. Canning war bereits durch das Sicherheitssystem informiert worden und ließ ihn hinein; dann taumelte sie schläfrig zurück ins Bett. Er sah nach Suzette, die mit ausgestreckten Armen und einem angewinkelten Knie auf der Seite lag und selbst im Schlaf energiegeladen aussah. Ihr Haar war gewachsen. Als nächstes ging Allan zu dem Zimmer, das immer das von Charlie war.

Der Junge regte sich und murmelte, als Allan eintrat: »Hallo, Paps.«

»Hallo, mein Sohn.«

»Ist… ist das Vernunft?«

»Was meinst du mit ›Vernunft‹, Charlie?« fragte Allan freundlich, doch Charlie war bereits wieder eingeschlafen.

Allan beobachtete ihn einige Minuten lang. Cathys feines Haar, Allans Hakennase, Charlies ureigenes Kinn. Sein Sohn. Allan hatte in seiner Datei den Namen eines guten Kinderpsychologen in Kansas City. Laß es bitte, bitte nicht neurologisch sein, betete er formlos. Keine neurologische Degeneration, kein Hirntumor, kein Problem, an dem man nichts machen konnte. *Nicht mein Charlie.*

In seinem eigenen Zimmer, das dort lag, wo sich seine Schlafzimmer immer befanden, konnte Allan einfach nicht einschlafen. Er sah sich noch einmal die Daten für die Konferenzen am nächsten Tag an. Sie fanden beide am Ort statt, so daß er mehr Zeit mit Charlie verbringen konnte. Er richtete sich ein paarmal auf und machte Streckübungen; dann warf er sich wieder auf das neue, vertraute Bett.

Sein Sohn, der dasaß und in den Himmel starrte und für normale Kommunikation unerreichbar war...

Die Roboter, die sich weigerten, ihre Scheibchen einzuwerfen...

Die Konferenzen morgen, von deren Daten er die Hälfte schon wieder vergessen hatte...

Er wollte sowieso nicht daran teilnehmen. Immer dasselbe, immer dasselbe... Nein, was dachte er denn da? Nichts davon war immer dasselbe. Es war jedesmal ein interessanter neuer Durchbruch, ein Brückenkopf an der neuesten Front, und er hatte das Privileg, bei ihrer Auskundschaftung eine Rolle zu spielen... Warum also wollte er sich für immer in diesem vertrauten Appartement vergraben, das er nie zuvor gesehen hatte? Verdammt, er *haßte* es, wenn er nicht schlafen konnte!

Allan tastete neben seinem Bett herum und hob sein MaschenNet auf. Er brauchte es nur zu halten, es zu entfalten und an alle Informationen zu denken, die es ihm zur Verfügung stellte, um sich sofort besser zu fühlen. Nachts signalisierte das System keine erhaltenen Botschaften, sondern speicherte sie nur, bis Allan ausgeschlafen hatte. Vielleicht gab es etwas von Cathy.

Aber die einzige neue Botschaft war von Skaka Gupta: *Bitte rufen Sie mich im Labor an. Wichtig*. Die Übermittlung war vor zehn Minuten erfolgt. Sie war früh nach Boston zurückgekehrt und arbeitete offenbar sehr lange.

»Skaka? Allan Haller. Was ist los?«

»Hallo, Allan.« Sie klang müde, was nicht verwunderlich war. Es war halb zwei. »Ich hatte nicht erwartet, vor morgen früh von Ihnen zu hören. Aber Sie können es genausogut auch jetzt schon erfahren. Wir haben einen vorübergehenden Rückschlag erlitten.«

»Einen Rückschlag?«

»Die Roboter haben aufgehört zu funktionieren. Nein, das stimmt nicht – es sieht nur so aus, als würden sie nicht funktionieren, weil sie keine Scheibchen mehr einsammeln, wozu sie eigentlich programmiert sind. Statt dessen haben sie die Datenmenge, die sie aus dem Internet ziehen, erheblich erhöht und bearbeiten sie alle gleichzeitig nonstop. Und sie sind …« Sie geriet ins Stottern.

»Sie sind *was?*«

»Sie stehen zusammen in einem Kreis, berühren sich an den Seiten, und ihre Seh-, Hör- und Infrarotsensoren sind abgeschaltet. Sie hocken bloß zusammen und sind blind für ihre Umgebung.«

Er gab keine Antwort darauf. Nach einer Minute änderte sich Skakas Tonfall, und Allan begriff zum ersten Mal, daß sie trotz ihrer glänzenden Kompetenz eine Wissenschaftlerin und keine Soldatin an der Informationsfront war. Kein Unternehmer hätte je das gesagt, was sie ihm als nächstes sagte: »Allan, ich weiß, daß Ihre Firma klein ist und Sie eine Menge Geld in Novation investiert haben. Wir können noch andere Zuschüsse bekommen, aber werden wir Sie zu Fall bringen, wenn dieses Projekt schiefgeht?«

»Machen Sie sich darüber keine Sorgen. Wir werden's überstehen«, beruhigte Allan sie. Das entsprach der Wahrheit. Er war nicht verrückt genug, alle seine Vorräte einer einzigen Schlacht anzuvertrauen.

Alle seine Vorräte einer einzigen Schlacht anzuvertrauen …

»Das ist gut«, sagte Skaka. »Aber das ist eigentlich nicht das Hauptproblem. Allan, ich weiß nicht, was diese Roboter *machen.*«

»Ich weiß es«, sagte er so leise, daß sie ihn nicht hören konnte. Benommen brachte er hervor: »Es ist schon spät. Wir reden morgen früh weiter.« Er unterbrach die Verbindung.

Und saß auf der Bettkante; die nackten Beine baumelten an der Seite herab, und er starrte ins Nichts.

Alle seine Vorräte einer einzigen Schlacht anzuvertrauen ... Genau das hatten sie ausnahmslos getan. Viele verschiedene Scharmützel – Solarsegel, Roboter, hochauflösende Bildschirme, Nanotechnologie, intelligente Straßen –, aber alle waren ein Teil desselben Krieges. Steinzeit, Bronzezeit, Ritterzeit, Weltraumzeitalter... *Informationszeitalter.* Das einzige Spiel in der Stadt, der Schauplatz aller Taten, der alles umarmende Krieg. *Der Staat will dich!*

Aber kein Zeitalter dauerte ewig. Schließlich kam der Kampf um Bronze oder Gold oder grüne Scheibchen – oder um physisches oder digitales Terrain – zu einem Ende, so wie es letztlich bei allen Zeitaltern der Fall war. Eines folgte auf das andere, unerbittlich und unaufhaltsam... *Wenn Dampfschiffzeit ist,* lautete das alte Sprichwort, *kann nichts mehr das Dampfschiff aufhalten.* Und wenn die Ära des Dampfes vorbei war, dann war sie vorbei. Die Zivilisation wurde nicht mehr von Dampfmaschinen angetrieben. Jetzt waren Informationen ihre treibende Kraft. Einsammeln, wohl oder übel, sie in elektronische Kübel stecken und ihren Eigentümern geben. Oder den Generälen.

Warum?

Was ist, wenn Krieg ist und keiner hingeht?

Das war der Grund, warum die Roboter angehalten hatten. Das war der Grund, warum sie dastanden und ins Leere starrten und warum nur noch ihre Gehirne aktiv waren. Sie hatten alle Daten des Internets zur Verfügung und zusätzlich die komplexen und wachsenden humanneuralen Schaltkreise ihrer Biochips. Sie waren allen voraus, vollkommen vernetzt, bereit für die nächste Phase. Es hieß nicht mehr: *Wie können wir all diese Scheibchen mit MaxEffiz einsammeln?* Es hieß: *Warum sollen wir die Scheibchen überhaupt einsammeln?*

Nicht das Zeitalter der Aufklärung und Vernunft. Sondern das Vernunftzeitalter.

Die Dinge änderten sich. An einem Tag Dampf, dann ist die Zeit des Dampfes schon vorbei. An einem Tag kann man sich nicht vorstellen, ein Mädchen zu küssen, am nächsten Tag lechzt man danach. An einem Tag verläßt man sich auf die Nachbarn an der Front, damit sie das eigene Heim schützen, am nächsten Tag kennt man nicht einmal den Namen seiner Nachbarn und ist nicht mehr seßhaft.

An einem Tag die irre Jagd nach Informationen und nach Scheibchen, am nächsten Tag sitzt man da und starrt wie in Trance in die Gegend und interessiert sich viel mehr dafür, warum man an Informationen und Scheibchen mehr als an den Waren selbst interessiert war. Nicht daß sich die Informationen nicht weiter anhäufen würden. Sie würden es tun. Aber das Zentrum verlagerte sich, das mysteriöse Herz eines jeden Zeitalters, in dem der wahre Schwerpunkt und der ganze Reiz lagen. Die Front.

Charlie spürte es wahrscheinlich nur schwach. Natürlich – er war ein Kind und hatte nicht Allans geschärften Instinkt. Aber daß Charlie es überhaupt spürte, lag vermutlich darin begründet, daß er ein Kind *war* – dies war die Welt, die er erbte. Charlie würde ein integraler Bestandteil von ihr sein, aber er würde sich langsamer als die Roboter in sie einfügen, die die erste Angriffswelle gegen die Front ritten; sie waren Stoßtruppen, die dorthin eilten, wo die Informationskriege dem nächsten Schritt im langen, langen Marsch menschlicher Entwicklung nachgaben.

Was würde das für ein Schritt sein? Wie würde das Vernunftzeitalter tatsächlich aussehen?

Allan fröstelte. Plötzlich fühlte er sich alt. Er hatte sich im Informationszeitalter entwickelt, hatte auf der Höhe der Macht gestanden. Als Späher an der High Tech-Front war er ein Naturtalent. Würde es für ihn noch einen Platz geben, wenn der Kanonendonner gedämpfter erklang, wenn sich die Geschwindigkeit verlangsamte und die Glut der Schlacht den häuslichen Belangen der Besatzungszeit wich? Konnte er sich an das anpassen, was als nächstes kam?

Dann kehrte sein Selbstvertrauen zurück. Natürlich konnte er das! Er hatte es schon immer gekonnt. Das Informationszeitalter mochte enden und das Vernunftzeitalter heraufdämmern, aber er würde schon damit fertig werden. Wahrscheinlich gab es sogar eine Möglichkeit, die ganze Sache zu seinem Vorteil auszunutzen. Alles, was er brauchte, war der richtige Ansatz, waren die richtigen Verbündeten und die richtige Strategie.

Die richtigen *Daten*.

Morgen würde er damit beginnen, sie zu sammeln.

Lächelnd schlief Allan ein.

Connie Willis

DIE SEELE WÄHLT IHRE GESELLSCHAFT SELBST: INVASION UND AVERSION

Chronologische Neuinterpretation zweier Gedichte Emily Dickinsons unter besonderer Berücksichtigung von H. G. Wells

Bis vor kurzem wurde allgemein angenommen, daß die lyrische Produktion Emily Dickinsons 1886, also im Jahr ihres Todes, aufgehört habe. Die Gedichte 186B und 272? lassen jedoch darauf schließen, daß sie nicht nur danach noch Gedichte schrieb, sondern auch in die ›ebenso bedeutsamen wie schrecklichen Ereignisse‹[1] des Jahres 1897 verwickelt war.

Die betreffenden Gedichte wurden erst 1991 von Nathan Fleece entdeckt[2], der damals gerade an seiner Doktorarbeit schrieb. Fleece, der die Gedichte[3] unter einer Hecke hinter dem Haus der Dickinsons fand, ordnet diese Texte zwar Dickinsons früher beziehungsweise protoexzentrischer Schaffensphase zu, doch eine vor kurzem durchgeführte Untersuchung der Werke[4] hat zu völlig neuen Erkenntnissen bezüglich der Umstände geführt, unter denen die Gedichte geschrieben wurden.

Die Papierbogen, auf denen die Gedichte stehen, sind an den Rändern verkohlt, und das Blatt mit Gedicht Nummer 272? weist außerdem ein großes rundes Brandloch auf. Martha Hodge-Banks behauptet zwar, die verkohlten Ränder und das Loch seien darauf zurückzuführen, ›daß jemand den unbeholfenen Versuch unternommen hat, das Papier künstlich alt zu machen, ohne darauf zu achten, es rechtzeitig wieder aus dem Backofen zu nehmen‹[5], doch die große Anzahl von Gedankenstrichen beweist, daß die Gedichte von Dickinson selbst geschrieben wurden, ebenso wie die Tatsache, daß die Texte fast nicht zu entziffern sind. Daß Dickinson eine unleserliche Handschrift hatte, wird von diversen Wissenschaftlern bestätigt, darunter Elmo Spencer (vgl. dazu seine Studie *Emily Dickinson: Handschrift oder Hieroglyphen?)* und M. P. Cursive, der in diesem Zusammenhang schreibt: »Ihre *a*s sehen aus wie *c*s, ihre *e*s wie Zweien, und das Ganze ist eine einzige Krakelei.«[6]

Die verkohlten Stellen schienen darauf hinzuweisen, daß die Autorin beim Schreiben der Gedichte geraucht hat[7] oder daß sich während der Niederschrift irgendeine Katastrophe zugetragen hat. Deshalb habe ich die Texte einer genauen Untersuchung unterzogen, um weitere Anhaltspunkte ausfindig zu machen.

Die ersten beiden Verse von Nummer 272? liest Fleece folgendermaßen: »Nie sah ich einen Dämon –/ Nie hört' ich solchen Wonnetrab –«, was überhaupt keinen Sinn macht.[8]

Eine genauere Untersuchung ergab, daß die Strophe in Wirklichkeit folgendermaßen lautet:

> Nie sah ich einen Dämon –
> Nie hört' ich solchen Donnerschlag –
> Doch träumte mir davon –
> Derweil ich traumlos lag – im Grab –

Eine wesentlich authentischere Lesart, vor allem im Hinblick auf das Reimschema. ›Wonnetrab‹ und ›Grab‹ bilden einen echten Reim, wie er bei Dickinson fast nie vorkommt, da sie vorzugsweise mit annähernden Reimen wie ›Tür/mehr‹, ›See/nie‹ oder ›Balsam/Hermaphrodit‹ arbeitete.

Die zweite Strophe bereitete größere Schwierigkeiten, da sich an dieser Stelle das Brandloch befindet. Der einzige lesbare Teil besteht aus einer Gruppe von vier Buchstaben gegen Ende der Strophe, die ›ulla‹ lauten.[9]

Fleece nimmt an, hier das Fragment eines längeren Worts vor sich zu haben, etwa ›Bullarium‹ (eine Sammlung päpstlicher Bullen)[10], vielleicht aber auch ›Sulla‹ oder ›Mulla‹.[11]

Mir hingegen war sofort klar, daß es sich bei ›ulla‹ um nichts anderes handeln konnte als um das Wort, das bei H. G. Wells die sterbenden Marsmenschen ausstoßen. Wells beschreibt diesen Laut als ›schluchzenden Wechsel zweier Töne‹[12] und bezeichnet ihn als ›trostlosen Schrei‹.

›Ulla‹ ist somit eine deutliche Anspielung auf die im Jahre 1897 erfolgte Invasion der Marsmenschen, von der man bisher annahm, sie habe sich auf England, Missouri und die Universität von Paris beschränkt.[13] Das Gedichtfragment stellt – zusammen mit Nummer 186B – einen klaren Beweis dar, daß die Marsmenschen auch in Amherst gelandet und dort mit Emily Dickinson zusammengetroffen waren.

Bedenkt man den Habitus sowohl der Marsmenschen als auch Emily Dickinsons, so kommt einem diese Konstellation auf den ersten Blick unwahrscheinlich vor. Dickinson war eine Einsiedlerin, die mit niemandem zusammentraf und es vorzog, sich in ihrem Zimmer im ersten Stock des Hauses zu verstecken, wenn Nachbarn zu Besuch kamen, denen sie dann von oben Zettel zuwarf.[14] Zur Erklärung ihrer selbstgewählten Zurückgezogenheit sind verschiedene Theorien vorgebracht worden; unter anderem wird behauptet, sie habe an der Brightschen Krankheit gelitten, Probleme mit den Augen oder eine unreine Haut gehabt; auch eine unglückliche Liebesaffäre wird als Grund angeführt. T. L. Mensa vertritt die wesentlich schlichtere These, alle übrigen Einwohner Amhersts seien Schwachköpfe gewesen.[15]

Keine dieser Erklärungen läßt den Schluß zu, daß ihr die Marsmenschen besser gefallen hätten als die Einwohner Amhersts. Hinzu kommt noch das Problem, daß sie im Jahr 1886 gestorben war und zum betreffenden Zeitpunkt schon ziemlich verwest gewesen sein muß.

Weitere Schwierigkeiten ergeben sich aus der Veranlagung der Marsmenschen, die das absolute Gegenteil von Einsiedlern waren und die die Angewohnheit hatten, äußerst geräuschvoll aufzutreten, Reporter anzulocken und auf jeden in ihrer Umgebung zu schießen. Daß sie in Amherst gelandet sind, ist nirgendwo aktenkundig, obwohl mehrere Einwohner der Stadt in ihren Tagebüchern[16] von ungewöhnlich lauten Gewittern sprechen, und die im nahegelegenen Concord wohnende Louisa May Alcott schreibt in ihrem Journal: »Letzte Nacht plötzlich von einem lauten Geräusch geweckt worden, das aus westlicher Richtung kam. Konnte nicht wieder einschlafen, weil ich mir Gedanken machte. Hätte Jo Laurie heiraten lassen sollen. Muß unbedingt Fortsetzung schreiben, in der Amy stirbt. Geschieht ihr ganz recht. Schließlich hat sie das Manuskript verbrannt.«

Darüber hinaus gibt es indirekte Beweise für die Landung der Marsmenschen. Amherst, das häufig mit Lakehurst verwechselt wird, inspirierte Orson Welles offensichtlich dazu, die Hörspielversion des *Kriegs der Welten* in New Jersey anzusiedeln.[17] Außerdem stehen auf dem Westfriedhof etliche Grabsteine schief, manche sind sogar umgefallen, woraus eindeutig hervorgeht, daß die Marsmenschen nicht nur in Amherst landeten, sondern auch auf dem dortigen Westfriedhof, in unmittelbarer Nähe von Dickinsons Grab.

Wells schreibt, der Aufschlag des Geschosses[18] habe »einen grellen Schein, ein blendendes grünes Licht« hervorgerufen, dem dann eine Erschütterung folgte, »wie ich sie weder vorher noch nachher je erlebt habe.« Er berichtet, die Erde sei ›aufgespritzt‹, so daß eine tiefe Grube entstand und die Abwasserrohre und Grundmauern des Hauses freigelegt wurden. Die Wucht eines solchen Aufschlags hätte auf dem Westfriedhof die Särge aus der Erde gerissen und sie zerbersten lassen, und das grelle Licht und der Lärm hätten zweifellos genügt, um ›die Toten zu wecken‹, einschließlich der im Todesschlaf liegenden Emily Dickinson.

Daß sie auf diese Weise geweckt wurde und daß sie den Vorgang für einen Eingriff in ihre Privatsphäre hielt, erhellt aus dem längeren Gedicht, Nummer 186B, dessen erste Strophe lautet:

> Kaum lag ich still im Grab –
> Als – unwillkommne Gäste – kamen –
> Die schlugen auf den Deckel meines Sargs –
> Eindringlinge – in den Staub –[19]

Warum die ›unwillkommnen Gäste‹ ihr nichts zuleide taten[20], ist angesichts des sonstigen Verhaltens der Invasoren rätselhaft. Außerdem stellt sich die Frage, wie Dickinson es schaffte, mit ihnen fertig zu werden. Um diese Dinge zu klären, müssen wir uns wieder H. G. Wells' Bericht über die Marsmenschen zuwenden.

Unmittelbar nach der Landung waren die Marsmenschen, so erfahren wir bei Wells, infolge der größeren Schwerkraft der Erde völlig hilflos. Daran änderte sich erst etwas, als sie ihre Kampfmaschinen gebaut hatten. In dieser Zeit hätten sie also keine Bedrohung für Dickinson dargestellt, sieht man einmal von ihrer bloßen Anwesenheit ab.[21]

Des weiteren waren sie im Grunde nichts als große Köpfe. Wells schreibt, sie hätten Augen, einen Schnabel, einige Tentakel und ›eine einzige große, trommelfellartige Fläche‹ am Hinterkopf gehabt, die als Ohr fungierte. Wells äußert die Vermutung, daß die Marsmenschen von Wesen abstammen, »die uns nicht unähnlich waren und deren Gehirn und Hände sich allmählich weiterentwickelten... auf Kosten des übrigen Körpers.« Er kommt zu dem Schluß, daß ein Gehirn, dem die Verletzlichkeit des Körpers und die Sinnesorgane fehlen, ›egoistisch und grausam‹ werden und sich mit Mathematik[22] befassen würde, doch die Wirkung, die Dickinson auf die Marsmenschen hatte, läßt eher darauf schließen, daß die hypertrophe Entwicklung ihrer Großhirnrinde sie statt dessen zu Dichtern hatte werden lassen.

Die Tatsache, daß sie die Leute mit ihren Hitzestrahlen wegputzten, den Menschen das Blut aussaugten und ganze Landstriche mit giftigem schwarzen Rauch verqualmten, scheint zwar auf den ersten Blick nicht so recht zu dichterischer Sensibilität zu passen, doch man sehe sich einmal an, wie Dichter sich aufführen. Nehmen Sie zum Beispiel Shelley, der seine erste Frau verließ (die sich daraufhin im Teich des Hyde Parks ertränkte), damit er eine Frau heiraten konnte, die Drehbücher für Monsterfilme schrieb. Oder Byron. Die einzigen, die über ihn etwas Nettes zu sagen wußten, waren seine Hunde.[23] Denken Sie an Robert Frost.[24]

Die dichterische Veranlagung der Marsmenschen wird durch den Umstand bestätigt, daß sieben ihrer Geschosse in Großbritannien niedergingen, drei davon im Lake District[25] – und kein einziges in Liverpool. Auch bei ihrem Entschluß, in Amherst zu landen, mag ihre poetische Ader maßgebend gewesen sein.

Doch wie aus Gedicht Nummer 186B hervorgeht[26], hatten sie weder mit Dickinsons Entschlossenheit noch mit ihrer literarischen Technik gerechnet. Die zweite Strophe lautet:

Ich schrieb 'nen Brief – an die Dämonen –
Und hieß sie zu verschwinden – alle –
In schlichten Worten –
  schrieb ich klar und deutlich –
Daß ich allein sein wolle.

Obwohl die Formulierung ›schrieb ich klar und deutlich‹ zweifellos übertrieben ist, läßt sich dem Ganzen ohne weiteres entnehmen, daß Dickinson eine Mitteilung verfaßte und sie den Marsmenschen zukommen ließ. Das beweist auch der nächste Vers:

Sie (unleserlich)[27] sie mit Ehrfurcht
  und Bestürzung –

Möglicherweise hat Dickinson die Mitteilung laut vorgelesen oder den in der Grube befindlichen Marsmenschen den Zettel zugeworfen, wie es ihre Art war. Vielleicht hat sie aber auch den oberen Teil des Geschosses abgeschraubt und den Zettel wie eine Handgranate hineingeschmissen.

Doch wie auch immer die Nachricht übermittelt worden sein mag, sie wurde jedenfalls mit ›Ehrfurcht und Bestürzung‹ aufgenommen und führte dazu, daß die Marsmenschen den Rückzug antraten, wie der nächste Vers zeigt:

Flugs nahmen sie da – Abschied –

Es ist geltend gemacht worden, daß Dickinson auf dem Friedhof keine Schreibutensilien zur Verfügung gestanden hätten, doch ein solches Argument läßt den viktorianischen Lebensstil völlig außer acht. Dickinson wurde in einem weißen Kleid begraben, und alle viktorianischen Kleider hatten Taschen.[28]

Während des Begräbnisses gab Emilys Schwester Lavinia der Toten zwei Heliotrope in die Hand und flüsterte ihr zu, sie möge sie dem HERRN mitnehmen. Vielleicht hat sie auch heimlich einen Bleistift und ein paar Notizzettel in den Sarg gelegt, oder aber Dickinson, die es gewohnt war, Mitteilungen zu schreiben und zu verteilen, hat einfach vorausgeplant.[29]

Hinzu kommt, daß Grabgedichte[30] keineswegs unbekannt sind und zur literarischen Tradition gehören. So flocht zum Beispiel der von Schmerz überwältigte Dante Gabriel Rossetti seiner geliebten Elizabeth Siddall Gedichte ins kastanienbraune Haar, als sie schon im Sarg lag.[31]

Wie auch immer die Schreibutensilien dort hingelangt sein mögen, Dickinson machte offensichtlich unverzüglich und höchst wirkungsvoll davon Gebrauch. Sie kritzelte mehrere Strophen aufs Papier und ließ sie den Marsmenschen zukommen, die darüber so erschüttert waren, daß sie beschlossen, ihre Invasion abzubrechen und zum Mars zurückzukehren.

Über die genaue Ursache dieses vernichtenden Effekts wurde viel diskutiert, und etliche Theorien sind dazu aufgestellt worden. Wells war davon überzeugt, Mikroben hätten den in England gelandeten Marsmenschen den Garaus gemacht, da ihnen die Abwehrkräfte gegen irdische Bakterien fehlten, doch zweifellos hätte es mehrere Tage gedauert, bis diese Bakterien die Marsmenschen infiziert hätten. Es liegt also auf der Hand, daß ihr Rückzug nicht dadurch bewirkt wurde, daß sie an Dysenterie erkrankten, sondern durch Dickinsons Gedichte.

Spencer behauptet, Dickinsons unleserliche Handschrift habe dazu geführt, daß die Marsmenschen ihre Botschaft mißverstanden und für eine Art Ultimatum hielten. A. Huyfen wiederum ist der Ansicht, die geistig weit fortgeschrittenen Marsmenschen, die sich in der Zeichensetzung gut auskannten, seien über ihre verschwenderische Verwendung von Gedankenstrichen entsetzt gewesen. S. W. Lubbock vertritt die These, die Marsmenschen hätten angesichts der Tatsache, daß sich alle Gedichte Dickinsons nach der Melodie des Liedes ›Die gelbe Rose von Texas‹ singen lassen[32], allen Mut verloren.

Am einleuchtendsten scheint jedoch die These, daß Dickinsons Verwendung annähernder Reime – von jeder fortgeschrittenen Zivilisation zu Recht verabscheut – die Marsmenschen bis ins Mark traf. Gedicht Nummer 186B enthält zwei besonders eklatante Beispiele: ›alle/wolle‹ und ›Grab/Sargs‹, und an der Stelle des Brandlochs bei Nummer 272? mag noch Schlimmeres gestanden haben.

Die obige These wird durch zweierlei bestätigt. Zum einen durch H. G. Wells' Schilderung der in London angerichteten Verwüstung – einer Stadt, in der Tennyson das poetische Sagen hatte; zum anderen durch einen von Muriel Addleson aufgezeichneten Bericht über eine fast erfolgte Landung in Ong, Nebraska:

»Der Literarische Damenklub der Stadt Ong hielt gerade seine wöchentliche Zusammenkunft ab, als wir von draußen plötzlich schrecklichen Lärm hörten, ein irgendwie brausendes Geräusch, als falle etwas vom Rathausdach. Henrietta Muddie las gerade laut Emily Dickinsons Gedicht ›Ich schlürfe niegebrauten Trunk‹ vor, und wir rannten sofort alle zum Fenster, konnten aber außer einer Menge Staub nichts sehen.[33] Deshalb setzte Henrietta ihre Lesung fort, und auf einmal war ein lautes Zischen zu hören, und ein großes rundes Metallding, das wie eine Zigarre aussah[34], stieg senkrecht in den Himmel auf und verschwand.«

Bezeichnenderweise handelt es sich bei dem betreffenden Gedicht um Nummer 214, wo sich ›Pokal‹[35] auf ›Alkohol‹ reimt.[36]

Nachdem Dickinson Amherst vor der Invasion der Marsmenschen gerettet hatte, brachte sie, wie sie in den letzten beiden Versen von Nummer 186B sagt, ihr »grasbedecktes Bett in Ordnung – / Drehte auf die Seite mich – und schlief ein.«

Wie die Gedichte dann vom Friedhof unter die Hecke gelangten, erklärt sie freilich nicht. Möglicherweise werden wir es nie erfahren[37], ebenso wie wir vielleicht nie erfahren werden, ob sie ungemein tapfer oder lediglich griesgrämig war.

Mit Sicherheit wissen wir indes, daß diese Gedichte – zusammen mit etlichen anderen aus ihrer Feder[38] – von einem Aspekt der Invasion Zeugnis ablegen, von dem bisher niemand etwas geahnt hatte. Die Gedichte Nummer 186B und 272? sollten deshalb neu rubriziert und ihrer sehr späten beziehungsweise dekonstruktivistischen Schaffensphase zugeordnet werden, nicht nur deshalb, damit sie als letzte und bedeutendste Texte Dickinsons die ihnen zukommende Stelle im Gesamtwerk erhalten, sondern auch um auf diese Weise die ganze, von der Autorin intendierte symbolische Bedeutung kenntlich zu machen. Die an die richtige Stelle im Gesamtwerk gerückten Gedichte tragen dann nämlich die Nummern 1775 und 1776, eine deutliche Anspielung der Verfasserin auf den Vierten Juli[39] sowie auf jenen zweiten Unabhängigkeitstag, den sie in Szene setzte, indem sie die Marsmenschen aus Amherst vertrieb.[40]

NACHBEMERKUNG: Es ist höchst bedauerlich, daß Wells nichts vom vernichtenden Effekt des annähernden Reims wußte, denn sonst hätte er sich bloß ein Exemplar der *Gedichte* Dickinsons zu schnappen brauchen, um damit zur Landegrube zu gehen und einige ausgesuchte Verse aus ›Es tut sich was im Hause‹ vorzutragen. Auf diese Weise wäre allen Beteiligten sehr viel erspart geblieben.

ANMERKUNGEN:

1 Vgl. dazu H. G. Wells, *The War of the Worlds* (Oxford University Press 1898), wo die betreffenden Geschehnisse ausführlich dargestellt werden.

2 Die näheren Umstände dieses Funds werden referiert in: *Entmutigung und Entdeckung: Die ungewöhnlich hohe Anzahl von Doktoranden aufgespürter verlorener Manuskripte* von J. Marple (Reading Railway Press 1993).

3 Genaugenommen ein Gedicht und ein Gedichtfragment, bestehend aus einer vierzeiligen Strophe und einem Wortfragment* aus der zweiten Strophe.
* Oder auch Wort. Siehe dazu die Ausführungen des vorliegenden Aufsatzes.

4 Im Zuge *meiner* Doktorarbeit.

5 Dr. Banks' Behauptung, das Papier stamme ›aus dem Jahre 1990 und die Tinte aus einem modernen Füllfederhalter‹, ist eine wilde Vermutung, die jeder Grundlage entbehrt.*
* Vgl. dazu ›Die Radiokarbonmethode beweist gar nichts‹ von Jeremiah Habakkuk, in: *Die Wissenschaft von der Weltschöpfung als Hobby und Geschäft* (Golden Slippers Press 1974).

6 Ihrer erbärmlichen Handschrift widmet sich auch die Untersuchung *Das Streben nach Reform: Emily Dickinsons Einfluß auf die Palmersche Methode* sowie der Aufsatz ›Tiefsinn und Schwachsinn: Eine alternative Lesart von Emily Dickinsons Todesgedichten‹, wo behauptet wird, die erste Zeile von Gedicht Nummer 712 laute eigentlich ›Nach den Wurfpfeilen bücken konnt' ich mich nicht‹ und beziehe sich auf die arthritischen Beschwerden, die die Autorin eines Abends im Pub hatte.

[7] Soviel man weiß, hat Dickinson nur in ihrer späten beziehungsweise hochexzentrischen Schaffensphase geraucht.

[8] Was natürlich auch für Verse wie ›Der Tau genügt sich selbst‹ oder ›Wie Pracht, den Hermelin übertreffend‹ gilt.

[9] Möglicherweise aber auch ›hallo‹ oder ›holla‹.

[10] Eher unwahrscheinlich, da Dickinson kalvinistisch erzogen wurde.

[11] Eventuell könnte auch die australische Stadt Ulladulla gemeint sein. In Dickinsons Gedichten finden sich zahlreiche Anspielungen und Hinweise auf Australien, woraus W. G. Mathilda den Schluß gezogen hat, »daß Dickinsons große Liebe weder Higginson noch Judge Lord hieß, sondern Mel Gibson.« Vgl. dazu *Emily Dickinson: Die Billabong Connection* von C. Dundee (Outback Press 1985).

[12] Siehe Rod McKuen.

[13] Wo Jules Verne *seine* Doktorarbeit schrieb.

[14] Auf diesen Zetteln standen ganz entzückende, oft jedoch auch rätselhafte Mitteilungen, zum Beispiel: »Was darf es sein – Geranien oder Tulpen?« und »Verschwindet – und schließt die Tür, wenn – ihr geht.«

[15] Vgl. dazu *Idioten und Trottel: Emily Dickinsons Meinung über ihre Nachbarn im Lichte ihrer Gedichte.*

[16] Praktisch jeder in Amherst führte ein Tagebuch, wo sich dann Eintragungen wie die folgenden fanden: »Wußte schon immer, daß sie eine große Dichterin werden würde« und: »Letzte Nacht Vollmond. Sah, wie sie in ihrem Garten Erbsen pflanzte. Völlig plemplem.«

[17] Die Unfähigkeit der Leute, Orson Welles und H. G. Wells auseinanderzuhalten, scheint Dickinsons Meinung über die Menschheit zu bestätigen (vgl. Anmerkung 15).

[18] Dabei handelt es sich nicht um das Geschoß, das zu Beginn der Geschichte niedergeht und über das jeder Bescheid weiß, sondern um jenes, welches in der Mitte des Buches praktisch auf

ihm landet und von keinem bemerkt wird, weil alle schon das Radio abgestellt haben, in den Straßen auf und ab rennen und schreien: »Das Ende ist nahe! Die Marsmenschen kommen!«*
* Ein Beweis, daß Emily mit ihrer Einschätzung der großen breiten Masse richtig lag.

[19] Vgl. dazu *Schall, Wahn und Frösche: Emily Dickinsons grundlegender Einfluß auf William Faulkner* von W. Snopes (Yoknapatawpha Press 1955).

[20] Natürlich war sie bereits tot, was bedeutet, daß der Schaden, den sie ihr zufügen konnten, wahrscheinlich minimal war.

[21] Die Anwesenheit anderer hielt sie allerdings für überaus bedrohlich. 1873 schrieb sie: »Sollte jetzt der Laufbursche des Metzgers kommen, spränge ich in das Mehlfaß.«*
* Falls es zu ihren Gepflogenheiten gehörte, dies zu tun, würde das vielleicht erklären, warum sie immer in Weiß auftrat.

[22] Besonders mit nichtlinearen Differentialgleichungen.

[23] Siehe dazu ›Lord Byrons *Don Juan:* Die Dogge als Muse‹ von C. Harold.

[24] Der die Menschen auch nicht mochte. Vgl. ›Mauerausbesserung‹, in: *Sämtliche Werke* (Random House). Frost mochte auch keine Mauern und zog ihnen mit Eisenspitzen gekrönte Stacheldrahtzäune vor.

[25] Vgl. dazu ›Semiotische Verschleierung in Wordsworths Gedicht *Einsam wie eine Wolke wandert' ich:* Eine dialektische Interpretation‹ von N. Compos Mentis, *Postmodern Review,* Juni 1984.

[26] Zumindest halbwegs.

[27] Das Wort lautet entweder ›lasen‹ oder ›hörten‹; es könnte aber auch ›Schrittmacher‹ heißen.

[28] Außerdem Falten, Säume, Rüschen, Volants, Manschetten, Krausen und Posamenten.*
* Vgl. dazu ›Die ideologische Ausssagekraft von Taschen: Die Rolle der Kleidung im frühviktorianischen Feminismus‹ von E. und C. Pankhurst (Angry Women's Press 1978).

[29] Ein guter Schriftsteller hat immer Papier und Bleistift bei sich.*
* Oder einen Laptop.

[30] Siehe dazu ›Postume Gedichte‹, in: *Die entfesselnde Kraft literarischer Theorien* von H. Houdini.

[31] Zwei Jahre später, als sein Schmerz nachgelassen hatte und ihm bewußt wurde, daß ihm auf diese Weise ein schönes Stück Geld verlorenging, buddelte er sie wieder aus und holte sich die Gedichte zurück.*
* Ich habe Ihnen ja gesagt, daß Dichter sich danebenbenehmen.

[32] Probieren Sie es doch mal aus. Nein, ganz im Ernst: »Fü-hür den Tod anhalten konnt' ich nicht –/So hielt er und war so frei-hei-hei.« Sehen Sie?*
* Nicht alle ihre Gedichte können nach der Melodie von ›Die gelbe Rose von Texas‹** gesungen werden. Die Nummern 2, 18 und 1411 lassen sich nach der Melodie des Liedes ›Die klitzekleine Spinne‹ singen.
** Daß sie sich ausgerechnet diese Melodie ausgesucht hat, mag ein verschlüsselter Hinweis auf die mißglückte Landung der Marsmenschen in Texas sein. Vgl. dazu ›Die Nacht der Schildkröten‹ von Howard Waldrop.

[33] Was in Ong, Nebraska, durchaus normal ist.

[34] Siehe dazu Freud.

[35] In diesem Zusammenhang wird auch klar, warum Dickinson so heftig reagierte, als Thomas Wentworth Higginson ›Pokal‹ strich und statt dessen ›Becher‹ einsetzte. Im Gegensatz zu ihm wußte sie, daß davon, daß sie nur annähernde Reime zustande brachte, eines Tages das Schicksal der Welt abhängen könnte.

[36] Zumindest halbwegs.

[37] Eine faszinierende Erklärung gibt P. Walden in seinem Aufsatz ›Literarische Umweltverschmutzung: Emily Dickinsons Umgang mit benutztem Papier als Reaktion auf Thoreaus Environmentalismus‹, *Transcendentalist Review* 1990.

[38] Die in Gedicht Nummer 187 erwähnten ›schrecklichen Nieten‹ beziehen sich zweifellos auf den Geschoßzylinder der Mars-

menschen. Wenn in Nummer 258 von einer ›bestimmten Färbung des Lichts‹ gesprochen wird, erinnert das stark an Wells' ›blendendes grünes Licht‹, während mit dem ›Ungemach / Das aus der Luft kommt‹ offensichtlich die Landung der Marsmenschen gemeint ist. Anspielungen dieser Art lassen darauf schließen, daß nicht weniger als fünfundfünfzig* der Gedichte später als ursprünglich angenommen entstanden und daß sowohl die gesamte chronologische Abfolge als auch die Numerierung der Gedichte einer Revision unterzogen werden muß.
* Bezeichnenderweise das Alter, in dem Emily Dickinson starb.

39 Ein Feiertag, den Dickinson nicht beging, da er mit Geselligkeit verbunden ist, obwohl sie 1881 dabei beobachtet wurde, wie sie auf Mabel Dodds Veranda einen Kanonenschlag zündete und wegrannte.*
* Das mag der Grund dafür sein, daß die Landung der Marsmenschen so wenig Aufsehen erregte. Die Einwohner Amhersts dachten vielleicht, es sei Em, die wieder einmal Unfug trieb.

40 Vieles weist darauf hin, daß die in Neuengland gescheiterten Marsmenschen nach Long Island auswichen. Diese These ist Gegenstand meines nächsten Aufsatzes*: »Das grüne Licht am Ende von Daisys Dock: Hinweise auf die Invasion der Marsmenschen in F. Scott Fitzgeralds *Der große Gatsby*.«
* Ich bewerbe mich gerade um eine feste Stelle an der Universität.

Originaltitel: ›The Soul Selects her own Society: Invasion and Repulsion: a Chronological Reinterpretation of Two of Emily Dickinson's Poems: a Wellsian Perspective‹ · Aus: Asimov's Science Fiction‹, April 1996 · Copyright © Dell Magazines. Division of Bantam-DoubledayDell · Übersetzung aus dem amerikanischen Englisch von Michael Koseler

---

Bruce Sterling

TAKLAMAKAN

Knochentrocken und eiskalt zerrte und riß der Wind an der zerklüfteten Landschaft draußen, sein tödliches Brüllen war in der stockfinsteren Felsspalte, in der sich Katrinko und Spider Pete eingerichtet hatten, nur als gedämpftes Stöhnen zu vernehmen. Pete konnte sogar Katrinkos Atem hören, unterbrochen von leichtem Zähneklappern, und dazu roch er die Mischung aus Muskat und Hefe aus den Achselhöhlen der Neuter.

Spider Pete schnallte das Sichtgerät um seinen kahlen Schädel.

Außerhalb ihres windumtosten Nests spannten die klebrigen Objektive eines Dutzend Gelcams ein himmelverschlingendes Netz um Fels und Firmament. Pete berührte einen Knopf am Sichtgerät; ein leuchtendes Menü erschien, mit dessen Hilfe er seine Sehkraft an die Verhältnisse in der Außenwelt anpassen konnte.

Pulverfeiner Staub jagte wie ein Nebel des Bösen durch die Schluchten ringsum. Darüber drehten sich gemächlich die Mondsichel und Milliarden Sterne wie in Pixel zerlegte Quetschwunden am Himmel über der furchteinflößenden, vom Wind geschaffenen Landschaft der Taklamakan. Mit Ausnahme der Antarktis und dem Inneren der Sahara – Gegenden, für deren Besuch Pete bisher niemand bezahlt hatte – war diese zentralasiatische Wüste wohl der einsamste, verlassenste Fleck auf der ganzen Erde.

Pete veränderte die Ansichtsparameter und verbesserte den Kontrast der Geländegegebenheiten durch Falschfarbendarstellung. Dann zeichnete er eine geradezu künstlerische Serie von Panoramaaufnahmen auf und verpaßte ihr eine Positionsbestimmung. Den fertigen Set ließ er dann von einem vorbeiziehenden NAFTA-Spionagesatelliten mit einer verschlüsselten Zeitkennung versehen.

1/15/2052 05:24:01.

Pete speicherte den Set auf einem Gelbrain ab. Ein Gelbrain war ein walnußgroßer Klumpen aus neuronaler Biotechnikmasse, bei dessen allersorgfältigsten Erzeugung die sprichwörtlichen Adleraugen des US-amerikanischen Wappentiers als Vorlage gedient hatten, genauer: jener Teil des Großhirns, in dem das Sehzentrum angesiedelt war. Ein besseres und teureres photographisches Ausrüstungsstück hatte Pete noch nie besessen. Darum bewahrte er es neben seinen Eiern auf.

Es bereitete Pete ein tiefes, inniges Vergnügen, mit den allerneuesten Spionagegimmicks ausgerüstet zu sein, noch dazu von den Bundesbehörden zur Verfügung gestellt. Für einen wie Pete war das ein Privileg, eines, für das man leicht mit dem Leben bezahlen konnte. Einen taktischen Nutzen hatte diese Rundumaufnahme von der Taklamakan nicht; aber das vom Satelliten kodierte Bild mochte dereinst beweisen, daß er und Katrinko an Ort und Stelle des vereinbarten Rendezvous gewesen waren. Genau hier, genau jetzt. Und daß sie auf dieses hohe Tier von der Regierung gewartet hatten.

Doch der Typ war überfällig.

In der kurzen Zeit ihrer beruflichen Bekanntschaft hatte Spider Pete den Oberstleutnant an einer Reihe ziemlich ungewöhnlicher Orte getroffen. In einer Tiefgarage in Pentagon City. Auf der Terrasse eines Fischrestaurants in Cabo San Lucas. Auf der Staten Island Fähre. Dabei schien es Pete, als würde sein Auftraggeber nie auch nur eine Mikrosekunde zu spät auftauchen.

Der Himmel nahm eine schmutzig-weiße Färbung an. Es zischte, blitzte. Etwas jaulte taumelnd auf die Erdoberfläche zu. Ein fieser Donnerknall. Die Erde bebte. Ein alles andere überdeckender Gestank erfüllte die Luft.

»Verd..!«

Sie entdeckten den Oberstleutnant gegen acht Uhr früh. Die Teile seiner Landefähre lagen wüst verstreut über einen halben Quadratkilometer.

Katrinko und Pete schlichen profihaft durch das gelbe Durcheinander der windgeformten Felsen. Ihre Tarnklamotten wechselten selbsttätig jede Sekunde die Färbung, um sich der Landschaft und dem einfallenden Licht anzupassen.

Pete zog sich die Atemmaske vom Gesicht und sog die dünne, gnadenlose, metallisch schmeckende Luft ein. Dann sagte er laut: »Unser Mann. Immer pünktlich.«

Auch die Neuter nahm ihre Maske ab und schmierte sich mit der ihr eigenen, affektierten Art ein silikonhaltiges Präparat auf Lippen und Gaumen, das die Austrocknung verhindern sollte. Ihre flötende Stimme hörte sich inmitten des unnachgiebigen Windes unheimlich an: »Die Raumabwehr hat ihn wohl doch auf den Schirm bekommen.«

»Glaub ich nicht. Wäre der Treffer von oben gekommen, würden die Trümmer noch viel weiter auseinander liegen... Nein, das Malheur ist ihm ziemlich knapp über dem Boden zugestoßen.« Pete deutete auf einige Trümmer ockerfarbener Felsen, die besonders wüst durcheinanderlagen. »Schau genau hin. Man sieht, wo die Tarnfähre reingekracht ist und in welche Richtung es sie danach davongeschleudert hat. Die Kiste hat erst nach dem Aufschlag angefangen zu brennen.«

Mit der beiläufigen Selbstverständlichkeit eines Geckos hangelte sich die Neuter an einen Felsen von der Höhe eines zweistöckigen Hauses hinauf und suchte die Umgebung bedächtig nach Hinweisen für die Absturzursache ab, wobei sie vorsichtig an den Schaltungen ihres Sichtgeräts hantierte. Danach schlitterte sie gekonnt zurück auf den Boden. »Du hast heut nacht kein Flugabwehrfeuer gesehen, oder? Und Abfangjäger waren auch nicht unterwegs?«

»Nichts. Verflixt, wir sind hier doch die einzigen Menschen in einem Gebiet größer als Delaware.«

Die Neuter blickte ihn an. »Was war's dann, Pete?«

»Ein Unfall, schätz ich mal.«

»Ein was?«

»Ein Unfall. Bei einer verdeckten Aktion mit einer HALO kann eine Menge schiefgehen.«

»Und was zum Beispiel?«

»Na, Schwerkraftscheiß und so was. Ein Gerät geht im falschen Moment kaputt. Oder er wurde einfach ohnmächtig.«

»Du willst mir weismachen, ein Capo von den Bundesstreitkräften würde in Ohnmacht fallen?« Katrinko nestelte mit ihren behandschuhten und knolligen Fingerspitzen an ihrem Sichtgerät herum, um den Sitz der Optik zu verbessern. »Außerdem würde das eh nichts ausmachen. Keiner fliegt ein Raumschiff manuell, oder täusch ich mich?«

Pete rieb sich die Stelle, an der das Gummiband seiner Atemmaske einen unangenehm juckenden Abdruck auf seiner dunklen, tätowierten Wange hinterlassen hatte und verschaffte sich damit etwas Erleichterung. »Bei ihm könnt ich es mir schon vorstellen. Der Typ war Flieger. Das ist ein Prestige-Ding beim Militär. Von Hand tief ins Gebiet von Sphere einfliegen, verdeckte Operation tief hinter den feindlichen Linien... damit kann man sauber angeben, daheim am Potomac.«

Die Neuter schien sich die schlechten Neuigkeiten ohne erkennbares Unbehagen durch den Kopf gehen zu lassen. Als eine der weltbesten Techno-Kletterinnen war Katrinko die Regung vertraut, daß man seine körperlichen Fähigkeiten bei sinnlosen und gefährlichen Aktionen unter Beweis stellen wollte. »Es leuchtet mir ein, okay.« Pause. »Trotzdem, blöde Sache.«

Sie legten ihre Masken wieder an und versiegelten sie. An Wasser mangelte es ihnen am meisten, und der Verlust von Wasserdampf beim Ausatmen war ein ernstes Problem. Im Inneren ihrer Anzüge wurden alle Körperflüssigkeiten recycelt, ergänzt nur durch die paar Kubikzentimeter Wasser, die sie gelegentlich aus gefrorenen Bodenstellen gewannen. Die letzten Schokoriegel und den Rest der Marschverpflegung aus der Gleiterration hatten sie vor drei Tagen verspeist. Seither hatten beide nichts mehr gegessen. Allerdings ging es Pete und Katrinko noch ganz gut: Sie zehrten von großen Klumpen Körperfett, die man ihnen unter die Haut gespritzt hatte.

Mehr aus Gewohnheit denn aus Notwendigkeit fingen Pete und Katrinko an, die Spuren des Unfalls zu verwischen. Eine Tarnfähre vom HALO-Typ war nicht schwer zu beseitigen. Vom Radar konnte das Fahrzeug ohnehin nicht wahrgenommen werden, und alle Bestandteile bauten sich selbständig und restlos biologisch ab. Der bittere Wind der Taklamakan hatte jetzt schon dafür gesorgt, daß die größeren Brocken des

Wracks sich bräunlich verfärbten und abzubröckeln begannen; das Material fühlte sich an wie alte Insektenhaut. Jede kleine Spur vermochten sie allerdings nicht zu beseitigen; für die Luftüberwachung sollte es aber reichen.

Was den Oberstleutnant anging: Noch toter ging nicht. Er war in voller NAFTA-Militärrüstung aus den Himmeln gefallen, ein taumelndes, alles durchschlagendes, blitzeschleuderndes Exoskelett, über und über bedeckt mit Kürzeln und Steckverbindungen. Das war machtvolles, ausgefeiltes Zeugs, eine ganz andere Spielklasse als das fasrige und klebrige Material, das den beiden innerstädtischen Einbruchfreaks zur Verfügung stand.

Aber der mit großer Geschwindigkeit erfolgte Aufprall war für die Rüstung nicht gerade folgenlos geblieben. Die Knochen, das Blut und die Sehnen, die sie beherbergte, waren aber noch wesentlich schlimmer in Mitleidenschaft gezogen.

Schweren Herzens verstaute Pete die größeren Brokken in einem Leichensack. Zwar war ihm klar, daß der Oberstleutnant von Haus aus als schlimmer Finger gelten durfte, ein Betrüger, rücksichtslos in seinem Ehrgeiz, wohl auch noch verrückt, aber das Ableben seines Auftraggebers ging ihm trotzdem nahe. Schließlich hätte ihn ein Oberstleutnant ohne solche Charakterfehler wohl kaum angeheuert.

Pete tat es auch ernstlich leid für die junge, waffengeile Soldatenwitwe mit ihren klaren Augen und um ihre zwei rotschöpfigen Kinder, daheim in Atlanta. Zwar hatte er weder Witwe noch Kinder jemals kennengelernt, aber der Oberstleutnant sprach ständig von ihnen und gab mit ihren Fotos an. Er war gut 15 Jahre jünger als Spider Pete gewesen, ein rotbackiger Hinterwäldler, wenn man's genau nahm, dem es nie besser ging, als wenn er dicke Geldbündel rüberschieben konnte oder wahnwitzige Befehle erteilen oder wenn er sündteure Geheimausrüstung an Leute überreichte, denen ein Mensch mit einem Funken Verstand nicht einmal ein abgebranntes Streichholz in die Finger gegeben hätte. Da lag er nun, mitten im kalten und leeren Herzen Asiens, roter Matsch in verbeultem Blech.

Während Katrinko nochmals die Gegend nach letzten Überresten absuchte, grub Pete unter einem Felssims ein Loch mit seinem diamantverstärkten Pickel; mit jedem Schlag rissen die scharfen Kanten des Werkzeugs ganze Schieferklumpen aus dem Boden.

Nachdem Katrinko die nun wirklich letzten angesengten Fetzen ihres Arbeitgebers zusammengekratzt hatte, kauerte sie sich vogelgleich auf einen nahegelegenen Felsen. Gedankenverloren saugte sie an einem Trümmerrest, einem Teil der Navigationseinheit der Fähre. »So ein Gelbrain schmeckt nicht schlecht, wenn es ein wenig eingetrocknet ist, Mann. Wie die Marschverpflegung. Oder wie diese Glücksdinger beim Chinesen.«

»Theoretisch könnte es ja auch ein Teil von *ihm* sein, was du da ißt«, knurrte Pete.

»Viele Kohlehydrate sind auch drin und Proteine, Mann.«

Gemeinsam stopften sie einen letzten Springerstiefel in den von ihnen errichteten Steinhaufen, der die Leiche und ihr Zubehör barg und auf Verewigung wartete. Ein paar Spritzer Kletternetz und einige daumennagelgroße Klümpchen Epoxidkleber ließen diesen Steinhaufen stabiler werden als jede gemauerte Wand.

Es war jetzt um die Mittagszeit; die Temperatur lag immer noch deutlich unter Null, aber wärmer wurde es in der Taklamakan im Januar nicht. Pete seufzte, klopfte sich den Sand von Knien und Ellbogen, streckte sich. Spuren beseitigen war immer eine schwere Aufgabe, eigentlich der schwerste Teil jeder Eindringaktion, weil es jener Teil war, der erledigt werden mußte, nachdem sich der Reiz der Gefahr bereits verflüchtigt hatte. Pete reichte Katrinko das eine Ende eines Glasfaserkabels, damit sie miteinander sprechen konnten, ohne den Funk benutzen oder die Masken abnehmen zu müssen.

Er wartete, bis sie angeschlossen war, dann sprach er in sein Mikro: »Also zurück zum Gleiter, oder?«

Die Neuter blickte verblüfft auf. »Warum das denn?«

»Jetzt paß mal auf, Trink, der Typ, den wir gerade eingebuddelt haben, war der eigentliche Spion in dieser Geschichte. Du und ich, wir lagen bloß als zweite Garnitur in Reserve, zur Rückendeckung. Die Mission ist also vorbei.«

»Aber suchten wir nicht eine geheime, riesengroße Raumschiffbasis?«

»So ist es.«

»Wir sollten doch diese Monster-High-Tech-Anlage finden, einbrechen und dann jede Menge scheißgeheimer Geheimnisse aufzeichnen, die bisher nur den Mandarinen bekannt sind. Das nenn ich einen superheißen Auftrag, Mann.«

Pete stöhnte. »Ich geb's zu, die Sache hatte was, aber ich bin ein alter Knabe, Trink. Für mich muß außer der Herausforderung auch noch ein wenig Geld drin sein, echtes Geld, kapiert?«

Katrinko lachte auf. »Mensch, Pete! Wir reden hier von einem Sternenschiff! Vielleicht eine ganze Flotte, gebaut von japanischen Ingenieuren für chinesische Geheimfritzen mitten in dieser Wüste!«

Pete schüttelte den Kopf. »Das ist doch paranoider Mist, den sich dieser Schmalzkopf aus den Fingern gesogen hat, um an ein bißchen Fördergeld und einen Außenauftrag zu kommen. Der wollte bloß nicht länger hinter seinem Schreibtisch im Keller hocken, das war alles.«

Katrinko verschränkte ihre geschmeidigen, sehnigen Arme. »Hör mir mal zu, Pete. Du warst bei der Einsatzbesprechung genauso dabei wie ich. Du hast die Satellitenaufnahmen gesehen und auch die Analyse der Verkehrsströme. Die Jungs von Sphere haben hier draußen ein ganz großes Ding am laufen.«

Pete blickte mal hier hin, mal da hin. Er fand es auf schmerzliche Art surreal, diese Diskussion wie auf dem Präsentierteller unter einem schlierigen Himmel und zwischen wie sandgestrahlten Gräben in einem lehmigen Boden führen zu müssen. »Irgendwann einmal haben die hier draußen was ganz Großes aufgezogen, das gebe ich zu. Aber was der Oberst da hineingeheimnist hat, habe ich nie geglaubt.«

»Was heißt hier hineingeheimnist? Auch die Russen hatten vor hundert Jahren eine geheime Raketenbasis in der Wüste. Und unsere amerikanischen Wüsten sind rammelvoll mit geheimem Militärkrempel und Abschußanlagen für unsere Raumer. Jetzt spielen eben die asiatischen Sphere-Leute das gleiche alte Spiel. Klingt doch logisch.«

»Nicht für mich. Es gibt kein Wettrennen um das erste Sternenschiff. Das wäre auch ein heißes Wettrennen. Es würde vierhundert Jahre dauern, bis man das nächste Planetensystem erreicht. Kein Schwanz finanziert ein Militärprojekt, das sich erst in vierhundert Jahren bezahlt machen könnte. Schon gar nicht diese schlauen und pfennigfuchsenden Wirtschaftskrieger aus Asien.«

»Na, *irgendwas* haben sie ja wohl gebaut. Hör mal, wir brauchen doch nicht mehr zu tun, als die Anlage finden, schnell mal einbrechen und dann ein paar Dinge da drin aufzeichnen. Das haben wir doch drauf! Typen wie wir haben doch noch nie einen militärischen Oberaufpasser gebraucht, wenn wir irgendwo einsteigen und ein paar Fotos machen wollten. Das machen wir doch jeden Tag. Das ist doch unser Leben!«

Der Sportsgeist der Neuter imponierte Pete. Das war der alte City-Spider-Geist! Aber Pete war schließlich bereits 52 Jahre alt, da sollte man wenigstens den Anschein erwecken, als wolle man vernünftig sein. »Wir sollten unsere Ärsche so schnell wie möglich von hier wegbewegen, zum Gleiter zurückkehren und ab über den Himalaya. Danach fliegen wir nach Washington, Touristenklasse, von Delhi aus. Kurzer Rapport in ihrer Rätselecke, Chef tot, Fähre hinüber. Wir können alles beweisen, alles ist dokumentiert. Die Geheimdienstjungs stecken uns ein wenig Schweigegeld zu, damit wir über den entgangenen Verdienst nicht ganz so traurig sind und raten uns, ja schön die Klappe zu halten. Wir versprechen das alles und gehen dann zum Chinesen essen.«

Katrinko zog wie ein störrischer Esel ihre Schultern so demonstrativ hoch, daß man es sogar durch die aufgeschäumte Warzenoberfläche ihres topisolierten Tarnanzuges sehen konnte. Ihr gefiel der Vorschlag überhaupt nicht. »Pete, mir steht der Sinn jetzt nicht nach chinesischem Essen. Mir steht der Sinn nach professioneller Anerkennung, okay? Mir steht der lahme Kinderkram bis hier, bei Fernsehsendern einsteigen, beim Bürgermeister einbrechen: Das hier ist meine Chance, ganz groß rauszukommen.«

Pete massierte sich mit zwei behandschuhten Fingern die Maske.

»Pete, mir ist klar, daß du das nicht gern hörst. Ich hab das schon kapiert. Aber du bist schon wer, ein ganz Großer, Mr. City Spider höchstpersönlich. Die Legende. Der Champion. Da kommt dann mal *die* Gelegenheit für mich, und der Herr möchte lieber seinen Job an den Nagel hängen.«

Pete machte eine abwehrende Handbewegung. »Jetzt mach aber mal halblang, davon war nicht die Rede.«

»Jedenfalls hast du gesagt, daß du abhaust. Du willst nicht weitermachen. Du willst nicht einmal herausfinden, was hier überhaupt gespielt wird.«

»Nichts da«, sagte Pete gewichtig. »Da solltest du mich aber besser kennen, Trink. Ich bin noch ein Spider. Ich bin noch scharf. Was da los ist, will ich wissen, aber sicher! Ist doch das mindeste.«

Katrinko bestimmte das Tempo. Pete war es recht, daß sie vorausging. Die Mission ohne die Oberhoheit des Oberstleutnants fortzusetzen, war ziemlich dumm, aber auf andere Art und viel erfrischender dumm als die dumme Idee, heimzugehen nach Chattanooga.

Leuten in Petes Metier war es versagt heimzugehen. Er hatte es einmal probiert, wirklich und wahrhaftig, acht Jahre war es her, gleich nachdem die dumme Sache in Brüssel so schief gelaufen war. Er hatte sich nach einem ordentlichen Job umgeschaut; Lyle Schweik hatte ihm einen verschafft in seiner Fabrik für muskelkraftbetriebene Flugmaschinen. Der Sportartikelmillionär war ihm noch einen Gefallen schuldig gewesen, und wenn man es sich recht überlegte, hatte er ihm ein gutes Angebot gemacht.

Aber bald hatten alle davon Wind bekommen, daß Pete einst ein berühmter City Spider gewesen war. Bescheuerte Kollegen machten andauernd Anspielungen. Gelegentlich baten sie ihn um sogenannte ›Gefallen‹ oder ließen ihr Wissen um das Leben auf der Straße heraushängen. Wenn man es sich genau überlegte, waren ›normale Menschen‹ ziemliche Arschlöcher.

Pete zog ihnen die schwer gestörten Typen vor,

Typen, denen etwas wichtig war, so wichtig, daß sie deswegen echt aus dem Häuschen geraten konnten, Typen, die vom Leben mehr erwarteten als das Mamma-Pappa-Kohle-Ding und dann ins Grab zu fallen.

Im Schutz eines Felsabbruchs hielten sie an, um die Gegend zu sondieren. Pete wickelte die Haltefäden eines Spionauges ein paar Mal um das Ende seiner Wurfleine und warf diese dann aus. Auf dem höchsten Punkt ihrer Flugbahn, vielleicht sechs Stockwerke über dem Erdboden, fertigte das Auge eine Panoramaaufnahme der Umgebung an.

Katrinko und Pete hatten ihre Sichtgeräte zusammengeschlossen, um die Bilder gemeinsam analysieren zu können. Katrinko machte Pete mit einer Geste ihrer Finger auf ein weiter abwärts gelegenes Areal aufmerksam. »Das wäre mein Tip.«

»Der Graben, oder was?«

»Du solltest mehr an die frische Luft gehen, Pete. Wir Freikletterprofis nennen sowas eine Straße.«

Katrinko und Pete näherten sich der sogenannten Straße mit der Profis in ihrem Geschäft eigenen Vorsicht. Mit Weichmachern behandelte Schlackebrocken waren hier zu einem inzwischen vom Sand überwehten Band aneinandergereiht worden. Die Schlacke stammte wohl aus den Verbrennungsanlagen der großen Städte, verkohltes Zeug, das sie in Asien gerne zum Straßenbau verwendeten, nachdem jedes Gramm wertvolles Material zuvor aus der Masse entfernt worden war.

Auf der Schlackenstraße mußte einmal ziemlicher Verkehr geherrscht haben. Man konnte die durch die Reifen vieler Fahrzeuge entstandenen Vertiefungen im Belag erkennen, dazu das oftmals eingedrückte Bankett und Löcher, in denen einst Verkehrsschilder steckten oder die Pfosten für Überwachungsapparaturen.

Sie folgten der alten Straße mit respektvollem Abstand und waren ständig auf der Suche nach Landminen, Überwachungskameras, Stolperdrähten und was sonst noch so lästig fallen konnte. Die nächste Pause war in einer wildzerklüfteten Senke fällig, wo man eine Brücke mit großer Sorgfalt entfernt hatte. Nur die sauber gearbeiteten Fundamente terrassierten den Boden, und ein Bogenelement ragte wie ein vergessenes Stück Konzeptkunst in den Himmel.

Pete meldete sich über Kabel. »Am meisten macht mir die Sauberkeit angst, die hier überall herrscht. Das soll doch eine Straße sein, oder? Da muß doch einer eine Bierdose fallenlassen, einen Schuh verlieren, sowas in der Art…«

Katrinko nickte. »Für mich waren das Bauroboter.«

»Echt?«

Katrinko spreizte die Finger in ihren aufgeschäumten Handschuhen. »Schließlich soll doch hinter all dem Sphere stecken, das heißt automatisch Roboter, oder? Meiner Meinung nach wurde die Straße von Robotern gebaut. Roboter haben sie danach benutzt. Roboter transportierten auf ihr Tonnen und Aber-Tonnen von dem, was auch immer sie transportiert haben mögen. Als das große Projekt schließlich abgeschlossen war, haben Roboter alles von hier fortgeschafft, was noch einen kleinen Restwert aufwies, alles, die Ampelanlagen, die Brücken. Alles ordentlich, nichts wird vergessen; so macht man das bei Sphere.« Katrinko legte ihr mit der Maske geschütztes Gesicht auf ihre angezogenen Knie und schien sich Träumereien hinzugeben. »Sehr seltsames und schier unglaubliches Zeug kann dabei herauskommen, wenn man eine Riesenmenge Platz hat in einer Wüste und Robot-Arbeit, so billig, daß man es kaum ausrechnen kann.«

Katrinko hatte anscheinend ihre Zeit bei den Geheimdienst-Briefings nicht verschwendet. Pete hatte schon eine Reihe Möchtegern-Spiders erlebt, ein paar davon sogar selbst ausgebildet, aber Katrinko hatte das Zeug zu einer wirklichen Meisterin ihres Faches: die Sehnsucht, die körperliche Veranlagung, die vollständige Hingabe – und klug war sie auch noch. Es lag an ihr, nicht im Knast oder im Leichenschauhaus zu enden. »Du bist ein ziemlicher Sphere-Fan, Kleines, was? Du stehst wirklich auf die Art, wie sie die Dinge anpacken.«

»Klar mag ich Asiaten. Sie kochen besser als die Europäer.«

Pete war ihre Einstellung egal. NAFTA, Sphere, Europa: Das trilaterale Geflecht von Supermächten bekriegte sich in völlig unverständlichen Mustern, wie Sonnenflecken, ohne Sinn und System. Und dann und wann krachte es eben, aber bloß auf der südlichen Hemisphäre, wo die Stellvertreterländer herhalten mußten. Im Lauf seiner fünfzigundeinpaarzerquetschten Jahre hatte Pete miterlebt, wie sich die Asian Cooperation Sphere in wirrem politischen Rhythmus die unterschiedlichsten öffentlichen Erscheinungsformen verpaßte: Dienstags und donnerstags exotische Feriengegend. Montags und mittwochs wetterwendische gelbe Gefahr. Und Tag für Tag Hauptgeschäftspartner, auch an Sonn- und Feiertagen.

Zur Zeit gab Sphere gerade die undurchschaubare Bedrohung und erntete dafür jede Menge grimmiger Medienpräsenz als der wirtschaftliche Hauptfeind der NAFTA. Soweit Pete aus dem Ganzen schlau wurde, bedeutete das bloß, daß sich eine größere Menge bekloppter nordamerikanischer Wirtschaftswissenschaftler als Machos aufspielen durfte. Der Hauptanklagepunkt bestand darin, daß Sphere zu viele ordentlich gefertigte, billige und schicke Konsumgüter in den NAFTA-Bereich verkaufte. Schön blöd, sich deswegen umbringen zu lassen. Aber die Menschen starben in horrenden Zahlen für weit seltsamere Gründe als den hier.

Die gigantischen Warnhinweise erblickten Katrinko und Pete bei Sonnenuntergang. Es waren Säulenplatten von titanischen Ausmaßen, Klinkerstein epoxidverklebt, also härter als Granit, vier Stockwerke hoch und bestens gegründet auf tiefliegenden Gesteinsschichten. Bedrohliche Bilder von Gehörnten und ausführliche Warntexte in wenigstens fünfzig Sprachen waren feinsäuberlich in den Stein gemeißelt; Englisch war Sprache Nummer Drei.

»Radioaktive Abfälle«, vermutete Pete, nachdem er aus zwei Kilometern Entfernung die Schrift mit Hilfe seines Sichtgerätes geschickt entziffert hatte. »Hier lagert radioaktiver Müll. Außerdem war das einmal nukleares Versuchsgelände. Alte Wasserstoffbomben aus der Zeit des kommunistischen Chinas, natürlich möglichst abgelegen probegezündet, eben hier in der Taklamakan.« Er machte eine nachdenkliche Pause. »Soviel muß man ihnen zugestehen: Sie hatten sich den richtigen Platz für diese Testart ausgesucht.«

»Hör auf!« protestierte Katrinko. »Riesensteintafeln, die zufälligen Passanten nahelegen, hier lieber nicht durchzulatschen? Das ist doch eine Verarschung.«

»Es würde zumindest erklären, warum hier nur Roboter am Werk waren und alle Straßen zerstört worden sind.«

»Niemals, Mann. Denk nach – wie läuft das heutzutage? Du willst etwas wirklich Wichtiges oder Wertvolles verstecken. Ein Safe in der Wand? Ist aus der Mode, seit jeder über Magnetometer und Ultraschall und Restwärmedetektoren verfügt. Also versteckt man seine besten Stücke im Abfall.«

Pete registrierte die Umgebung mit Hilfe der telephotographischen Hilfsmittel des Sichtgeräts. Die Tafeln ragten aus einem Hügel über einer weiten Ebene, in der gelegentliche Sturzbäche, wie sie nach starken Regenfällen auftraten, Kieselsteine und Geröll fächerartig verteilt hatten. Zwischen diesen Steinen wuchs sogar etwas – niedriges, ledern wirkendes Gras mit fetten, wachsigen Halmen, nicht unähnlich den Fingern einer Leiche. Derart fies wirkende Vegetation war Pete noch nicht untergekommen; genauso stellte er sich Pflanzen vor, die am liebsten freigewordenes Plutonium speicherten. »Hör zu, Trink. Ich mag es, wenn meine Erklärungen einfach sind. Ich halte unser großes Sternenschiff für eine große Atommülldeponie.«

Die Neuter lenkte ein. »Vielleicht, gut. Aber selbst wenn stimmt, was du sagst, sind das immer noch Neuigkeiten, für die irgendwer Geld auszuspucken bereit ist. Stell dir vor, wir finden ein paar aufgeplatzte Fässer oder einige schlecht gewartete Leitungen da drin. Damit kann man doch jedem Staatsoberhaupt Feuer unterm Arsch machen, oder? Ein Beweis in der Art könnte ganz schön Geld bringen.«

»Öh?« Pete war geplättet. Was Katrinko da sagte, war richtig. Die Erfahrung vieler Jahre hatte Pete gelehrt, daß im Müll anderer Leute immer ein paar nützliche Geheimnisse zu holen waren. »Aber lohnt es sich, wegen ein bißchen Geld im Dunkeln zu leuchten?«

»Nun stell dich nicht so an. Ich werde sowieso nie Kinder haben. Dafür habe ich ja bekanntlich vor langer Zeit bereits gesorgt. Und du scheinst mir mehr als genug Kinder zu haben, mein Lieber.«

»Kannst recht haben«, grummelte Pete. Vier Kinder von drei verschiedenen Frauen. Es hatte lange gedauert und ziemlich weh getan, bis er verstanden hatte, daß Frauen, die Hals über Kopf auf einen herumstreunenden sexy Draufgänger hereinfielen, immer und immer wieder auf jeden anderen herumstreunenden sexy Draufgänger hereinfielen.

Katrinko fand an der bevorstehenden Herausforderung immer mehr Gefallen. »Wir haben das drauf, Mann. Wir haben unsere Anzüge, wir haben die Masken. Essen oder trinken fällt da draußen sowieso flach. Wo sollen wir da mit Strahlung in Berührung kommen? Heute nacht kampieren wir weit weg von der Kacke. Vor dem Morgengrauen gehen wir rein, sehen uns blitzschnell um, machen unsere Aufnahmen, und raus. Der saubere, einfache Bruch. Keine Menschenseele in weitem Umkreis, die uns aufhalten könnte. So können wir den Geheimdienstfritzen wenigstens was zeigen, wenn wir heimkommen. Vielleicht zahlen sie sogar dafür.«

Pete ließ sich die Sache durch den Kopf gehen. Sorum betrachtet, sah die Geschichte gar nicht schlecht aus. Es war zwar Drecksarbeit, würde aber den Auftrag zu einem anständigen Ende bringen. Und, das war ihm fast am wichtigsten, die Leute des Oberstleutnants würde keinen anderen armen Teufel hierher schicken. »Aber danach nichts wie zurück zum Gleiter?«

»Zurück zum Gleiter!«

»Okay, abgemacht.«

Vor dem Morgengrauen noch dopten sie sich mit ausdauersteigernden Mitteln, indem sie gewisse genmanipulierte Inlays aktivierten, die tief im Inneren ihrer Achselhöhlen verborgen auf den Impuls gewartet hatten, sich zu erhitzen und wirksam zu werden. Dann verbargen sie die Utensilien, die sie nur zum Transport benötigten und huschten wie Geister die hohe

Mauer, die ihr Ziel umgab, hinauf und drüben wieder hinunter.

Sie bohrten ein winziges Loch durch das Dach eines der graubraunen, nur halb aus dem Boden ragenden Schutzhangars und spritzten ein Spionauge hindurch.

Bombenfeste Reihen faßförmiger Sarkophage, solide und glänzend wie polierter Granit. Die großen, fest verschweißten Behälter für radioaktives Material waren jeder so groß wie ein Tanklastwagen. Da lagen sie, sauber in Reih und Glied, umgeben von undurchdringlichem Dunkel, stumm wie steinerne Sphingen. Alles sah danach aus, daß sie auch die nächsten zwanzigtausend Jahre durchhalten würden.

Pete verflüssigte die Gelcam wieder und saugte sie zurück durch die Öffnung, dann rutschten die beiden das geneigte Dach des staubigen Hangars hinunter. In den vielen kleinen Sanddünen, die sich an die Schutzdome schmiegten, fanden sie überall Spuren von Eidechsen. Diese auf Gesundheit deutenden Lebenszeichen heiterten Pete beträchtlich auf.

In völliger Stille wieder die Mauer hinauf und hinunter. Zurück zur kleinen Grotte, in der ihre Ausrüstung wartete. Sie nahmen die Masken ab, um wieder miteinander sprechen zu können.

Pete kauerte sich hinter einen Felsen und genoß das Nachlassen der Anspannung nach einem Bruch. »Ein Spaziergang«, gab er von sich. »Ein Vergnügungstrip.« Sein Puls ging wieder normal, und zu seiner großen Freude verspürte er keine verdächtigen Schmerzen in den Drüsen.

»Das muß man diesen Robotern lassen, saubere Arbeit.«

Pete konnte nur beipflichten: »Ein Killeranwendungsgebiet für Roboter: ab mit ihnen auf die Giftmülldeponie.«

»Ich hab mit dem Tele Aufnahmen von der ganzen Anlage gemacht«, sagte Katrinko. »Nirgends gibt es Wasser. Keine Hochspeicher, keine Rohre, keine Zisternen. Der Mensch kann in der Wüste auf eine ganze Menge verzichten, nicht aber auf Wasser. Dieser Ort ist tot. Und war schon immer tot.« Sie machte eine Pause. »Der Job wurde von A bis Z von Robotern erledigt. Du weißt doch, was das bedeutet, Pete? Kein menschliches Wesen hat jemals diesen Ort mit eigenen Augen gesehen. Außer dir und mir.«

»Dann war's ja eine Art Erstbesteigung. Ein jungfräulicher Bruch. Supergut«, sagte Pete, noch ganz erfreut über diesen professionellen Coup. Er starrte über die Geröllebene zu der ummauerten Lagerstätte und machte ein paar letzte Sichtgerätaufnahmen für sein Gelbrain-Archiv. Zwei Dutzend enorme Dome, Stück für Stück von gigantischen Robotern erbaut, die mit der tumben Ausdauer von Termiten schuften konnten. Die raumgreifenden Dome wirkten, als wären sie während eines einzigen Momentes entstanden und erstarrt; ihre Ränder fügten sich wie geschmolzenes Karamel in die Erhebungen und Vertiefungen der Wüstenlandschaft ringsherum. Für einen Satelliten sahen die Dome vermutlich aus wie natürlich entstandene Hügel. »Hängen wir hier nicht länger rum. Irgendwie hab' ich das Gefühl, als würden diese Röntgenfinger weiter ungerührt nach meiner DNA greifen.«

»Jetzt aber... Deswegen machst du dir doch nicht wirklich Sorgen, oder?«

Pete lachte und zuckte mit den Schultern. »Wie auch immer. Feierabend, Kleines. Zurück zum Gleiter.«

»Bei Gen-Schädigungen kann man heutzutage wahre Wunder bewirken, schon gehört? Wird irgendwie neu hingebosselt, die Geheimdienst-Jungs haben das drauf.«

»Was, die Schinder beim Militär? Die kämen mir gerade recht.«

Der Wind wurde stärker. Eine Serie von Böen, abrupt und rasch hintereinander. Trocken, eiskalt und voller stechender Sandpartikel.

Plötzlich hörten sie ein schwaches Jaulen von der anderen Seite der Mauer. Ferne Lungen bliesen in den Hals einer Weinflasche.

»Was ist das für ein lautes, geradezu unheimliches Geräusch?« wollte Katrinko wissen, mit einem Schlag wieder in Höchstspannung versetzt.

»O nein!« ächzte Pete. »Verd…«

Aus einem Loch im unteren Teil des dreizehnten Doms entwich Dampf. Sie hatten es beim Sondieren übersehen, weil die Abschlußkante dieses Hangars mit wild wuchernden Dornbüschen bewachsen war. Dabei gaben genau diese Büsche einen deutlichen Hinweis darauf, daß da etwas nicht stimmte. Wenn Katrinko und Pete so mißtrauisch gewesen wären, wie es sich in einer solchen Situation gehört…

In nächster Umgebung der Büsche entdeckten sie sehr schnell drei sehr tote Männer. Sie hatten sich einen Weg durch die Außenhaut geschlagen und gemeißelt – und zwar von innen. Sie waren gleichzeitig mit dem Ausschachten vorgedrungen und hatten schwere Abschürfungen in Kauf genommen, um nach draußen zu gelangen.

Der erste Mann war gleich am Ausstieg gestorben, aus purer Erschöpfung, wie es schien. Nach ihrer ohnehin olympiareifen Anstrengung versuchten dann die zwei Überlebenden, die senkrechte, gut vier Stock hohe Mauer zu überwinden.

Die beiden Ausbrecher hatten versucht, ihr mächtiges Hindernis mit Handäxten, grob geflochtenen Seilen und Kletterhaken aus Gußeisen zu überwinden.

Für zwei City Spiders mit modernen Handnetzen und Saughaken war die Wand ein Klacks. Katrinko und Pete hätten auf halber Höhe in aller Ruhe ein Lager aufschlagen und eine Wassermelone verspeisen können. Aber für ein paar Männer, die schon sehr ausgelaugt waren und deren Kleidung nur aus Wolle, Leder und selbstgemachten Schuhen bestand, bedeutete die Wand ein unlösbares Problem.

Einer schien abgestürzt zu sein und sich dabei den Rücken und ein Bein gebrochen zu haben. Der Verbleibende hatte sich dann wohl dazu durchgerungen, an Ort und Stelle seinem Freund in der letzten Stunde beizustehen. Allem Anschein nach war er dabei erfroren.

Die drei Männer lagen hier schon seit vielen Monaten, vielleicht ein Jahr oder länger. Ameisen hatten an ihnen ihre Spuren hinterlassen, genau wie der feine, salzige Staub der Taklamakan und die gefriertrocknende Wirkung der Luft. Drei verschrumpelte, asiatische Mumien, schwarzhaarig, mit schiefen Zähnen, runzliger, dunkler Haut und seltsamen blutbefleckten Klamotten.

Katrinko hielt Pete das Ende ihres Glasfaserkabels hin und schnatterte hinter ihrer Maske los: »Schau dir die Schuhe an, Mann! Und das Hemd, das der Kerl anhat – kann man so ein Teil überhaupt Hemd nennen?«

»Ich würde das drei sehr tapfere Kletterer nennen«, sagte Pete. Er warf ein gut fixiertes Spionauge durch die Öffnung nach unten, die die drei Männer geschlagen hatten.

Im Inneren des dreizehnten Doms wucherte ein Wald von Monitorschirmen. Viele Mikrowellenantennen. Die Dachwölbung dieses Doms formte kein stabil gesinterter Beton wie bei den anderen, sondern eine Art radardurchlässiges Plastik. Ansonsten war alles pechschwarz wie überall und staubdicht abgeschlossen – bis sich die drei Toten ihren Fluchtweg durch die Wandung genagt und gehämmert hatten. Von Atommüll keine Spur.

Schnell hatten sie auch das kleine Camp der drei Männer ausgemacht. Ihr Biwak. Drei Männer, die sich mit viel Geduld den Weg in die Freiheit meißeln wollten, während ihre Dochte ausgingen, während die Öllampen verloschen, während sie ihre Rationen Bissen für Bissen kauten, während sich ihre ledernen Wasserflaschen leerten und nur noch von den Wänden geleckte Kondenswasser den Durst lindern konnte. Dabei die ganze Zeit umgeben von einem sie weit überragenden Dschungel aus Satellitenrelais und Kabelbäumen. Pete fand die Vorstellung gräßlich. Das war hier ein mehr als gräßlicher Ort. Bis jetzt der gräßlichste.

Katrinko und Pete holten sich ihre vollständige Einbruchsausrüstung. Dann verschafften sie sich Einlaß durch die Oberseite des Doms, wo man am einfachsten schneiden konnte. Als sie durch waren, versiegelten sie die Öffnung, aber nur sehr leicht, für den Fall, daß ein schneller Rückzug vonnöten war. Ihre Transporttaschen ließen sie zum Steinboden hinab, dann folgten sie an ihren Smart-Leinen. Am Boden angelangt, verschlossen sie als erstes den Fluchttunnel mit Klebnetzen und etwas Geröll, damit dieses Windgeräusch endlich aufhörte und um mögliche Umweltgifte nicht länger entweichen zu lassen.

Als das Loch zu war, wurde es schnell wärmer im Dom. Warm und feucht. Sogar etwas Tau schlug sich auf dem Boden und an den Wänden nieder. Es roch auch komisch. Nach Rauch und alten Socken. Nach Mäusen und Gewürzen. Nach Suppe und Abwasser. Vertraute menschliche Gerüche aus den Tiefen der Erde.

»Das hätte unserem Oberstleutnant bestimmt gefallen«, ließ sich Katrinko über das Kabel vernehmen, während sie die über ihnen aufgetürmte Maschinerie mit Infrarot genau unter die Lupe nahm. »Man braucht bloß ein paar Gurte hochexplosiver Munition in das Zeug hineinzufeuern, und schon wären mit Sicherheit ein paar Fehlermeldungen an diesen vollautomatischen Spielereien unseres Mr. Unbekannt fällig.«

Pete hielt ihre derzeitige Lage für eine hervorragende Gelegenheit, ums Leben zu kommen. Automatisierte Alarmsysteme standen für die tödlichste Seite seiner beruflichen Existenz, etwas erträglicher gemacht nur durch die Tatsache, daß kluge und aggressive Alarmsysteme gelegentlich auch ihre Eigentümer umbrachten. Das hatte mit einem grundlegenden Maschinenbauproblem zu tun: Hochsensible, paranoide Alarmanlagen lösten permanent Fehlalarme aus, mal war's ein Eichhörnchen, ein Hund, der Wind oder Hagel, mal ein kleines Erdbeben, ein zu geiler Liebhaber, dem gerade das Paßwort nicht mehr einfällt... Sie waren klug, und sie dachten in eigenen Bahnen, was sie anfällig machte für Fehler.

Aber falls eine der hier aufgebauten Maschinen ein Alarmsystem war, dann hatte sie jedenfalls nicht bemerkt, daß ein ziemlich großes Loch feinsäuberlich ins Dach des Domes geschnitten worden war. Die Sparren und Transmitter sahen jedenfalls übel aus, überzogen von Eis und Reif. Alles hatte einen gewissen Schrottplatz-Look, und es roch nach verrottender Technik. Also hatte Mr. Unbekannt irgendwann die Nase voll von seiner Alarmanlage gehabt und sie außer Dienst gestellt.

Am Fuß eines Mikrowellenturms fanden sie schließlich ein Schlupfloch, auf dem ein abgesteppter Flicken aus

Schafspelz lag. Pete ließ wieder ein Spionauge hinunter und entdeckte einen Schacht, der wohl von Maschinen gebohrt worden war. Dieser Tunnel verbreiterte sich schließlich soweit, daß ein Auto bequem Platz darin gefunden hätte, und führte schnurgerade in endlose Tiefen, tiefer jedenfalls, als er seine Gelcam an der Leine hinunterlassen konnte.

Pete zwängte einen rostigen Kletterhaken aus Gußeisen aus einer Halterung am Rande der Öffnung und befestigte statt dessen einen modernen Klebeanker. Danach machte er seine Smart-Leine sorgfältig an diesem Anker und seinem Klettergurt fest.

Katrinko wurde vor lauter Aufregung ganz kribbelig. »Pete, ich bin so scharf auf all das hier. Laß mich als erste hinuntersteigen.«

Pete klinkte eine Winde an Katrinkos Gurt ein, danach verbanden sie ihre Sichtgeräte durch die im Seil eingebettete Glasfaserleitung. Pete schlug der Neuter auf die Schulter. »Ab durch die Mitte, Kleines!«

Katrinko fuhr ihr Klebenetz aus den griffsensiblen Handschuhen und ließ sich Füße voraus in die Öffnung gleiten.

Die Möchtegern-Ausbrecher hatten den Schacht bereits mit jeder Menge Seil versehen. Ösen aus einem keramischen Material waren in regelmäßigen Abständen in die Wand geschlagen, damit die Seile immer eng am Gestein anlagen. Die Kletterer hatten sich ihren Weg von Öse zu Öse gebahnt und dabei lederumwickelte Bambusstöcke und eiserne Haken verwendet.

Katrinko unterbrach ihren Abstieg und machte das Seil los. Daraufhin ließ Pete die Transportsäcke hinunter. Danach kam er selbst, stoppte am letzten Bremsklotz, band sich ebenfalls los und überließ Katrinko erneut die Führung, ohne sie durch das Sichtgerät aus den Augen zu lassen.

Ein merkwürdiges Glühen war am Ende des Tunnels auszumachen. Zahltag. Pete fühlte, wie ihn eine vertraute, fast jenseitige Anspannung überkam. Gefühle durchrasten ihn mit wilder Intensität. Angst, Neugier, Sehnsucht: der rohe, heiße, diebische Kick, den man bei einem ganz großen Bruch kriegte. Als würde man wahnsinnig werden, aber um so vieles besser als nur Wahnsinn, weil man auch so *wach* war. Pete war wieder durch und durch Spider, sein Verlangen zu tief und gefährlich, um darüber zu reden.

Das Licht erzeugte immer höhere Hitzewerte in Petes auf Infrarot eingestelltem Sichtgerät. Unter ihnen tauchte eine weite, metallene Fläche mit länglichen Durchlässen auf, wie der leuchtende Abfluß einer Riesenküchenspüle, Lüftungsschlitze vermutlich, die in heißem Licht erstrahlten. Katrinko brachte einen Schaumkeil an der Tunnelwand an, legte ihre Leine ab, beugte sich hintüber und führte ein Spionauge durch einen der Schlitze.

Pete brauchte seine Hände für etwas anderes als Gefummel am Sichtgerät und zischte deshalb via Kabel: »Was ist zu sehen?«

Katrinko verrenkte sich in seine Richtung und preßte dabei mit behandschuhten Fingern das Sichtgerät so fest wie möglich auf ihr Gesicht. »Ich sehe *alles*, Mann. Den Garten Eden und Städte aus Gold!«

Die Höhlung war einst massiver Fels gewesen, ein Teil der Festlandscholle. Dann hatte ein Bohrgerät aus russischer Fertigung sich in diesen Felsen hineingearbeitet und eine trockene Quelle in einem sehr trockenen Land geschaffen. Danach kamen sehr müde, sehr ausgelaugte, sehr sonnenverbrannte und sehr entschlossene rotchinesische Waffeningenieure und installierten eine 100-Megatonnen-Wasserstoffbombe am Grunde ihres sehr, sehr trockenen Loches.

Als das Untier in seinem vielfach abgeschirmten Nest in einer Fusion verging, hüpften die Seismographen im fernen Kalifornien wie aufgeschreckte Bambis.

Die thermonukleare Explosion hinterließ eine riesenhafte Gasblase tief im Herzen eines wahnwitzigen Netzwerkes aus Spalten und Brüchen. Danach lauerte die tiefe und leere Blase in grausiger Stille neunzig lange Jahre lang.

Da sandten Asiens neue Herren modernere und noch viel klügere Werkzeuge in die Tiefe.

Pete sah, daß die weit entfernte, gegenüberliegende Rundung der Höhle mit einem Sternenhimmel bekleckst war. Ganze Konstellationen, weiß und vollständig. Und mitten im Raum, in diesem riesigen und süßlich-klammen Luftraum, befanden sich drei große, leuchtende Türme, aufragende Zylinder von der Größe eines Stadtteils. Es schien, als schwebten sie, erstarrt mitten in der Bewegung.

»Sternenschiffe«, murmelte Pete.

»Sternenschiffe«, stimmte Katrinko zu. Menues klappten auf und zu im Sichtfeld ihrer zusammengeschalteten Optiken. Katrinko markierte mit der Fingerspitze eine Gruppe winziger, sich bewegender Tüpfchen an der Wand. »Schau dir mal das da an…«

»Wärmereflexe. Kleine Maschinen.« Die Projektion der sie umgebenden Welt drehte sich leise. »Und da drüben ebenfalls – und weiter da drinnen krabbeln noch ein paar Dutzend. Und Pete, siehst du die? Die ziemlich großen? Scheinen zu patrouillieren.«

»Roboter.«

»Mhmm.«

»Was, zum Kuckuck, haben die hier unten zu suchen?«

»Na, ich stell mir das so vor, Mann: Wenn du in einem dieser reinen Schwindelschiffe steckst und mal aus dem Fenster schaust, dann willst du funkelnde

Sterne sehen. Schließlich bist du ja im Weltall. Aber mit Sichtgeräten durchschauen wir diesen ganzen Humbug auf der Stelle. Und, Pete, der gesamte Steinhimmel am Boden unten wimmelt von Maschinen.«

»Mann, o Mann.«

»Das ist nämlich egal, weil keiner aus den Sternenschiffen nach unten schauen kann, Mann. Da unten am Boden geht der volle Wahnsinnswahnsinn ab, soviel steht für mich fest. Da unten gibt es massenhaft kochendes Wasser, vor allem in den Felsen mit den tiefen Sprüngen.«

»Wasser? Eher eine riesige, wohlriechende Suppe. Eine chemische Suppe«, stellte Pete fest.

»Eine biochemische Suppe.«

»Autonome, sich selbst zusammenbauende Biotechnik auf Eiweißbasis. Strengstens verboten durch die Nichtweitergabeprotokolle der Manila-Verträge von 2037«, zitierte Pete wie von selbst, weil er diesen Satz während zahlreicher Briefings zu Hintergrundfragen in- und auswendig gelernt hatte.

»Ein ganzer, großer See voller voll-heißem, voll-illegalem, selbstmontierendem, klebrigem Zeugs da unten.«

»So isses. Genau der Schmand, mit dem unsere verdeckt operierenden Techno-Jungs seit zehn Jahren unter den Rocky Mountains hantieren.«

»Ach komm, Pete, jeder bescheißt ein wenig. Was wir bei der NAFTA da treiben, ist ungefähr so wie ein wenig Schnaps in der Badewanne ansetzen. Das hier aber ist *groß*. Und weiß der Himmel, was da in diesen Sternenschiffen sitzt.«

»Werden wohl Menschen sein, Kleines.«

»Mhmm.«

Pete sog ein klein wenig von der feuchten Luft ein. »Das hier ist ein Volltreffer, Trink. Oberste Spielklasse. Wir stecken da in einer Spionagenummer mit wahrhaft historischen Dimensionen.«

»Falls das heißen soll, daß wir jetzt zum Gleiter zurück sollen, dann red erst gar nicht weiter, Pete.«

Pete ließ nicht locker. »Wir müssen zurück zum Gleiter. Bei den photographischen Beweisen, die wir zusammengetragen haben? So sieht unsere Aufgabenstellung aus. Dafür werden wir bezahlt.«

»Ein dreifach Hurra!«

»Außerdem geht es irgendwie langsam auch um Patriotismus und so, oder?«

»Vielleicht finge ich mir diesen patriotischen Virus ein, wenn ich eine Uniform trüge, Pete, aber das Militär rekrutiert keine Neuter. Ich bin ein völliger Freak, ein freier Agent, und ich bin nicht bis hierher gekommen, um einen Blick von außen auf diese Wunderwelt zu werfen und dann kehrtzumachen.«

»Gut, ich verstehe deinen Standpunkt«, mußte Pete zugeben.

»Ich mach mich jetzt auf die Socken. Sicherst du mich?«

»Nein, Kleines. Jetzt ist es soweit: Ich gehe voraus.«

Pete zwängte sich durch den roh behauenen Lüftungsschlitz unter die schier grenzenlose Felsendecke der Höhle. Heimtückisches Zeugs, so ein Fels – alles Natur, keine garantierten Fertigungsparameter. Trotzdem, Decken waren ihm vertraut; einen nicht unbeträchtlichen Teil seines Lebens hatte er an Decken verbracht.

Er arbeitete sich entlang einiger Lavaeinschlüsse vor, bis er auf einen schönen, festen Spalt stieß. Ein paar schnelle Freiklettergriffe, dann konnte Pete seine Schaumkeile setzen, sich verankern und das Seil wieder lösen.

Er hing im Schutz seiner Tarnkleidung kopfüber von der Decke und drehte sich langsam im Kreis, um dabei ganz methodisch eine Rundumaufnahme anzufertigen, hauptsächlich für Katrinko, die noch auf die Glasfaserübertragung angewiesen war. Weite Bereiche der Decke wirkten seltsam wurmzerfressen, als hätten Bohrer oder eine Säure dort den Felsen angebohrt oder weggeätzt. Außerdem war jetzt im eigentümlich glühenden Licht der Infrarotoptik zu erkennen, daß die drei angeblichen Sternenschiffe auf schlanken Säulen ruhten, riesige, hohle Röhren, die mehr wie eine dünne Schnur wirkten, kaum sichtbar also, hergestellt aus etwas sehr Schwarzem und unfaßbar Starkem, Kohlefasern, wer weiß? In ihrem Inneren schienen Wasserleitungen und die Kabel der Stromversorgung zu verlaufen.

Diese Säulen boten sich als einfachster und schnellster Weg an, zu den Sternenschiffen empor oder hinunter auf den Boden zu klettern. Leider waren sie auch sehr exponiert, also wunderbare Orte, um abgeschossen zu werden.

Pete ging davon aus, daß er mit Sicherheit für das menschliche Auge unsichtbar blieb, aber gegen seinen Restwärmeabdruck konnte er nicht sehr viel unternehmen. Wenn er es sich recht überlegte, würde er genau in diesem Moment auf den Sensorfeldern tausender schwerbewaffneter Roboter aufleuchten wie ein hellerleuchteter Christbaum. Andererseits konnte es niemand riskieren, Tausende bis an die Stahlzähne bewaffnete Roboter über endlose Jahre herumkrabbeln zu lassen. Und wer programmiert schon Roboter so, daß sie die Decke überwachen?

Das Brennen in seiner Schulter und im Rücken war verschwunden. Pete schüttelte seine Armgelenke, um sie noch ein bißchen besser zu durchbluten, löste den Anker und zog los, allein mit Keilen und seinem Griffnetz. Er umging einen der falschen Sterne, ein großes, leuchtendes Etwas aus Glas, etwa so groß wie ein Wäschekorb. Der Schummelstern war in eine Felsvertiefung einzementiert und strahlte ein kaltes, wohl auch lockendes, aber letztlich doofes Glühwürmchenlicht ab. Pete war so gefesselt von dieser kühnen Täuschungsstrategie, daß er einen Keil neben die vorgesehene Klebestelle setzte. Sein linker Fuß schwang plötzlich durch die Luft. In seiner linken Schulter war ein sich sehr fies anfühlendes ›Plopp‹ zu vernehmen, das nach sehr viel Geld klang. Pete stöhnte auf, korrigierte beide Keile und brachte einen Extraklebeanker an, wobei seine Sehnen aufs Äußerste angespannt wurden, und er seine alte Armbanduhr wie verrückt in seinen Ohren ticken hörte. Er improvisierte mit der Winde und dem Seil eine Halterung, an der er seinen Klettergurt festmachen konnte, und ließ sich schließlich heftig atmend zurücksinken.

Doch schon erschienen Katrinkos aufgeregt deutende Leuchtfinger auf dem Display seines Sichtgeräts: Da draußen bewegte sich etwas. Pete hatte Gesellschaft.

Er bereitete zu Ablenkungszwecken eine am Handgelenk fixierte Batterie mit Blendgranaten vor und ließ sich dann möglichst entspannt hängen, beobachtete und vertraute auf seine Tarnung.

Ein Roboter kam zwischen all den dunklen Fassungen der falschen Sterne auf ihn zu, wabbelnd und zitternd.

Pete hatte noch nie etwas gesehen, das auch nur entfernt diesem Roboter geähnelt hätte. Das Ding besaß eine poröse, schaumige Haut, eine Mischung aus Kork und Plastik. Es hatte einen augenlosen, unterteilten Knubbelkopf und 14 lange, faserige Beine, ähnlich einem ausgefransten Durcheinander von Preßschnüren und bewehrt mit absurd komplizierten Füßchen, die etwas von einer Schachtel voller kleiner Klemmen hatten. Es hing kopfüber von der Decke und klammerte sich an Unregelmäßigkeiten im Fels, die zu klein waren, um sie sehen zu können. Manchmal öffnete sich sein großer, warzenübersäter Kopf und ein gegabelter Sensor, ähnlicher der Zunge einer Schlange, kam zum Vorschein. Manchmal preßte es sich nahe an die Decke und schien die Felsoberfläche sehnsüchtig abzuschmusen.

Pete beobachtete die Maschine mit tödlicher Geduld und sah zu, wie sie sich mal zurückzog oder ein wenig abdrehte, mal in Schlangenlinien näherkam, ein wenig am Felsen nuckelte, sich zu etwas durchrang, die Greiffüßchen versetzte, immer näher krabbelte, seine ursprüngliche Absicht wieder vergaß, umkehrte, langwierig die Luft einsog oder fast gedankenverloren an den Enden seiner zerfaserten Beinchen saugte.

Schließlich hatte der Roboter Pete erreicht, marschierte gewandt über seine Beine hinweg und schmiegte sich wieder einmal an den Felsen, um geradezu begeistert an den chemischen Spuren zu lecken, die das Handnetz hinterlassen hatte. Der Roboter schien von diesem Geschmack von Elastomer auf Fels sehr angetan zu sein. Da hing er mit seinen vierzehn Zangenfüßchen und schmatzte und raspelte wie wild.

Pete schlug mit seinem Pickel zu. Die rasiermesserscharfe Spitze durchschlug mit einem wie mürrischen Knarzen den korkigen Kopf des Dings.

Auf diesen Schlag hin erlosch alles Leben in diesem Roboter; er war förmlich an den Fels genagelt. Dann zeigte sich mit einem unangenehm rasselnden Geräusch ein völlig unerwarteter Set von wächsernen, filmartigen Zubehörteilen. Komplexe Wanzenzungendinger, kratzige Kieferknöchelchen, winzigkleine Spatel, alles zappelte und baumelte aus der vielfach geschlitzten Unterseite.

Der Roboter hatte nicht vor zu sterben. Er konnte

gar nicht sterben, weil er ja nie gelebt hatte. Er war nur eine biotechnische Maschine. Sterben stand bei ihm schlicht nicht in einer der Ablaufvorschriften. Pete photographierte sorgfältig die Maschine, während sie mit automatenhafter Obszönität versuchte, die neu entstandenen Umweltparameter in einen funktionablen Zusammenhang zu stellen. Pete zwängte seinen Pickel aus der Decke, zerrte und schüttelte, bis der durchbohrte Roboter schließlich der Hölle entgegenstürzte.

Pete kletterte jetzt schneller, darauf bedacht, die lädierte Schulter etwas zu schonen. Er suchte sich seinen Weg hin zur senkrechten Wand, einer, relativ gesehen, angenehmeren Situation, wo er dann auch im Sternbild Schütze eine ziemlich große, anscheinend freigeschürfte Ader im Gestein fand, deren gewundene Senken dort etwas Schutz boten, wo einst irgendein Erz ausgelöst und weggenagt worden war, ja, weggenagt, denn der Fels sah aus, als hätte ein Roboterschwarm mit kleinen Fingernagel-Clip-Mündern termitengleich jedes verwertbare Stäubchen entfernt.

Über die Sichtverbindung machte er Katrinko Zeichen. Die Neuter folgte ihm auf seinem jetzt mit der gesicherten Leine gangbar gemachten Weg, wie der Teufel kletternd, einen Transportsack auf dem Rücken. Während es sich Katrinko dann in ihrem neuen Basislager bequem machte, kehrte Pete in den Lüftungsschacht zurück und holte den zweiten Sack. Als er schließlich die Strecke hangelnd und kletternd zurückgelegt hatte, schmerzte seine Schulter und die Muskeln waren übersäuert. Das war's für heute.

Katrinko hatte über dem Eingang zu ihrer Nische ein emissionsfreies Kapselnetz aufgeschlagen. Nach Petes Rückkehr in die relative Sicherheit holte sie die Smart-Leinen ein und fütterte sie mit einer Handvoll Zucker.

Pete ploppte zwei Kapseln Instant-Fusseln auf und sank danach dankbar auf diese wollige Unterlage.

Katrinko nahm ihre Maske ab. Sie sprühte nur so vor wachsamer Begeisterung. »Die Jugend«, dachte Pete – die Jugend und der achtprozentige metabolische Vorteil, wenn man keine Fortpflanzungsorgane mit herumschleppen muß. »Wir stecken ganz schön in Schwierigkeiten«, flüsterte Katrinko, wobei sie grinste, was im wenigen rötlichen Licht ihrer kleinen Positionslampe ziemlich krank aussah. Jetzt glich sie wirklich weder einem Mann noch einer Frau. Katrinko sah nur noch teuflisch aus, eine Kreatur jenseits aller Geschlechtszugehörigkeit. Pete betrachtete sie zwar als eine ›sie‹, weil er damit besser klarkam, aber natürlich war Katrinko ein ›Es‹. Und dieses ›Es‹ strahlte nun voller Glück, weil es sich in eine angemessene und angenehme Lage gebracht hatte: ein wildes und ungezügeltes Wesen in einer wilden und zügellosen Auseinandersetzung.

»Ja, Schwierigkeiten.« Pete preßte ein dickes, mit Drogen getränktes Pflaster auf die Vene an der Innenseite seines Ellenbogens. »Und du übernimmst die erste Wache.«

Mit Herzrasen erwachte Pete vier Stunden später aus der vernebelten Tiefe seines chemisch induzierten Delta-Schlafs. Sein Körper fühlte sich taub an, und er war noch leicht benommen, als hätte er vier Tage am Stück geschlafen und könnte sich nur noch schwer an alles erinnern. In den Klauen der Droge war man vollkommen hilflos, aber das Risiko lohnte sich, weil man sich danach vollständig ausgeruht fühlte. Pete richtete sich ein wenig auf und probierte seine linke Schulter aus. Viel besser.

Er rieb sich die Kopfhaut und sein stoppeliges Gesicht, bis die Taubheit nachließ, dann legte er sein Sichtgerät an. Er entdeckte Katrinko, genauer, das glimmende Leuchten ihres Wärmebildes, wie sie neben einem häßlichen Haufen aus Gerippen, Gewebebrocken und Schleim auf den Fersen kauerte und nachzudenken schien.

Pete justierte die Einstellungen seiner Maske und beugte sich vor. »Was haben wir denn hier?«

»Tote Roboter. Die haben all unsere Schaumkeile direkt von der Wand gefieselt. Die fressen alles. Ich hab' denjenigen eins verpaßt, die in unser Lager eindringen wollten.« Katrinko ließ ein Bedienungsmenü aufleuchten und reichte Pete dann ihr Glasfaserkabel, damit er sich einklinken konnte. »Schau dir mal meine Aufnahmen an.«

Katrinko hatte während der Wache die Gelcams aktiviert und vorbeikommende Roboter im Licht ihrer Restwärme aufgezeichnet. Danach hatte sie die Infrarotaufnahmen abgespeichert und die besten Live-Bilder zusammengeschnitten. »Die Kleinen da mit den kugelrunden Füßchen hab ich Asseln genannt«, kommentierte sie, als die Standbilder vor Petes Augen in seiner Maske aufleuchteten. »Sie sind klein, aber ziemlich flink. Davon gibt es wirklich viele – drei mußte ich umbringen. Der da mit der scharfen, gewendelten Nase ist ein Bohrling. Und das hier sind Arme Ritter. Die Armen Ritter sind immer paarweise unterwegs. Das große Teil da, das wie eine verschüttete Nachspeise aussieht, ist ein Dalton, wegen diesem Anhängsel, das wie eine Eisenkette mit Sträflingskugel aussieht. So ein Dalton ist übrigens viel flinker, als er aussieht.«

Katrinko brach das Masken-Playback ab und schaltete wieder auf Live-Beobachtung, während sie vorsichtig im Trümmerhaufen zu ihren Füßen herumstocherte. Das größte Teil in diesem Abfallhaufen erinnerte an einen abgetrennten Katzenkopf, allerdings vollgestopft mit Kabeln und Borsten. »Diesen Gruber hier hab' ich auch erledigt. Gruber sterben übrigens ganz schön schwer, Mann.«

»Ist viel von dem Zeugs unterwegs?«

»Ich schätze ein paar hundert, vielleicht aber auch Tausende. Was du dir nur vorstellen kannst. Und jeder einzelne ist dumm wie Bohnenstroh, sonst wären wir schon hundert Mal getötet und in unsere wiederverwertbaren Bestandteile zerlegt worden.«

Pete starrte auf die zertrümmerten Roboter, eine sich langsam abkühlende Masse aus vernetzten Nervenzentren, Batterien, von Adern durchzogenen Körperpanzern und gelatineartigem Schleim. »Warum schaut das Zeug bloß so hirnrissig aus?«

»Weil sie aus sich selbst entstanden sind. Die hat doch keiner entworfen.« Katrinko blickte ihn an. »Kannst du dich an diese großen virtuellen Konstruktionsstätten für Waffensysteme erinnern, die mal unten in Alamagordo in Betrieb waren?«

»Ja, genau, Alamagordo. Simulierte Physik, durchgetestet auf diesen ultragroßen Quantum-Gelbrains. Riesige virtuelle Versuchsanordnungen, ultraschnell, ultrareich an Details. Da kannst du deinen Kopf drauf wetten, daß ich mich an New Mexico erinnere. Ich mach' nichts lieber, als so oder so in einen Computer-Komplex einzubrechen. Hacken hat so was Traditionalistisches.«

»Stimmt. Und jetzt überleg mal: Für uns NAFTA-Menschen gehört virtuelle Physik sofort in den militärischen Zuständigkeitsbereich. Wenn bei uns was anfängt, verstärkt nach Gefahr zu stinken, dann nichts wie weg damit zu den Militärs. Aber mal unterstellt, jemand tickt anders als wir in NAFTA. Dieser Jemand hat überhaupt nicht vor, in seinen riesigen, virtuellen Welten nach neuen Waffensystemen zu forschen. Der will viel lieber einen neuartigen Dosenöffner haben.«

Während der schlaflosen Stunden auf Wache hatte Katrinko offensichtlich ausgiebig über dieses Thema nachgedacht. »Da kann man einerseits die Dosenöffner, die es schon gibt, untersuchen und dann probieren, ob man das Design verbessern kann. Oder du richtest dir eine gigantische, mit allen Ressourcen versehene virtuelle Welt ein und stopfst sie mit virtuellen Dosen voll. Dann programmierst du dir ein paar Dosenöffner-Lösungen, einfaches Zeug, Ausgangsmaterial, vielleicht nur ein paar Batzen Schleim. Simulierter Schleim, okay, aber Schleim, der über Programme verfügt, die Daten sichten, tauschen und verbessern können. Jedesmal, wenn es diesen Programmen gelingt, eine Dose aufzukriegen, belohnst du sie, indem du mehr von ihnen herstellst. Auf diese Art läßt du, sagen wir mal, ein paar Millionen Dosenöffner-Generationen kommen und gehen, tagaus, tagein, alles in einer simulierten Umwelt.«

Spider Pete war dieses Konzept nicht ganz fremd. »Sowas hab ich schon gehört. Gehört in die Ecke ›Künstliche Intelligenz‹. Auf dem Papier liest sich das immer gut, aber im wirklichen Leben funktioniert es dann nie.«

»Mag sein, außerdem ist es inzwischen illegal. Aber schwer zu überwachen. Aber spekulieren wir weiter: Sagen wir, du stehst auf hübsche Wirtschaftskonflikte und kriegst die Probleme in den Griff. Du hast nach langer Zeit endlich diese Mutter aller Dosenöffner entwickelt, so extrem fremdartig, daß kein Mensch je auf diese Konstruktion gekommen wäre. So fremd, daß ein Mensch das Konzept gar nicht hätte *denken* können. Weil es ja wie ein Pilzgeflecht unter völlig anderen physikalischen Voraussetzungen herangewachsen ist. Aber die Bilder und Daten über Form und Maße sind in deinem Superrechner. Du druckst den Krempel aus und baust das Teil hier in der wirklichen Welt. Es funktioniert! Es geht! Verstanden, auf was ich hinaus will? Sofort verfügbare, billige Konsumgüter.«

Pete dachte nach. »Das soll also heißen, Sphere hat deine Idee Wirklichkeit werden lassen, und unsere Roboter hier sind auf diese Art entstanden?«

»Mir fällt jedenfalls keine andere Erklärung ein für das, was hier kreucht und fleucht, Pete. Diese Maschinen sind mir einfach zu fremdartig. Sie müssen einem völlig nicht-menschlichen, autonomen Prozeß entstammen. Der beste Japsen-Ingenieur könnte nicht auf die Idee kommen, einen Gallertroboter aus Fusseln und ein paar Schnüren zu bauen, der sich wie eine Raupe fortbewegt. Es gibt auf dieser Welt nicht genug Geld, um einen Menschen dazu zu bringen, sich so etwas auszudenken.«

Pete bohrte nun ebenfalls mit seinem Pickel in den schleimigen Überresten. »Okay, mir fällt kein Gegenargument ein.«

»Wer auch immer das hier erbaut hat, er mußte dafür eine Menge Spielregeln und Verträge brechen. Aber es hat im Endeffekt *verdammt wenig Geld* gekostet. Sie haben es auf eine Art und Weise hingekriegt, daß man das Wort Wirtschaftlichkeit gar nicht mehr auszusprechen braucht.« Katrinko dachte nach. »Das hier ist jenseits von einem Konzept wie Wirtschaftlichkeit, darum verstößt es ja von vornherein gegen alle Spielregeln und Verträge.«

»Schnell, billig und völlig außer Kontrolle.«

»Du sagst es, Mann. Wenn dieser Krempel hier je auf unsere Welt losgelassen würde, bedeutete das das Ende von allem, was wir kennen.«

Pete gefiel diese letzte Schlußfolgerung absolut nicht. Schon immer war er allergisch gewesen gegen apokalyptische Übertreibungen. Aber genau jetzt mochte er sowas überhaupt nicht hören: Was er sah, machte diese Visionen nämlich so realistisch. Sphere verfügte über die jüngste und größte Population der drei Handelsweltmächte, und damit auch über die frischesten und großartigsten Pläne. Diese Asiaten wußten, wie man Dinge angehen mußte, um sie zu lösen. »Lyle Schweik hat mir einmal erzählt, die absurdesten Fahrräder kämen derzeit aus China.«

»Da wird er wohl recht haben. Da kommen sie her. Da fallen mir diese chinesischen Steuereinheiten ein, die in letzter Zeit den NAFTA-Markt überschwemmt haben. Die sind total Billiger Jakob, funktionieren aber anstandslos, trotz der scheinbar sinnlosen Drähte und der redundanten Verkabelung, die wie verfilzt ausschaut. Ich dachte, schlampiges Handwerk, na und? Dabei haben diese Steuereinheiten mit *Hand*werk nun wirklich nichts mehr zu tun, Mann!«

Pete nickte ernüchtert. »Okay, Fahrräder und Steuereinheiten, da kann ich noch folgen. Damit läßt sich eine Menge Geld verdienen. Aber warum sollte sich jemand die Mühe machen, ein riesiges Loch in den Boden zu buddeln und es mit Robotern und falschen Sternenschiffen anfüllen? Ich frage nur, *warum*?«

Katrinko zuckte mit den Schultern. »Sphere bleibt Sphere. Die machen noch Sachen, bloß weil sie wunderbar sind.«

Am Grund der Welt kochte und brodelte es. Während der vergangenen einhundert Jahre hatte sich das Nukleartestgewölbe in einen kleinen Wüstendruckkochtopf verwandelt, eine pechschwarze, unterirdische Oase, deren Grund ein überflutetes Geflecht feinster Risse durchzog, die voller chemischer Ablagerungen waren. In den Schründen und kleinen Kratern der gigantischen Höhle köchelten die Gezeitentümpel einer neuen, mechanischen, sich selbst zusammensetzenden Schöpfung; ihre Geysire spuckten ständig sauerstoffbrizzelndes Pilzgebräu in finstere Höhen.

Ständig stieg Dampf auf zwischen den Spalten, kondensierte weiter oben und tröpfelte und floß in kleinsten Rinnsalen an den gewölbten und mit Sternen übersäten Wänden der Höhlung wieder nach unten. Am Grund wurde das gesamte Wasser aufs eifrigste von herumwuselnden mechanischen Gebilden, mal Schwamm, mal Wurm, aufgelesen. Katrinko war gleich wieder mit Namen bei der Hand: Lutscher und Rutscher.

Lutscher und Rutscher sahen entweder aus wie ein Spüllappen aus einem Alptraum oder wie eine Maccaroni mit Rückstoßantrieb. Und so rutschelten oder katapultierten sie sich in aller Nässe von Spalte zu Haarriß. Katrinko entwickelte einen unerwarteten Eifer beim Benennen und Photographieren der Maschinen. Vermutungen blubberten nur so aus dem fuchsartigen Schädel der jungen Neuter, ein Zeichen, wie schnell und mühelos sie sich an diese fremdartige Spielzeugwelt anpassen konnte. Es schien, als lebte die Neuter deutlich stärker in der Zukunft als Pete.

So arbeiteten sie sich Felsen um Felsen, Spalte um nasse Spalte voran. Sie dokumentierten, wie Robot-Larven schlüpften, wie sie sich ihren Weg in die Freiheit bahnten durch Pfropfen aus Schleim und Gaze. Hier lief eine Miniaturschöpfung ab, entworfen in den jeder Vernunft widersprechenden Tiefen eines chinesischen Gelbrains mit unfaßbarer Rechengeschwindigkeit, die hier in dieser heißen Suppe aus untotem, mechanisierten Eiweiß Gestalt annahm. Etwas Erstaunlicheres hatte Pete in seinem Leben noch nicht zu Gesicht bekommen, daher zog er es vor, still vor sich hin zu brüten. In seiner Welt war Wissen Macht. Und er wußte mit bleierner Gewißheit, daß die Geschichte hier mehr als eine Nummer zu groß für sie war.

Pete war Profi. Er konnte es sich vorstellen, einer

Supermacht als streng geheim klassifiziertes Material zu entwenden und mit dem Leben davonzukommen. Das wäre ein sehr riskanter Auftrag, aber im Endeffekt hatte man es nur mit dem Militär zu tun. Eine Raketenstellung zum Beispiel – eine geheimgehaltene, asiatische Raketenstellung, sowas hätte ihm Spaß gemacht.

Aber hier ging es nicht um Militär. Hier steckten sie im wahrsten Sinne des Wortes mitten in einer neuen Form der industriellen Produktion. Mit der Erfahrung eines Außenseiters erfaßte Pete instinktiv, daß Technologie des vorliegenden Grades an Abartigkeit nichts mit Spionen zu tun hatte, nichts mit sportlicher Herausforderung, nichts mit Soldatentum, sondern mit dem ganz, ganz *großen* Geld. Vielleicht konnte er die Entdeckung dieses Ortes überleben: würde er die Geschichte jedoch enthüllen, wäre er tot.

Am meisten störte ihn die aufregende und wundersame Natur des ganzen. Aufregendes und Wundersames hielt sich nie lange. Die nüchterne Betrachtung der Langzeitfolgen lastete auf Petes Gemüt wie ein vollgesogenes Handtuch. Hier in einem Stück herauszukommen, das war drin; aber wie er den Geheimdienstthengsten am Potomac die Bilder der aufregenden Wunderwelt übergeben sollte, ohne letztlich dabei draufzugehen, überstieg seine Vorstellungskraft. Er konnte sich auch genausowenig vorstellen, was die herrschenden Mächte mit dem von ihm überbrachten Wissen anfangen sollten. Eher fürchtete er sich davor, was sie mit ihm anzustellen in der Lage waren, weil er der Überbringer war.

Pete wischte sich den Schweiß vom Nacken. Hier war es wie in der Sauna.

»Hier unten läuft entweder ein Fusionsreaktor, oder die Wärme wird auf geothermischer Basis erzeugt«, ließ sich Katrinko hören.

»Ich tippe mal auf die Nuklearlösung, wenn ich mich so umschaue.« Die Felsen unterhalb ihrer zuletzt gesetzten Steighilfen wimmelten von Krabbelzeugs: Glibbermänner, Gurken und Karnickel, Schäler und Leimer und Müller, die allesamt und in einem fort suchten und auseinandernahmen und aufräumten und furchtbar blöd waren, spezialisiert wie ein Tausendfüßler. Sie schienen nicht sonderlich angriffslustig zu sein, aber es wäre wohl ein tödlicher Fehler, sich mitten unter ihnen zu einem Päuschen zu entschließen.

Ein Klettending mit irisierendem Maul und Augen an langen, wackeligen Stielen schien sich sehr für den Geschmack von Katrinkos Stiefeln zu interessieren. Die Neuter flüchtete mit einem Quietschen auf eine Felsspitze.

»Setz die Maske wieder auf«, tadelte sie Pete. Die feuchte Hitze hier drunten war nach der hautzersetzenden Kälte der Taklamakan fast eine Wonne, aber leider spie nahezu jede Spalte und jeder Riß im Fels ein Geruchsgemisch aus, das mal an Rindersuppe erinnerte, mal an verbrannten Gummi, an alles eigentlich, was Dinge mit und ohne Stoffwechsel an Gestank so produzieren konnten. Petes Lungen taten weh, wenn er bloß an die Gerüche dachte.

Er richtete sein beschlagenes Sichtgerät auf die nächstgelegene Kohlefaser-Säule und blickte dann hinauf zu den goldenen, funkelnden, ungemein verführerischen Lichtern aus den Luken der Sternenschiffe über ihnen.

Diesmal ging Katrinko voran. An den gnadenlos exponierten Trägern gab es keinerlei Sichtschutz. Weil sie das Entdeckungsrisiko möglichst gering halten wollten, sahen die beiden diesmal von zwei Kletterpartien ab und wollten die großen Transportsäcke gleich mitnehmen.

Zuerst ging alles gut. Dann schälte sich eine Maschine aus der feuchten Dunkelheit, die an eine sechsflügelige Libelle erinnerte. Ein Schlag mit dem langen und mit einem spitzen Ende versehenen Schwanzteil ließ die Säule erzittern, als hätte ein Maultier ausgeschlagen. Das Ergebnis war verheerend. Katrinko wurde weggeschleudert, purzelte zehn Meter nach unten und baumelte schließlich wie eine Lumpenpuppe an ihrem allerletzten Sicherungshaken.

Die geflügelte Kreatur flog eine Acht und versuchte mit ihrem nicht vorhandenen Verstand eine Entscheidung zu treffen. Da erschien plötzlich ein weit größeres Geschöpf am sternenübersäten Himmel und fing an, Katrinkos ebenfalls hinunterhängenden Transportsack anzugreifen. Der Sack platzte unter der Attacke der krallenbewehrten Flügel auf wie eine Piñata-Figur an Weihnachten. Eine phantastische Kaskade teuersten Spionagezubehörs ergoß sich in die vor sich hinköchelnde Brühe in der Tiefe.

Am Ende ihrer Leine zuckte Katrinko kraftlos vor sich hin, was die Aufmerksamkeit der Libelle erregte, die sich nun dem Ursprung dieser Bewegung zuwandte. Pete feuerte einige seiner Blendgranaten ab.

Die Welt versank in einer Eruption von Blitzen, Querschlägern, Hitze und herumfliegender Radarstörfolie. Alles war ungemein laut und heiß, ein Wirbelsturm im Wasserglas. Der beste Verschwindetrick: die totale Ablenkung, die einzige Art von Zauberei, die wirklich existierte.

Pete raste zu Katrinko hinauf wie ein Ballon an einem Bungee-Seil. Als er 27 Sekunden später die Unterseite des Sternenschiffes erreicht hatte, waren ihm beide Smart-Leinen durchgebrannt.

Der silberne Foilienregen trieb die Krabbeltiere zur Raserei. Der Höhlenboden war urplötzlich überfüllt von hüpfenden, mechanischen Irrlichtern, einer ganzen Menagerie von Fängern und Zünglern und Katapultierern. Kaum wahrzunehmen, aber dennoch vorhanden, wie Goldfische in einem Teich, denen man eine Handvoll Futter zugeworfen hat, erschien eine Unmenge neuer, geschuppter Dinger aus den Tiefen der Tümpel.

Pete hatte bei der Rettungsaktion seinen Transportsack am Fuß der Säule zurücklassen müssen. Auch er war nicht mehr lange von dieser Welt.

Katrinko kam mit einem plötzlichen Japsen wieder zu sich. Dann kletterten sie ungesichert an der Außenhülle des Sternenschiffes hinauf. Seine Oberfläche war rauh und uneben, ähnlich wie ein Wespennest oder Bimsstein.

Schließlich stießen sie an die Unterkante einer riesigen Luke und preßten sich so flach wie möglich gegen deren Oberfläche.

Dort warteten sie bewegungslos und träge eine Stunde lang ab. Katrinko kam langsam wieder zu Atem. Aus ihrer Rippengegend trat kein Blut mehr aus. Eine weitere Stunde verging mit Zuwarten, weil krabbelnde und fliegende Irrlichter wütend durch ihre Welt geisterten, streng nach Programmierung, immer auf der Suche. Katrinko und Pete warteten eine dritte Stunde.

Schließlich erhielten sie Gesellschaft an ihrem Zufluchtsort. Eine selbstvergessene Gruppe Roboter mit saugnapfbesetzten Röcken und Köpfen, die einer Schubkarre glichen, sammelten sich an dieser recht abschüssigen Stelle und begannen, mit ihren Kiefern, die zugleich Kellen waren, eine zementartige Masse aufzutragen, diese dann glatt zu meißeln und so jede Vertiefung wieder eben zu machen, ohne je müde zu werden, ohne jede Gnade.

Pete nutzte die Anwesenheit der stumpfen Maurer, um einen Versuch zu unternehmen, wieder an die notgedrungen zurückgelassenen Reste der Ausrüstung zu kommen. Was hatten sie nicht alles für Schätze aus den Beständen der Regierung dabei gehabt: intelligente Abhörgeräte, robuste Gelcams, Sensoren, Detektoren, miniaturisierte Flaschenzüge, Ösen, Krampen, unbezahlbare Violen voll programmierter Gehirnmasse. Pete mußte sich einfach auf den Weg zurück zur Unterseite des Sternenschiffes machen…

Es war alles weg. Selbst die völlig ausgeleierten Smart-Leinen hatte etwas verspeist, vermutlich die Prozession plündernder Asseln, die man noch an der Säule herumwuseln sehen konnte, wie sie auch noch die letzten Moleküle ihrer beider Spuren in sich aufnahmen. Auf ihre Art strahlten sie Zufriedenheit aus.

Pete kehrte zu Katrinko zurück und weckte die Schlafende, die steif und wie betäubt in ihrem Versteck hing. Zentimeter für Zentimeter setzten sie ihren Weg über die gewölbte Oberfläche des Sternenschiffes fort, immer auf der Suche nach einer potentiellen Schwachstelle. Sie steckten tief in der Tinte, da ihre wertvollsten Ausrüstungsgegenstände weg waren. Aber das zählte nicht. Es konnte nur mehr ein Ziel geben, und die Abwesenheit jeglicher Alternative hatte Pete seinen klaren Verstand zurückgegeben. Er war nun erfüllt von dem tiefen Verlangen, irgendwo irgendwie einzubrechen.

Pete ließ sich in den Schutz einer tiefen Beule im Rumpf gleiten. Dort stieß er auf etwas wie ausgefranstes Seil. Dieses Seil war hergestellt aus toter und dann verwobener organischer Materie und erinnerte ein wenig an die verfilzten Haare im Ausfluß einer Dusche. Das Seil war völlig versteinert, genauer: Es lag unter einer Schicht von Roboterspucke.

Das war ein Kletterseil. Jemand war aus dem Schiff ausgebrochen – er hatte sich seinen Weg durch die Hülle des Schiffs gebahnt, und zwar von innen. Dann waren die Roboter gekommen und hatten den Schaden repariert, sorgfältig das Ausstiegsloch versiegelt und diesen häßlichen Klumpen versteinerten Narbengewebes zurückgelassen.

Pete holte seinen Gelcam-Bohrer heraus. Die Zuckervorräte waren samt den Transportsäcken verschwunden. Ohne Zucker für den Stoffwechsel der enzymgetriebenen Motoren würde der Bohrer demnächst verhungern und nutzlos werden. Daran war nichts zu ändern. Pete preßte sein Werkzeug gegen den Schiffsrumpf, wartete, bis es sich einen Weg durch die Hülle geschaffen hatte, und spritze dann eine Gelcam hindurch.

Er sah einen Bauernhof. Es gab wenig, was ihn mehr erstaunt hätte. Trotzdem: Da unten war Bauernland. Schnuckliges Spielzeugbauernland, alles unter dem Blau des steinernen Himmels, der kreuz und quer von einem heißen Netz gleißenden Lichts überzogen war und seine Form der steinernen Wölbung des Schiffsrumpfs verdankte. Er sah Fischteiche mit Schilf. Bewässerungsgräben und ein Pumprad aus Holz. Eine kleine Bambusbrücke. Melonen rankten sich aus fruchtbarem, schwarzem Boden, und zwergenwüchsiges, rötliches Getreide stand auf gepflegten, völlig unkrautfreien Feldern. Es war keine Menschenseele unterwegs.

Katrinko schloß zu ihm auf und klinkte sich ein. »Wo sind die bloß?« fragte Pete.

»Die hängen alle an den Luken und Bullaugen.« Katrinko mußte husten.

»Hä?« Pete stand auf der Leitung. »Warum das?«

»Wegen deines Feuerwerks«, keuchte Katrinko. Ihre mitgenommenen Rippen mußten sie ziemlich schmerzen. »Die werden alle an den Bullaugen hängen und nach draußen starren in die Finsternis. Vielleicht passiert ja nochmal was.«

»Aber es ist doch Stunden her, seit ich das Zeug gezündet habe?«

»Mann, du warst die größte Sensation sein langem. Hier drin passiert doch sonst nie was.«

Pete nickte, aufgemuntert durch die Erklärung. »Okay, wir gehen jetzt rein.«

Katrinko war ganz bei der Sache. »Sprengladung?«

»Zu auffällig.«

»Säuren oder Ultraschall?«

»War alles in den Transportsäcken.«

»Dann bleiben bloß die Schneidfäden. Ich hab noch zwei davon.«

»Ich habe sechs.«

Katrinko nickte erfreut. »Sechs Fäden, Mann. Du willst wohl auf Großwildjagd gehen.«

»Ich steh auf Fäden, na und?« grummelte Pete. Er hatte an ihrer Entwicklung mitgearbeitet.

Acht Minuten und 12 Sekunden später waren sie im Inneren des Sternenschiffs. Sie setzten das herausgeschnittene Stück Schiffshülle wieder ein, verklebten die Teile und verwischten dann mit großer Sorgfalt den haarfeinen Schnitt.

Katrinko verschwand blitzschnell in einem Bambuswäldchen. Ihr Tarnanzug erblühte förmlich: grün und hellbraun und gelblich. Das ging so schnell und ohne erkennbaren Übergang, daß Pete sie völlig aus den Augen verlor. Endlich winkte sie ihm, und die Detektoren des Sichtgeräts hatten eine Chance, ihre Silhouette auszumachen.

Pete nahm die Maske jetzt ab, um einen guten, alten Menschenaugenrundumblick zu riskieren. Es war aber schlicht und einfach nichts zu sehen. Katrinko war jetzt endgültig unsichtbar, weniger ein Geist, eher flüchtig, als würde man Quecksilber mit den Wimpern aufspießen wollen.

Sie waren jetzt also in Sicherheit. Ihnen war es möglich, wie zwei schlechte Träume durch diesen Bauernhof in einer Flasche zu gleiten, unbemerkt.

Sie untersuchten das Sternenschiff von oben bis unten, um gefährliche und interessante Phänomene aufzuspüren. Vielleicht eine Zentrale, die mit asiatischen Weltraumtechnikern bemannt war, oder große, todbringende Roboter, oder Überwachungsmonitore – etwas, das mit ihren Fähigkeiten kollidierte oder sie gar umbringen konnte. Aber auf keinem der 37 Stockwerke des Schiffs war etwas derartiges zu finden.

Die 5000 Bewohner verbrachten die Zeit, in der sie nicht schliefen, mit Landarbeit. Die asiatische Besatzung des Sternenschiffs war rein bäuerlich, vorindustriell, tribalistisch strukturiert. Männer, Frauen, Alte, kleine Kinder.

Die hier ansässigen Bauern standen jeden Morgen auf, wenn sich das gleißende Netz an ihrem Steinhimmel einschaltete. Sie molken ihre Geißen. Sie fütterten die Schafe und irgendwelche komischen, bloß kniehohen Zwergkamele. Sie schnitten Bambus und fischten ihre Teiche leer. Sie fällten Tamarisken und Pappeln, um Brennholz zu erhalten. Sie verzogen die Melonen auf den Feldern, pflückten Pflaumen und ernteten Hanf. Sie vergoren Früchte zu Alkohol, kochten ihren Hirsebrei, säten ihr Getreide oder preßten das Öl, das sie zum Kochen benötigten, aus Rapskörnern. Ihre Kleider fertigten sie aus Hanf oder Wolle oder Leder, ihre Tragekörbe aus Stroh oder Schilf. Karpfen war ihr Leibgericht.

Und sie züchteten wie verrückt Hühner. Jemand von außerhalb hatte aber an diesen Hühnern herumgedaddelt. Man sah gleich, daß das hier irgendwie die Superweltraumhühner waren, Abfall aus einem Genlabor, das sich mal eine Weile mit Hühner-DNA abgegeben hatte. Die Hühner an Bord legten täglich bis zu sechs klumpenförmige Eier. Die Hähne waren riesig und irisierten in allen möglichen Farben. Sie stanken und hatten gehörig Reptilienerbgut in ihren Zellen.

Es war friedlich und ruhig an Bord dieses Sternenschiffes. Die Tiere machten ihre leisen Tiergeräusche; die Bauern sangen leise auf ihren winzigen Feldern mit den abgerundeten Ecken, und dazu klackte die fußgetriebene Wasserpumpe tagaus, tagein. Weit und breit war kein Geräusch zu hören, das man mit einer Großstadt hätte in Verbindung bringen können. Keine Maschinen. Keine Monitore. Keine Medien.

Es gab auch keine Zahlungsmittel. Vor den Kornspeichern saßen unter blühenden Pflaumenbäumen lediglich ein paar Älteste zusammen und spielten mit Perlen an Drähten herum. Manchmal kritzelten sie etwas auf hölzerne Täfelchen. Dann trampelten die Soldaten oder Polizisten grüppchenweise stockauf, stockab, junge, speerbewaffnete Burschen in grober Ledermontur, die wie verrückt marschierten, hier etwas requirierend, dort etwas verteilend, meist irgend etwas auf dem Buckel mitschleppend: Im Grunde genommen verteilten sie den Mehrwert.

Die meisten der schrägen Alten mit Bart waren Hofschranzen, aber es gab auch noch ein paar andere. Die saßen meist im Schneidersitz auf geflochtenen Matten, trugen selbstgefertigte Roben, Sandalen aus Stroh und sternenbesetzte Hüte und besprachen des langen und breiten und in aller Ausführlichkeit hochwichtige Angelegenheiten. Manchmal schrieben sie Dinge auf Palmblätter.

Katrinko und Pete verwandten einen Großteil ihrer Zeit darauf, diesen alten Männern mit den Schmuckhüten nachzuspionieren, weil sie sich nach eingehender Beobachtung als die örtliche Regierung herausgestellt hatten. Anders konnte es nicht sein, weil diese

Greise mit den Sternenhüten die einzigen waren, die nicht bis zum Umfallen schuften mußten.

Katrinko und Pete richteten sich auf dem Dach eines Getreidespeichers häuslich ein, eines der wenigen Gebäude im Sternenschiff, die für einen längeren Zeitraum errichtet worden waren. Da es im Schiff nie regnete, bestand kein großer Bedarf an Dächern. Auf das Dach des Speichers verirrte sich nie jemand. Es war klar, daß allein die Vorstellung, dort hinaufzusteigen, den Bauern völlig absurd erschien. Also entwendeten Katrinko und Pete ein paar Wasserbehälter aus Bambus, einige sehr hübsche handgewebte Teppiche und Planen, mit denen sie ein Zelt improvisieren konnten, das ihr neues Basislager wurde.

Katrinko vertiefte sich alsbald in ein besonders sorgfältig hergestelltes Buch aus Palmblättern, das sie im örtlichen Tempel hatte mitgehen lassen. Seite um Seite reihten sich fremdartige Buchstaben aneinander. »Was, glaubst du, haben diese Bauerntölpel so wichtiges aufzuschreiben?«

»Ich stelle mir vor, sie schreiben alles nieder, was sie von der Außenwelt noch wissen.«

»So?«

»Ja. Ein geheimes Dossier für ihr kleines Sternenschiff-Regime, verstehst du? Weil sie niemals mehr als das erfahren werden. Weil diejenigen, die sie hier eingepfercht haben, ihnen keine Nachrichten zukommen lassen. Und weil niemand sie hier je wieder herauslassen wird.«

Katrinko blätterte vorsichtig durch die steifen und brüchigen Seiten des handgefertigten Buches. Die Menschen an Bord sprachen nur eine Sprache. Und diese Sprache konnten weder Pete noch Katrinko auch nur ansatzweise verstehen. »Also ist das hier ihr Geschichtsbuch?«

»Es ist das Buch ihres Lebens, Kleines. Ihres Lebens,

als sie noch wirkliche Menschen waren in einer großen, wirklichen Welt da draußen. Über Transistorradios und tragbare Panzerabwehrraketen. Über Stacheldraht, Befriedungsfeldzüge und Ausweise. Über Kamelkarawanen, die mit Mörsern und Munition über die Grenze kamen. Und über die fortschrittlichen Mandarine von Sphere, die einfach keine Zeit und Lust mehr hatten, sich länger mit bewaffneten asiatischen Stammesfanatikern herumzuärgern.«

Katrinko blickte erstaunt von ihrem Buch auf. »Das hört sich jetzt aber sehr nach *deiner* Version der Außenwelt an, Pete.«

Pete zuckte mit den Schultern. »So läuft das eben.«

»Du meinst, die Typen hier glauben, sie seien an Bord eines wirklichen Sternenschiffes?«

»Ich schätze mal, das hängt stark davon ab, ob sie etwas von den Kerlen wissen, die mit ihren Ästen und Seilen von hier ausgebrochen sind.«

Katrinko ließ sich das Gehörte durch den Kopf gehen. »Weißt du, was am Lausigsten ist an all dem hier? Die jämmerliche Illusion. Irgendein geheimnisvoller Mandarin hat die verrückte Idee, daß man ethnische Separatisten hier drin zusammenpferchen und dann ausspucken kann wie den Kern einer Wassermelone, in hohem Bogen quer durchs Weltall. Mann, was für ein klarer Fall von Nicht-zu-fassen, was für ein Betrug, was für eine leere Versprechung!«

»Man kann da schon drauf reinfallen, Kleines«, meinte Pete nachdenklich. »Weißt du eigentlich, wie *weit* die nächsten Planetensysteme wirklich entfernt sind, Kleines? Etwa vierhundert Jahre, so lang würde die Reise dauern. Wenn du im Ernst menschliche Wesen zu den Sternen schicken willst, dann mußt du sie für ganze vierhundert Jahre in einer Konservendose einschließen. Aber was soll der Mensch in so einer Büchse die ganze Zeit über *tun?* Das einzige, was möglich scheint, ist ruhige Bauernarbeit. Ein Sternenschiff ist ja nichts anderes als eine Oase in der Wüste.«

»Vorher muß man aber einen Probelauf absolvieren«, begann Katrinko zu verstehen. »Und da kommen einem diese hinterwäldlerischen Fanatiker aus der letzten Ecke Asiens gerade recht, die andauernd in deinem Hinterhof herumballern. Kerle, die ihre jahrhundertealte Lebensweise einfach nicht aufgeben wollen, obwohl man selbst über jegliche High-Tech verfügt.«

»Genau. Jetzt hätten wir alles: die Mittel, das Motiv und die Gelegenheit.«

»So langsam wird's mir klar. Trotzdem kann ich mir einfach nicht vorstellen, wie man das im wirklichen Leben durchziehen kann: eine komplette ethnische Minderheit zusammenzutreiben und sie in ein gottverlassenes Loch zu stopfen, damit man niemals wieder einen Gedanken an sie verschwenden muß? Wie soll das gehen?«

»Hab ich dir je erzählt, daß mein Großvater Seminole war?«

Katrinko schüttelte den Kopf. »Was heißt das jetzt?«

»Das heißt, daß er zu einem amerikanischen Indianerstamm gehörte, den es schließlich in den hintersten Sumpf verschlagen hat. Florida-Seminolen nannte man sie dann. Verstehst du, vielleicht haben sie meinen Großvater bloß einen Seminolen *genannt*. Er war immerhin ziemlich komisch angezogen… Vielleicht hat es gerade jemandem in den Kram gepaßt, *ihn* als Seminolen zu bezeichnen. Ohne diese Bezeichnung wäre er bloß ein seltsamer Kauz gewesen, der nicht einmal lesen kann.«

Katrinko zog die Brauen hoch. »Macht es dir was aus, daß dein Opa Seminole war?«

»Mir kam es mal so vor, als machte es mir was aus. Schließlich kommt meine Hautfarbe daher – was heutzutage allen egal ist. Aber meinem Großvater hat es jede Menge ausgemacht. Er war immer irgendwie in Panik und redete eine Masse wirres Zeug, das keiner von uns richtig deuten konnte. Sein Englisch war eine Katastrophe. Außerdem war er nie da, wenn man ihn gebraucht hätte.«

Katrinko seufzte. »Pete… es wird allerhöchste Zeit, daß wir hier wieder herauskommen.«

»Wie das?« Pete war verblüfft. »Hier oben sind wir sicher. Die Leute hier können uns nichts anhaben. Sie können uns nicht einmal *sehen*. Sie kommen niemals an uns ran. Verdammt, sie können sich uns nicht einmal *vorstellen*. Mit unseren phantastischen taktischen Vorteilen sind wir doch Götter für sie.«

»Weiß ich, weiß ich. Das hier sind die ultimativen Otto-Normalbauerntölpel. Ich mag sie einfach nicht. Sie sind keine Herausforderung für uns. Mir schläft hier der Arsch ein.«

»Spinnst du? Sie sind faszinierend! Ihre Sack-Klamotten, ihre Lieder, ihre schweißtreibende Arbeit – diese Leute verfügen über etwas, das uns modernen Zeitgenossen einfach fehlt.«

»Jetzt bin ich aber gespannt…«

»So genau kann ich's auch nicht sagen…«

»Was immer es auch sein mag, so superwichtig kommt es mir jedenfalls nicht vor«, gähnte Katrinko. »Dabei warten noch knüppelharte Herausforderungen auf uns, mein Lieber. Wir müssen an all den angesäuerten Robotern dort draußen vorbei, dann den Schacht hoch, dann zurücklatschen, vier lange Tage durch eine eiskalte Wüste und das ohne die Transportsäcke, bis wir schließlich beim Gleiter sind.«

»He, Trink, wo bleibt dein Sportsgeist? Hier unten sind immerhin zwei Sternenschiffe, in die wir noch nicht eingedrungen sind. Willst du nicht wissen, wer in denen haust?«

»Hausen will ich momentan bloß in einem Vier-Sterne-Hotel mit Badewanne und einer Menge heißem Wasser. Und ein paar fette Schlagzeilen in den größten Zeitungen der Welt wären nicht schlecht. Und überall steht mein Name drin. Das wär's jetzt.« Katrinko grinste.

»Und was soll aus den *Menschen* hier werden?«

»Jetzt hör' mir mal zu: Ich bin nicht ›Menschen‹, kapiert? Vielleicht liegt es daran, daß ich ein Neuter bin, Pete, aber du scheinst mir ziemlich weit von dem entfernt, um was es wirklich geht. Diese Menschen gehen uns nichts an. Uns sollte nur interessieren, wie wir in einigermaßen handlungsfähigem Zustand zu unserem Gleiter gelangen, damit wir unseren Auftrag zu Ende bringen können, was bedeutet, daß wir samt den Daten zu unserer Ausgangsbasis zurückkehren. Kapiert?«

Pete ließ nicht locker: »Wenigstens in eins der anderen Sternenschiffe brechen wir vorher noch ein.«

»Wir müssen hier weg, Pete. Die wichtigsten Teile unserer Ausrüstung fehlen; unsere Fettdepots im Körper nehmen ab. Da ist jetzt Schluß mit lustig. Es geht um unser Leben.«

»Denk nach: Wir werden nie wieder hierher zurückkommen. Irgendwer anderes, ja, aber nicht *wir*. Es geht hier um Spider-Ehre und sowas.«

Katrinko wurde langsam nachgiebig. »Eins noch? Nicht alle zwei?«

»Bloß noch eins.«

»Abgemacht.«

Die Öffnung, die sie in den Schiffsrumpf geschnitten hatten, war inzwischen von den Robotern vollständig zuzementiert worden. Es kostete sie zwei weitere Fäden, einen neuen Ausgang anzulegen. Anschließend übernahm Katrinko die Führung, über die steinerne

Oberfläche und die Kohlefasersäule hinunter zum zweiten Schiff. Um der Aufmerksamkeit der herumlungernden Roboter zu entgehen, bewegten sie sich mit einschläfernder Bedächtigkeit und unter Ausnutzung aller zur Verfügung stehenden Tarnmaßnahmen, was den Trip zur Qual werden ließ.

Das zweite Schiff mußte harte Zeiten hinter sich haben. Seine Hülle war über und über mit Narben aus dicken Zementbrocken übersät, die eine große Menge vertrockneten und zusammengebackenen Seils überdeckten. Katrinko und Pete fanden trotzdem eine Schwachstelle und drangen ein.

Dieses Sternenschiff war überbevölkert. Es war laut, und es stank. Die Böden der Stockwerke waren überzogen mit heißen und stickigen kleinen Bazaren, in denen Menschen Güter des täglichen Bedarfs und Schnaps und Nahrungsmittel verkauften. Verbrecher schienen öffentlich bestraft zu werden, indem man sie in aller Öffentlichkeit an Pfosten kettete, wo sie die Bevölkerung mit jeder Art von Abfall bewarf. Große Ansammlungen von zerlumpten Männern und tätowierten Frauen umlagerten brutale Hahnenkämpfe, die von fast hundsgroßen Mutantenhähnen mit langen Sporen ausgetragen wurden. Alle Männer trugen Messer.

Die Architektur in diesem Schiff war wesentlich ausgefeilter als drüben; man sah jede nur erdenkliche Art von Mietskasernen, Hinterhöfen und feuchten, stikkigen Gäßchen. Als sie gerade mal vier Stockwerke durchgekämmt hatten, behauptete Katrinko, sie würde wiedererkennen, wo sie sich befänden: Das hier wäre der real existierende Set eines beliebten japanischen interaktiven Samurai-Epos. Offenbar hatten die Sternenschiffskonstrukteure auch ein Vorbild für ein präindustrielles asiatisches Dorf-Idyll gebraucht, und weil man keine Zeit und kein Geld hatte, um sich alles von

Grund auf neu auszudenken, hat man die Bauroboter mit raubkopierten Vorlagen aus der Computerspielindustrie programmiert.

Dieses Schiff war einst mit über dreihundert gepanzerten Überwachungskameras mehr als verschwenderisch ausgerüstet worden. Aber die Mandarine haben wohl die schwer verdauliche Kröte schlucken müssen, daß man Verbrechen zwar aufnehmen, aber dadurch noch lange nicht unterbinden kann. Die Kameras waren inzwischen alle kaputt, die meisten durch mutwillige Beschädigung, oder sie hatten bei Kämpfen etwas abbekommen. Jedenfalls waren zur Zeit alle das Gegenteil von betriebsbereit.

Die rebellischen Bewohner des Schiffs waren sehr aktiv. Nach der Zerstörung der Kameras hatten sie sofort mit dem Bau von riesigen Rammen begonnen, eigentlich Belagerungsmaschinen aus Bambus, Hanf und Holz, die überdimensionierten Armbrüsten ähnelten. Die Rammen waren durch die vereinte Anstrengung der gesamten Schiffsbevölkerung entstanden und verziert mit Malereien und Bändern. Das Kommando über die jeweilige Maschine führten harte, aggressive Bandenhäuptlinge mit breiten Ledergürteln und imposanten Prügeln.

Katrinko und Pete sahen einer der Gruppen zu, die sich mit einer Ramme abmühten. Frauen flochten Strickleitern aus Haar und Naturfasern, während Schmiede über ihren heißen und qualmenden Holzkohlefeuern Haken schmiedeten. Es war offensichtlich, daß diese bockigen Raumfahrer bereits mehr als zwanzigmal den Ausbruch aus ihrem Sternenschiffgefängnis versucht hatten. Und jedesmal waren sie wohl durch die niemals erlahmenden Anstrengungen der hirnlosen Roboter in ihr Verlies zurückgedrängt worden. Nun stand der mit viel Eifer vorbereitete nächste Ausbruchsversuch bevor.

»Die Kerle hier sind ganz schön unternehmungslustig«, bemerkte Pete anerkennend. »Wollen wir ihnen nicht ein wenig unter die Arme greifen?«

»Was?«

»Schau sie dir doch an, wie sie alles erdenkliche probieren, um nach draußen zu gelangen. Und wir haben doch noch ein paar Sprengkapseln. Wenn wir uns von hier verziehen, haben wir doch eh keinen Bedarf mehr dafür. Also bin ich dafür, daß wir an ihre Stelle treten und diesmal die Wand im großen Stil hinausblasen, indem wir gleich alle auf einmal zünden. Im nachfolgenden Durcheinander können wir um so leichter verschwinden.«

Katrinko gefiel die Vorstellung eigentlich, aber sie spielte zu gerne des Teufels Advokaten. »Meinst du wirklich, daß wir uns da einmischen sollten? Unsere Verwicklung kann leicht als solche erkannt werden.«

»Kein Schwanz schaut hier noch zu. Irgendein Technokrat hat dies hier für einen großangelegten Laborversuch gehalten. Aber dann waren die Menschen hier drin eines Tages von der Steuer abgeschrieben, oder die Forschungsgelder der Anthropologischen Fakultät sind etwas zusammengestrichen worden, wer weiß? An die Leute hier erinnert sich keiner mehr. Da sollten doch wenigstens wir den armen Teufeln eine gute Show bieten.«

Katrinko und Pete brachten ihre Sprengsätze an, gingen dann in Deckung und schauten begeistert zu, wie die Wand in Fetzen flog.

Ein mächtiger Luftzug, der einen Schwall Staub und Blätter in den interstellaren Raum hinausblies, setzte ein, als sich Innen- und Außendruck so plötzlich angleichen mußten. Die Einheimischen waren von der Explosion völlig eingeschüchtert, aber als die ersten Reparaturroboter auftauchten, fanden sie schnell zu altem Kampfgeist zurück. Ein gewaltiges Schlachten hob an, ein allgemeiner Anfall von Krabbenzertreten und Schwammzerquetschen. Frauen und Kinder balgten sich mit den Asseln und Daltons. Männer in ledernen Harnischen kämpften mit Äxten, Armbrüsten und schweren Robotzertrümmerungshämmern gegen die größeren Maschinen.

Die Roboter waren zwar strohdumm, aber ihre Verluste waren ihnen gleichgültig, und genau das machte sie so gnadenlos überlegen.

Die Einheimischen machten das beste aus ihrem so glücklich zustande gekommenen Fenster nach draußen. Sie hievten eine schwere Harpune auf ihren Schußapparat und feuerten sie in den Weltraum. Das Ziel war ihr Nachbarschiff, das dritte und letzte also.

Der gezackte Speer prallte von der Außenhülle ab. Deswegen holten sie ihn mit Hilfe einer monströsen Kurbel aus Bambus wieder ein, wobei alles schrie wie die Tollhäusler.

Die gesamte Einwohnerschaft des Sternenschiffes hatte sich in diesen Kampf gestürzt. Die Wände und Schotten erbebten unter dem Getrampel ihrer zornigen Füße. Die in Unterzahl geratenden Roboter mußten zurückweichen. Katrinko und Pete nutzen diese goldene Gelegenheit, um sich durch das Loch davonzumachen. Geschwind erstiegen sie die Außenwand des Schiffes und entfernten sich so vom akuten Kampfgeschehen.

Da feuerten die Einheimischen ihre Riesenharpune erneut ab. Diesmal traf die gezackte Spitze mit genügend Kraft auf und blieb leicht zitternd stecken.

Dann wurde ein kleines, halbnacktes Kind in Position gebracht, an dessen Gürtel ein dickes Tau befestigt war und das einen Hammer und Nägel in Händen hielt. Auf dem Kopf trug das Kind eine Krone aus tropfenden Kerzen.

Katrinko blickte sich soeben um und erstarrte.

Pete wollte sie zum weiterklettern anhalten, aber auch ihm blieb das Herz stehen.

Das Kind begann emsig auf das zittrige Harpunenseil hinauszutaumeln, das feste Tau mit sich nehmend. Sofort war eine der flugfähigen Maschinen zur Stelle, um es zu bedrohen. Das fiese Geräusch vieler aufschlagender Armbrustbolzen ließ sie aber schnell wieder abdrehen.

Pete fühlte sich wie elektrisiert. Ihm war das Ausmaß der Verzweiflung noch nicht klar gewesen, bis er diesen kleinen, tapferen Jungen sah, der bereit war, in den Tod zu stürzen. Kletterer, die Risiken eingingen, weil sie verrückt waren, hatte Pete schon jede Menge gesehen. Er hatte Kletterprofis, wie er einer war, gesehen, die mit dem Risiko spielten, weil sie Meister in einer erlernten Technik waren. Aber Klettern als puren Opfergang, das war ihm noch nicht untergekommen.

Das heroische Kind war inzwischen auf der rauhen Hülle des Nachbarschiffs angekommen und schlug wie in einem Anfall mit dem Hammer auf die mitgebrachten Bolzen ein. Seine Kerzenkrone wackelte und flackerte im Rhythmus seiner Bewegungen. Der Junge konnte so kaum etwas erkennen. Er hatte sich einfach ins stygische Dunkel hinausgeschwungen, um irgendwann seinem Verderben entgegenzustürzen.

Pete machte, daß er zu Katrinko aufschloß und klinkte sein Kabel ein. »Wir müssen hier weg, Kleines, jetzt oder nie.«

»Nein, noch nicht. Ich muß das alles noch aufnehmen.«

»Jetzt haben wir eine Chance!«

»Wir gehen später.« Katrinko beobachtete einen geflügelten Staubsauger, der im Vorbeiflug grausam nach den Beinen des Jungen hieb. Sie drehte ihr hinter der Maske verborgenes Gesicht Pete zu; ihr Körper versteifte sich aus schierer Wut. »Hast du noch einen Faden?«

»Drei hab' ich noch.«

»Her damit. Ich muß rüber und ihm helfen.«

Katrinko löste die Kabelverbindung, glitt die Außenhülle des Sternenschiffs in einem kontrollierten Rutsch hinunter und prallte auf das gespannte Seil. Zu Petes völliger Verblüffung sah er Katrinko kurz im Widerschein, wie sie sich kauernd um festen Stand auf dem hin- und herschwingenden Seil bemühte und schließlich einfach losrannte. Die meisten Einheimischen waren viel zu verdattert, als daß sie ihre Armbrüste auf Katrinko hätten abfeuern können, wie sie da als dahinjagender Schemen auf dem vibrierenden Seil zu erkennen war.

Fliegende Zänker zischten an ihr vorüber und um sie herum, wobei sie fast das verängstigte Kind am anderen Ende des Seils aufgespießt hätten. Da sprang Katrinko einfach in das Nichts des Weltraums und verschwand vor aller Augen, Arme und Beine weit ausgebreitet, damit die Handschuhe und Steigeisen beim Aufprall auf die Hülle sofort eingesetzt werden konnten.

Das war ein meisterlicher Auftritt, wenn denn Pete je einen gesehen hatte. Einer für das Buch der Legenden.

Pete selbst kam auf einem Hochseil durchaus zurecht. Er verfügte über Erfahrung, einen guten Gleichgewichtssinn und die nötige körperliche Verfassung. Schließlich war das irgendwie sein Beruf. Er konnte über ein Seil laufen, wenn es zum Auftrag gehörte.

Aber nicht in voller Montur. Nicht mit Steigeisen. Und keinesfalls auf einem nicht gut gespannten, handgeflochtenen Hausmacherseil. Nicht wenn das Seil nur unzureichend mit einer selbstgemachten Gußeisenharpune verankert war. Nicht wenn er zwanzig Kilo schwerer war als Katrinko. Nicht wenn ein geflügeltes Tohuwabohu von Robotern ihn umschwirrte. Nicht in einem Geschoßhagel.

So verrückt war Pete einfach nicht mehr. Er mußte Katrinko auf dem vernünftigeren Weg folgen. Er würde über die Schiffshülle klettern müssen, oben den Rumpf überqueren und dann auf der gegenüberliegenden Seite zum dritten Sternenschiff queren. Drei Stunden harter Arbeit, wenn's gut ging – vier Stunden, wenn man die minimalen Sicherheitsvorkehrungen traf.

Pete kalkulierte nochmals das Risiko, fällte seine Entscheidung und machte sich an die Arbeit.

Er drehte sich nochmals um, gerade rechtzeitig, um Katrinko zu sehen, wie sie mit Feuereifer die Fäden benutzte, um eine Öffnung in Sternenschiff Nummer Drei zu säbeln. Ein weißer Lichtschwall drang aus dem Schiff, als das ausgeschnittene Teil nachgab. Er sah Katrinko als gnomenhafte Silhouette vor den Lichtstrahlen aus dem Sternenschiff, ihr Tarnanzug jetzt nutzlos. Ihre Bekleidung flatterte in dem kräftigen Schwall entweichender Luft.

Ein wenig tiefer hatte sich das Kind am Rumpf verankert und band eben das zweite Tau los. Es blickte gerade empor zu der unerwarteten Lichtquelle und schrie dabei so laut auf, daß das Universum zu erzittern schien.

Erregt und verzweifelt feuerten die vielen Verwandten des Kindes einen Hagel von Armbrustbolzen ab. Die kleinen Pfeile taumelten im heftigen Wind und manche trudelten vorbei, aber es waren einfach zu viele. Katrinko duckte sich, wich zurück und rollte sich dann kopfüber durch die Öffnung ins Sternenschiff. Sie war wieder verschwunden.

Hatte sie einen Treffer abbekommen? Pete setzte

einen Anker, sicherte sich und probierte es über Funk. Aber ohne die Relais aus dem Transportsack hatte das schwache Signal keine Chance.

Pete kletterte verbissen weiter. Eine andere Wahl hatte er nicht.

Nach einer halben Stunde mußte Pete ständig husten. Der sternenübersäte Höhlenkosmos hatte sich mit einem furchtbaren Gestank angefüllt. Der stechende Geruch kam aus dem angegriffenen Schiff, entwich langsam aus dem ausgeschnittenen Loch. Ein lange abgekapselter, tödlicher Gestank nach Verbranntem und Verwestem.

Auf sich allein gestellt, mußte Pete sein bestes geben. Seine Schulter wurde schlimmer und, was noch besorgniserregender war, sein Sichtgerät fing an zu spinnen. Schließlich erreichte er das von Katrinko ausgeschnittene Loch. Die Einheimischen, ausgerüstet mit Fackeln, Armbrüsten und Speeren, waren in großer Zahl ebenfalls vor Ort und mühten sich mit einer großen Hängebrücke ab, für deren Befestigung sie riesige Schrauben in den Rumpf drehten, während sie gleichzeitig die unaufhörlichen Angriffe der Roboter abwehren mußten. Der wilde Ausdruck hemmungsloser Freude auf ihren Gesichtern unterstrich, daß sie sich seit Jahren nach diesem Augenblick gesehnt hatten.

Unbemerkt von den Wilden gelangte Pete in das Sternenschiff Nummer Drei. Er atmete kurz die verdorbene Luft, zog sich geschwind nach draußen zurück, setzte neue Filter in die Maske ein und wagte einen zweiten Versuch.

Festgekeilt an der Decke fand er Katrinkos erkaltenden Körper. Ein unglücklicher Pfeil hatte ihre Kleidung durchbohrt und sie in den linken Arm getroffen. Mit der ihr eigenen Geistesgegenwart hatte Katrinko dann die nächstgelegene Wand erklettert, sich an einen Klebeanker gegurtet und war damit erst einmal vor unmittelbarer Gefahr geschützt. Schnell mußte sie auch die Blutung gestillt haben; trotz der ungünstigen Position war sie sogar in der Lage gewesen, die Wunde zu verbinden.

Dann war sie der fauligen und heimtückischen Atmosphäre zum Opfer gefallen.

Wegen der ohnehin verletzten Rippen und der blutenden Wunde war Katrinko nicht mehr in der Lage gewesen, einen leichten Schwindelanfall von einem schweren Schock zu unterscheiden. Als ihr übel wurde, hatte sie sich zu entspannen versucht und tief eingeatmet. Ein Entschluß mit tödlichen Folgen. Da hing sie also, ungesehen, unsichtbar, tot.

Dann fiel Pete auf, daß Katrinko beileibe nicht die einzige war. Die ganze Besatzung war tot. Gestorben vor Monaten, vor Jahren vielleicht. Sah nach einem riesigen Feuer im Schiffsinneren aus. Das elektrische Licht brannte noch, auch die schiffsinterne Maschinerie funktionierte, aber außer Mumien war hier niemand mehr.

Diese toten Stammeskrieger waren die bisher am besten gekleideten. Offensichtlich hatten sie sich während der langen, drögen Jahre ihrer Gefangenschaft aufs Klöppeln und Sticken verlegt. Die Leichen trugen alle möglichen Arten von Rüschenärmeln, bestickten Lendenschurzen und fein besetzten Schärpen, dazu lackierte Spangen im Haar und ausgesprochen raffinierte Sandalen. Sie waren alle samt Katzen, Hunden und Riesenhühnern in diesem grauenhaften Inferno erstickt, das als plötzliche Rauchwolke und Verbrennungsblitz ihr Schiff in Minutenschnelle vollständig ausgefüllt hatte.

Es wäre zu einfach gewesen, dieses Geschehen einen Völkermord zu nennen. Pete stellte sich die Mandarine als Gentlemen-Technokraten vor, alles

Fachleute auf ihrem Gebiet mit ausschließlich den besten Absichten. Es bestand natürlich auch die Möglichkeit, daß er es hier mit einem Massenselbstmord zu tun hatte. Aber selbst dann erschien es Pete, als habe man es selbst bei reiflichster Abwägung aller Fakten mit einem ziemlich schlimmen, ziemlich beschämenden Fall von Panne bei einem gesellschaftspolitischen Experiment zu tun.

Nicht daß man in Washington diese Sauerei hier so bezeichnen würde. Es war keine politische Sauerei mieser und fieser als eine miese und fiese ethnische Sauerei. Pete konnte nicht anders: Er nahm zur Kenntnis, daß diese wohlerzogenen Schiffsbewohner anscheinend nie den Versuch unternommen hatten, gegen die auch hier reichlich vorhandenen Überwachungskameras vorzugehen. Aber die Kameras waren ohnehin tot. Und dieses Schiff war es jetzt auch.

Die Luft im Schiff wurde langsam besser. Ein paar Soldaten aus Schiff Nummer zwei kamen den Gang heruntergetrampelt und plünderten eifrig die hiesigen Leichen aus. Mit so einem Glücksfall hatten sie nicht gerechnet. Sie grinsten von einem Ohr zum anderen, und ihr Gesichtsausdruck kündete von einer ehrfurchtgebietenden Zufriedenheit.

Auch Pete kehrte zu Katrinkos steifem Körper zurück und durchsuchte den Tarnanzug; er brauchte die Batterien. Der magere und geschlechtslose Körper der Neuter wies Schwellungen auf, wo die subkutanen Fettreserven untergebracht waren, und Hauttaschen, in denen vielleicht Ausbruchswerkzeuge für den schlimmsten aller Fälle gebunkert waren. Ihr geschundener Brustkasten war verschwollen und blau. Pete konnte einfach nicht weitermachen.

Er kehrte ans Einstiegsloch zurück, wo sich inzwischen eine emsige Menschenmenge eingefunden hatte. Die Eindringlinge waren über ihre Hängebrücke gelaufen und drängelten nun vor der Öffnung, verzogen dabei die Nase oder jauchzten in größter Lautstärke. Sie hatten die Roboter besiegt; es waren einfach nicht genügend Maschinen im Einsatz gewesen, um der Wut einer ganzen Schiffspopulation Einhalt zu gebieten. Die Roboter waren schlicht nicht intelligent genug, um koordiniertem und bewaffnetem Widerstand von menschlichen Wesen etwas entgegenzusetzen – jedenfalls nicht, ohne gleich ganze Menschenmassen zu töten, aber dazu waren sie nicht entworfen und gebaut worden. Die Roboter hatten eine klare Niederlage einstecken müssen.

Pete verjagte die jubilierenden Sieger mit einer Salve Blendgranaten.

Dann nahm er sorgfältig Maß, stemmte Katrinkos Körper über seinen Kopf und warf ihn weit, weit hinaus, wo er fiel, wo er fiel, bis er in kochenden Tümpeln versank.

Pete zog sich ins erste Sternenschiff zurück. Es war eine deprimierende Klettertour, und als er sie abgeschlossen hatte, spürte er in seiner Schulter jenen schlimmen und vertrauten Schmerz, der chronisch gewordene Verletzungen begleitet. Er verbarg sich unter diesen unwissenden Menschen und sann über seine Alternativen nach.

Er hätte sich hier auf ewig verstecken können. Der Ladestand seines Tarnanzuges sank zwar ständig, aber er besaß noch genug Selbstvertrauen, um auch ohne ihn auskommen zu können. Im Sternenschiff befanden sich nämlich ungezählte Tabu-Gebiete, abgelegene Orte, deren Besuch streng verboten war, weil dort vielleicht einst ein Skandal oder schlimmes Blutvergießen vorgefallen war. Oder weil man dort komische Geräusche gehört, fremdartige, böse, Panik erregende Gerüche wahrgenommen hatte.

Im Gegensatz zu den Bewohnern des zweiten Sternenschiffes waren die Menschen in Eins auf das Versteckspiel hereingefallen. Sie glaubten wohl wirklich, daß sie sich in den Tiefen des Weltraums aufhielten, unterwegs zu einem Land, wo Milch und Honig süßer flossen als hier unter steinernen Sonnen und Sternen. Deswegen war ihr kleines Sternengetto voller abergläubischer Fallen. Ihre ureigene Unwissenheit diktierte ihnen die Vorstellung, daß jede noch so kleine Verfehlung von ihrer Seite das Universum zum Beben bringen konnte.

Pete war klar, daß er eigentlich den Versuch unternehmen sollte, mit seinen Daten den Gleiter zu erreichen. Katrinko hätte das so gewollt – sterben, aber zur Legende werden, eine Sache der Spider-Ehre.

Aber es war nur schwer vorstellbar, daß er sich seinen Weg durch die wiedererstehende Roboterpopulation bahnen konnte, dabei steile Wände mit einer verletzten Schulter erklimmend, um anschließend vier eisig-kalte Tage lang durch die gefrorene Wüstenei zu marschieren. Und das ganz allein! Außerdem hielt so ein Gleiter auch nicht ewig. Spionage-Gleiter hatten eine geringe Lebensdauer. Würde Pete seinen Gleiter mit leerer Batterie vorfinden oder mit leerem Gelbrain, dann wär's das gewesen. Sogar mit einer vollständigen Ausrüstung und bei bester Gesundheit gab sich Pete wenig Illusionen hin, was einen kleinen Frühlingsausflug zu Fuß über den Himalaya anging.

Warum also dieses Risiko eingehen? Es war ja nicht einmal so, daß diese unterirdische Szenerie hier großen Neuigkeitswert besaß. Es gab sie seit vielen Jahren. Jemand hatte das alles erdacht, geplant und ausgeführt. Vor langer Zeit schon. Wirklich wichtige Menschen mit Köpfchen und endlosen Ressourcen wußten von dieser Höhle seit vielen Jahren. *Irgend jemand* wußte Bescheid. Vielleicht kein kleiner Oberstleutnant vom äußersten, geistesgestörten Rand des NAFTA-Geheimdienstes. Aber…

Und Pete dachte über die grundlegenden Schlußfolgerungen nach, die seine Daten nahelegten…

Hier hat jemand eine riesige Kraftanstrengung unternommen, ohne daß allzu großer Profit dabei herauskam. Dafür waren einfach zu wenige Menschen hier untergebracht. Allerhöchstens 15 000. Allein im asiatischen Gebiet von Sphere mußte es zehntausende nicht assimilierbarer Hinterwäldler geben, eher einige hunderttausend. Millionen vielleicht. Warum also an dieser Stelle aufhören? Außerdem war es kein rein asiatisches Problem. Es war ein generelles Problem. Ethnische Minderheiten, ewige Rebellen, die einfach nicht nach den Regeln des 21. Jahrhunderts spielen konnten oder wollten.

Wieviele rotchinesische Atomtests hatten eigentlich in der Taklamakan stattgefunden? Niemand hatte es für wert befunden, ihn mit Details über Urgeschichte zu füttern. Aber Pete mußte sich ganz einfach fragen, ob das Konzept inzwischen nicht zu einer wahren Kunstform verfeinert worden war. Vielleicht waren Europa und NAFTA inzwischen Franchise-Nehmer dieser Idee? Wieviele gottverlassene Löcher gab es denn, wieviele Kammern und Verstecke, angelegt unter der Haut des 21. Jahrhunderts, in Nevada, im Südpazifik, in Australien? Voll mit dem Abfall eines längst abgesagten Armageddons? Miese Kehrichthaufen, in denen nie wieder eine Menschenseele freiwillig herumstochern würde?

Sicher, er könnte Mittel und Wege finden, um die Weltöffentlichkeit mit den Tatsachen zu konfrontieren, aber warum? Sollte er nicht zuerst hierüber nachdenken?

Pete schaffte es nie zuzugeben, daß er schlicht den Willen verloren hatte, von hier fortzugehen.

Als ihn die Verzweiflung langsam aus ihrem festen Griff entließ, interessierte sich Pete zunehmend für die Bewohner des Schiffs. Er war gefesselt von den strengen Grenzen, die sie ihrem Leben und ihrem Weltbild auferlegten – und von der Vorstellung, was er mit ihren engstirnigen Köpfen alles anstellen könnte. Es war ihnen noch kein übernatürliches Wesen untergekommen, aber sie stellten sie sich dauernd vor. Pete gab ein paarmal den Poltergeist, weil er sich einen Spaß erlauben wollte. Er stahl die sternenbesetzten Hüte der Graubärte. Er verstellte die aus Palmblätter gefertigten Folianten in ihrer geheiligten Bibliothek. Er mopste das eine oder andere Rechenbrett.

Aber das war Kinderkram.

Die Bewohner hatten einen kleinen Tempel, ihr ganz spezielles Allerheiligstes. Selbstverständlich war es Petes vornehmste Aufgabe, dort einzudringen.

Die Bewohner hielten eine Jungfrau dort eingesperrt. Sie war sehr hübsch, etwas irre dazu, optimale Voraussetzungen, wenn man Jungfrau vom Heiligen Tempel werden wollte. Sie war also die offizielle Tempelpriesterin von Sternenschiff Nummer Eins. Offensichtlich erlaubten die bescheidenen Lebensumstände nur eine einzige unverheiratete, ehrfurchtgebietende Jungfräuliche Hohepriesterin. Aber es waren einfache Leute: Sie machten das Beste aus dem, was sie hatten.

Die Hohepriesterin also war eine hübsche, junge Frau mit einem bedrückend hübschen Leben. Sie verfügte über eine eigene Dienerinnenschar, einen Schrank voller ritueller Kleidungsstücke und eine sehr zeitaufwendige Frisur. Die Hohe Priesterin mußte ihr ganzes Leben damit zubringen, hochkomplexe und völlig sinnlose rituelle Handlungen auszuführen: Rauchwerk verbrennen, Götzenbilder abstauben, Reinigungszeremonien durchführen, mit der Stirn gegen die Wand schlagen, endloses Gesinge, spezielle Zeichen auf Hände und Füße klecksen. Sie war heilig, und offensichtlich etwas verblödet, also wurde sie die ganze Zeit über mit größter Neugier begafft. Sie war ihr Einundalles. Sie mußte all diese bescheuerten Sachen erledigen, damit die anderen nichts damit zu tun hatten. Alles an ihr war komplett vorhersehbar.

Auch Pete bewunderte das Heilige Mädchen im Tempel. Sie war sein Typ, und er fühlte sich zu ihr hingezogen. Sie war die einzige Schiffsbewohnerin, mit der Pete gerne Zeit verbracht hätte.

Also zeigte sich ihr Pete nach ausgedehnten Studien des Mädchens und seiner Verhaltensweisen. Zuerst dreht es durch. Dann wollte es ihn umbringen. Natürlich vergebens. Als die junge Frau eingesehen hatte, daß Pete sehr mächtig, völlig magisch und jenseits ihres Horizonts anzusiedeln war, rutschte sie auf dem glattpolierten Boden des Tempels herum und riß sich unter lautem Wehklagen die Kleider vom Leib, in einer Kombination von Hoffen und Bangen, was die Schrekken und Unsagbarkeiten einer zu erwartenden Entehrung betraf.

Pete verstand den Reiz ihrer Herangehensweise. Ein jüngerer Pete hätte sich wohl für die dämonische Unterwerfungsnummer entschieden. Aber Pete war schließlich erwachsen. Er konnte sich kaum vorstellen, wie so eine Affäre die Dinge fördern sollte, ja, ob überhaupt ein Unterschied bestünde zu den jetzigen Umständen.

Sie lernten niemals die Sprache des anderen. Es gab nie ein Verbindung in körperlicher, geistiger oder gefühlsmäßiger Hinsicht. Aber mit der Zeit arrangierten sie eine Art Status quo, wo sie zusammen in einem Raum hocken konnten, sich gegenseitig anstarrend, fruchtlos darüber spekulierend, was in dem völlig fremden Kopf des Gegenübers wohl vorgehen mochte.

Manchmal trafen sie sich sogar, um gemeinsam irgendwelche Leckereien zu verspeisen.

Besser konnte Pete sich die Beziehung zu diesen unwahrscheinlich fremden und fernen Menschen nicht wünschen.

Pete wäre nie auf die Idee gekommen, daß die Sterne erlöschen könnten.

In einer der Tabu-Regionen des Schiffs hatte er sich ein heiliges, tiptop-dämonisches Schlupfloch ins Freie geschnitten. Dann und wann sägte er sich durch die Reparaturbemühungen der Roboter, um einen schönen, langen Ausflug in das künstliche Universum unternehmen zu können. Das gab ihm irgendwie ein Gefühl von Sicherheit, auch wenn es weitere Motive gab für sein Tun, wie etwa die Sorgen wegen der Bewohner von Sternenschiff Zwei, die es vielleicht doch einmal alleine schaffen könnten, die Kluft zwischen den Schiffen zu überbrücken, um hier eine ihrer kleinen rassistischen Gewaltorgien abzuhalten, inklusive Brandschatzung, Gemetzel und Vergewaltigungen.

Aber die Zweier waren vollauf mit den Robotern beschäftigt. Jeder Sieg über die blubbernde Gelbrain-Ursuppe und ihre halluzinatorischen Geschöpfe konnte nur ein Sieg auf Zeit sein. Wie ein Erdrutsch auf dem Weg ins Tal überwanden diese Wesen jedes Hemmnis, probierten sie jede evolutionäre Möglichkeit durch, und ihr Druck ließ niemals, niemals nach.

Nach ihrer vernichtenden Niederlage gaben die blubbernden Produktionstanks biochemisches Vollgas. Die vormals herrschenden Arten waren verschwunden und jede Art von Gleichgewicht mit ihnen. Die Maschinen waren in einen Zustand der kybernetischen Traumzeit zurückgeworfen. Alles war wieder möglich.

Die sternenübersäten Wände bevölkerten sich bald mit Unmengen von neuentstandenen Gefängniswärtern. In einer bitteren, nicht quantifizierbaren, historischen Erniedrigungsaktion wurden die Barbaren in das Sternenschiff Zwei zurückgedrängt. Ihre drangsalierte Heimat verwandelte sich in ein groteskes Zementgebilde. Sogar die Luken waren verschwunden, grausam versiegelt von technologischem Speichel und Schleim. Ein lebendes Grab.

Pete ging davon aus, daß damit die Bedrohung durch Zwei vom Tisch wäre. Immerhin entsprach das Vorgehen durchaus den Parametern, die ursprüngliche Planer einst vorgegeben haben mochten.

Aber das System in der Höhle konnte sich nicht länger durch die Grenzen menschlicher Absichten aufhalten lassen.

Pete blickte gerade durch ein Bullauge, als die Sterne erloschen. Es war klar, daß nun eine neue Zeit anbrach. Die Sterne wurden geraubt. Etwas veruntreute ihre Energie.

Pete verließ das Sternenschiff. Heraußen war der Himmel losgebrochen. Unnennbare Monster erstiegen die felsigen Wände, zogen, krabbelten, schlurften, sprangen und schnalzten empor an schleimigen Leinen. Dem besternten Himmel entgegen. Dem Jenseits zu, dem Darüber. Ein Ausbruch.

Pete kontrollierte nochmals seine etwas mitgenommenen Steigeisen und Handnetze und schloß sich ohne Zögern dem Exodus an.

Keines der Monster belästigte ihn. Er war eines von ihnen geworden. Schließlich war es seine Ausrüstung gewesen, die unter sie gefallen war, begierig aufgesogen und als Türe benutzt in ein neues Treppenhaus der Evolution. Alles, was sich einen Dosenöffner erdenken kann, kann auch einen Kletterhaken, eine Winde oder einen Keil, eine Öse oder einen Karabinerhaken hervorbringen. Sein Transportsack, Katrinkos Transportsack waren vollgestopft gewesen mit Produkten menschlichen Erfindungsgeistes, geniale Denkleistungen von Generationen, und alle hatten nur mit dem einen zu tun: Nach oben. Hinauf. Und *hinaus*.

Die ohnehin unirdische Landschaft der Taklamakan war die Bühne für einen Krieg der Roboter. Rundum erstreckte sich eine mechanische Prärie voller kriechender, krabbelnder, beißender, würgender, hopsender Mutationen. Und Feuersäulen: die Satelliten von Sphere hatten das Feuer eröffnet. Aus dem tatsächlichen Himmel ergossen sich Feuergarben, zuerst unsichtbare Kaskaden aus Energie, deren Auftreffen Geysire aus verdampfendem Staub erzeugte. Der ultimative Alptraum jedes Bioingenieurs. Eine intelligente, sich selbst regelnde Hölle. Etwas so Großes konnten sie nicht umbringen und das dann geheimhalten. So schnell konnten sie es gar nicht verbrennen. Nicht ohne die Schutzdome über dem Atommüll zu vernichten und den eigenen uralten Giftmüll über das Antlitz der Erde zu verteilen.

Ein Strahl strich über den Horizont wie der Finger Gottes, alles auf seiner Bahn zu Schlacke verbrennend. Himmel und Erde wimmelten von fliegenden Geschöpfen, summend, taumelnd, paddelnd. Der Strahl streifte eine große Maschine, die herniedertrudelte wie ein tonnenschwerer Ahornsamen. Sie prallte gegen einen der Dome, sackte durch wie ein sterbender Reckturner, und landete unterhalb von Spider Pete, der zusammengekauert dahockte und alles aufzeichnete.

Die Maschine aber nahm auch Pete ins Visier. Sie war kein gewöhnlicher Roboter. Sie war ein ziviler Mechano-Journalist, eine grell bemalte, ultramoderne europäische TV-Drohne mit mehr Kameras an Bord, als ein Medienmogul Champagnerflaschen im Keller hatte. Die Drohne war zwar gegen die Mauer des Doms geknallt, aber keineswegs tot. Ihr Tod war einfach nicht vorgesehen. Sie war, im Gegenteil, quicklebendig und motiviert. Sie hatte Pete ohne Schwierigkeiten ausgemacht: Er war bester Stoff für eine menschlich anrührende Geschichte. Sie nahm ihn ins Visier.

Als Pete einen Blick hoch zum kalten Frühlingshimmel riskierte, konnte er feststellen, daß die Drohne gleich noch einen Haufen Freunde mitgebracht hatte.

Die Drohne brachte ihre angesengten Schaltkreise auf Vordermann, dann plazierte sie Pete in der Bildmitte, stellte ihn scharf und fuhr danach eine vielfach gezackte Gliedmaße aus, mit der sie nach festem Zeremoniell jedes Wunder, das sie miterlebt hatte, in den Himmel spuckte, hinaus in die gärenden Tiefen des weltweiten Webs.

Pete rückte die Maske zurecht und zupfte an seinem Tarnanzug herum; schließlich wollte er gut aussehen.

»Verd…«

Originaltitel: ›Taklamakan‹ · Aus: ›Asimov's Science Fiction‹, Oktober/November 1998 · · Übersetzung aus dem amerikanischen Englisch von Karl Bruckmaier

---

David Marusek

YUREK RUTZ, YUREK RUTZ, YUREK RUTZ

21. Januar 1999

Mister Gardner Dozois
Redakteur bei Asimov's Science-Fiction-Magazin
1270 Avenue of the Americas
New York 10020

Sehr geehrter Mister Dozois,

ich schreibe Ihnen diesen Brief mit dem größtem Unbehagen. Sie haben mich bisher in meiner noch jungen literarischen Laufbahn immer freundlich unterstützt und mein bescheidenes Gekritzel gekauft, um es in Ihrem geschätzten Magazin zu veröffentlichen. Dafür werde ich für immer in Ihrer Schuld stehen. Trotzdem kann ich nicht anders, als Sie über die jüngsten Ereignisse zu unterrichten, die sich um mich herum zugetragen haben, und sehe mich gezwungen, Ihnen einen ungewöhnlichen Vorschlag zu unterbreiten.

Es begann alles mit einem Telefonanruf, den ich von einer älteren Dame erhielt, die hier in Fairbanks, Alaska, meiner Heimatstadt, wohnt. Sie fragte mich, ob ich David Marusek, der Autor, sei. Diese Frage ließ mich sofort stutzig werden, denn obwohl Fairbanks eine winzige, abgelegene Gemeinde ist, wo jeder meint, sich um die Dinge der anderen kümmern zu müssen, und obwohl Sie in Ihrem geschätzten Magazin schon gelegentlich Geschichten von mir veröffentlicht haben, weiß hier eigentlich niemand, daß ich Schriftsteller bin. Wenn mich die Leute überhaupt kennen, dann als einen Beamten des Stadtbauordnungsamtes – mein Hauptberuf. Und als Beamter des Stadtbauordnungsamtes ist man nicht sehr beliebt. Die Menschen ziehen in erster Linie nach Alaska, um solchen peniblen Bürokraten wie mir zu entkommen, doch dann komme ich und sage ihnen, was sie auf ihrem eigenen Grundstück bauen dürfen und was nicht.

Wie bei vielen anderen Beamten auch, steht meine Privatnummer nicht im Telefonbuch, damit ich nicht jede Nacht Anrufe von verärgerten Bürgern erhalte. Dennoch gibt es einen Professor für Literatur am hiesigen College, der meine Nummer hat und sie auch weitergibt. Er findet es besonders lustig, die Spinner, die bei ihm anrufen, an mich weiterzuleiten. Seine Spinner sind nicht so bedrohlich wie meine, aber nicht weniger lästig. Sie kennen diese Typen sicher: der Börsenmakler, der eine Idee für den nächsten Superknüllerkrimi hat, aber keine Zeit, ihn ›runterzuschreiben‹; für die Hälfte des Vorschusses und der Tantiemen würde er mir aber die Rechte an seiner Idee überlassen. Oder der pensionierte Teppichboden-Vertreter, der will, daß ich als Ghostwriter seine Autobiographie abfasse, damit er sie gegen Bezahlung von einem Verlag drucken lassen kann, *Für alle meine lieben Enkelkinder.* Für mich springt dabei nichts heraus, als die großartige Gelegenheit, ›Erfahrungen zu sammeln‹. Und um mir das Ganze zu versüßen, kann ich von den hundert Heften, die mir dann der Verlag zukommen läßt, zwei behalten.

Als ich also letzten Sommer diesen Anruf bekam, atmete ich tief ein und antwortete in den Hörer: »Ja, das bin ich, David Marusek, der Autor.«

»Hervorragend«, rief die Anruferin. »Mein Name ist Emma Rutz, ich habe einen Auftrag für Sie. Können Sie diese Woche bei mir vorbeikommen?«

Ein Auftrag, aber sicher. »Es tut mir leid«, sagte ich, »doch ich habe im Moment sehr viel mit meinen eigenen Projekten zu tun, ich bezweifle, daß ich Zeit erübrigen kann.«

»Aber das würde überhaupt nicht lange dauern«, entgegnete sie, »und natürlich werde ich Sie großzügig entschädigen.«

Das war der Punkt, an dem ich mich hätte höflich verabschieden sollen, doch die Neugier siegte. »Wie großzügig?«

»Sehr großzügig. Ich möchte, daß Sie die Grabinschrift für den Grabstein meines Mannes verfassen.«

Ich unterdrückte einen Lacher. Werde ich jemals dazulernen? »Hm«, meinte ich darauf, »ich bin Science-Fiction-Autor. Ich mache keine Grabinschriften. Für eine Grabinschrift brauchen Sie einen Dichter. Ich habe die Telefonnummern von einigen guten Dichtern, die ich Ihnen geben könnte.«

»Nein, nein, Sie sind genau der richtige für diese Aufgabe. Mein Mann hat ausdrücklich nach Ihnen verlangt. Er war ein Fan von Ihnen, müssen Sie wissen. Und es war einer seiner letzten Wünsche.«

»Ich fühle mich geschmeichelt«, antwortete ich, und es stimmte wirklich. Da ich ja noch nicht lange in diesem Geschäft arbeitete, war ich vollkommen überwältigt, wenn mir jemand verkündete, er (oder besonders sie) sei ein Fan von mir. Doch in diesem besonderen Fall schien mein Fan bereits tot zu sein, und ich witterte Unannehmlichkeiten. Und so entgegnete ich: »Doch leider bin ich zu sehr beschäftigt.«

»Ich zahle Ihnen *eintausend Dollar* für eine vierzeilige Grabinschrift.«

Tausend Dollar für vier Zeilen? Ich wußte nicht, was

ich dazu sagen sollte. Die vernünftige Seite in mir schrie, leg jetzt auf, oder es wird dir noch leid tun. Ja, aber tausend Dollar!

Ich folgte Ihrer Beschreibung zum Yurek-Rutz-Boulevard, eine Straße, die auf keinem meiner Stadtbauamtspläne eingezeichnet war, und als ich sie fand, wußte ich auch warum. Es war nicht mehr als ein Trampelpfad, der mit der Zeit entstanden war, ein selbst angelegter Weg, der an eine Behelfslandebahn angrenzte. Ein handbemaltes hölzernes Brett diente als Straßenschild, es war an einen Pfosten genagelt, an dem oben ein schlaffer Luftsack hing. Eine alt und verbraucht aussehende einmotorige Cessna 150 stand neben der Landebahn, und dahinter eine große, verwitterte, alte Blockhütte.

Die Anruferin, Emma Rutz, kam aus dem geräumigen verglasten Vorbau der Hütte heraus, um mich zu begrüßen. Sie war etwas älter, als ich am Telefon vermutet hätte, jedoch überraschend attraktiv. Klein und anmutig, mit modischen Locken und schönen Gesichtszügen, sie trug ein helles, bedrucktes Baumwollkleid und perlenbesetzte Mokassins – nicht gerade Trauerkleidung.

Sie führte mich in den Vorbau, und ich machte es mir bequem an einem kleinen Tisch, auf dem Tassen und Teller standen und Schalen mit selbstgemachten Süßigkeiten. Erst als sie in die Hütte ging, um Tee zu holen, bemerkte ich einen weiteren Bewohner am anderen Ende der Hütte, einen großen, unruhigen, alten Mann in Schlafanzug und Bademantel, er saß in einem üppig ausgepolsterten Lehnstuhl. Dieser Mann schenkte mir keinerlei Beachtung; seine Aufmerksamkeit schien voll und ganz von einem unsichtbaren Drama in Anspruch genommen zu werden, das sich draußen im Vorgarten abspielte. Er schüttelte den

Kopf und brummte, und gelegentlich pfiff er durch die Zähne. Und obwohl im Vorgarten nichts Erkennbares vor sich ging, hörte ich von hinten nahen Lärm von schweren Baumaschinen bei der Arbeit.

Als Emma zurückkam, wies sie mit dem Kopf auf den alten Mann und sagte: »Das ist mein Ehemann, Yurek Rutz.«

Ich zuckte ein wenig zusammen; ich hatte nicht erwartet, meinen Kunden lebend zu sehen. »Sie sprachen von ihm in der Vergangenheit«, sagte ich.

Sie lachte. »Habe ich das? Ein Versprecher. Oder vielleicht auch nicht. Praktisch ist mein Mann schon tot. Er hat nun schon seit Monaten keinen vernünftigen, zusammenhängenden Satz von sich gegeben. Was Sie da sehen«, meinte sie und zeigte mit einer feingliedrigen Hand auf den sitzenden Mann, »ist nur das ›Fahrgestell‹, wie Sie es einmal ausgedrückt haben.« Wieder war ich überrascht; noch niemals hat mich jemand zitiert. »Er leidet an Alzheimer«, fuhr sie fort, »im fortgeschrittenen Stadium. Und unheilbarem Blutstau im Herzen. Ganz zu schweigen von Prostatakrebs und einem schweren Nierenleiden. Er kann sich aussuchen, woran er sterben will. Mein Mann war nie für halbe Sachen.« Sie setzte sich hin und goß uns Tee ein. »Sie haben übrigens bis Januar Zeit, doch wenn Sie schon früher fertig sind, kann der Stein schon eher gemeißelt werden.«

In Stein gemeißelt, das ist ein Ausdruck, der das Schriftstellerherz einen Sprung machen läßt. Ich warf einen Blick auf Yurek Rutz. Er beobachtete uns.

Emma fragte: »Wollen Sie ihn sehen? Er steht draußen hinter dem Haus.«

»Der Stein?«

Wir tranken unseren Tee aus und gingen um die Blockhütte herum an einem Gemüsegarten und Blumenbeeten vorbei, die in voller Blüte standen. Dort lag ein massiver Jadebrocken von der Größe eines ausgewachsenen Pferdes. Er war zu einem groben rechteckigen Block gehauen worden. Es handelte sich um Jade aus Alaska, so erzählte mir Emma Rutz, den sie in ihrer Goldmine nahe von Circle City entdeckt hätten. Es sei eine Mordsarbeit gewesen, ihn hierherzubringen, versicherte sie mir. Jade kommt in vielen Gebieten Alaskas vor, doch im allgemeinen nur in schlechter Qualität, zu spröde zum Meißeln und zu matt für Schmuckstücke. Dieses riesige Stück war jedoch von hoher Güte. Man konnte es an der quadratischen Fläche in der Mitte des Blocks sehen, die völlig glattpoliert war. Er schien fast lichtdurchlässig, man hatte das Gefühl, in eine wäßrige grüne Tiefe zu sehen. Und jemand hatte wahrhaftig schon damit begonnen, die Inschrift einzuarbeiten. Eine ausnehmend geschickte Hand hatte den Namen YUREK RUTZ in Schönschrift in die polierte Fläche eingemeißelt, und darunter das Geburtsdatum, 9. September 1922. Darunter blieb noch genug Platz für das Sterbedatum und eine vierzeilige Grabinschrift.

Das Maschinengeräusch begann von neuem, lauter und näher. Ich fragte Emma, was es sei, und sie bedeutete mir, ihr in ein Dickicht aus Weidengestrüpp zu folgen. Nach zehn Metern kamen wir an eine Bohranlage, die auf einem Lastwagen befestigt war. Auf dem Schild an der Tür stand ›Geyser Wells‹ und eine Telefonnummer. Der Mann an der Bohrmaschine stellte sie ab, als er uns sah. Emma Rutz wandte sich an mich: »Ich glaube, Sie kennen Mister Boothtittle bereits.«

Tatsächlich kannte ich ihn. Ich hatte an Byron P. Boothtittle schon einige Aufträge im Namen des Stadtbauordnungsamtes erteilt. Außer Brunnen bohrt seine Firma auch Probelöcher, um die Tiefe des Permafrostes unter zukünftigem Bauland zu messen. Wir brauchen diese Probebohrungen für die Parzellierung des Baulandes und für Bebauungsplanänderungen. Um das Land in Fairbanks Stadtteil North Star richtig nutzen zu können, muß man über die Bodenbeschaffenheit bis in die Tiefe Bescheid wissen, denn eine Frostlinse, auch wenn sie dreißig Meter unter der Erde liegt, kann ein modernes Gebäude unterspülen oder sogar zum Einsturz bringen.

Emma Rutz fragte Byron, wie es denn voranginge. Byron sah mich an, doch sie nickte ihm zu, daß er sprechen könne.

»In zwanzig Metern Tiefe auf Frost gestoßen«, berichtete er. »Also habe ich noch einmal zwanzig Meter weitergebohrt, um zu sehen, wie dick die Schicht ist. Ich fahre den Bohrer gerade herauf.«

Er ging zurück zur Bohranlage, und wir sahen ihm zu, wie er das Gerät fachkundig bediente. Er ließ den Bohrer zwei Meter aus dem Loch herausfahren, koppelte ein Rohrsystem ab, fuhr ihn weitere zwei Meter heraus, koppelte weitere Rohre ab. Während die Maschine eine Pause machte, fragte ich ihn, wie hoch der Grundwasserspiegel hier in der Gegend sei. Er sah Emma Rutz an, bevor er antwortete: »Es gibt überhaupt kein Wasser hier, soviel ich weiß.«

Das ergab keinen Sinn. Ich konnte genau sehen, daß er eine Brunnenbohrerspitze benutzte: Das Loch war auch groß genug, um einen Brunnenschacht zu bauen.

Als er schließlich die Bohrerspitze herausholte, entnahm er ihr eine Handvoll Erde und rollte sie in seiner Handfläche. Es sah aus wie zerstoßenes Malzbiereis, Eiskristalle groß wie Zehnpfennigstücke glänzten darin. Der Fund von Permafrost ist noch nie ein Grund zum Feiern gewesen, aber Byron P. Boothtittle schien erfreut zu sein. »Ich werde noch zwanzig Meter tiefer gehen«, verkündete er, »dann werden wir ja sehen.«

Emma Rutz brachte mich zu meinem Auto. Ich konnte die Umrisse ihres Mannes durch das Veranda-

glas sehen, er saß noch genauso da, wie wir ihn verlassen hatten. Emma Rutz überreichte mir einen Pappkarton. »Ein paar von unseren Sammelalben und noch andere Dinge«, bemerkte sie. »Passen Sie gut darauf auf.« Ich stellte den Karton auf den Rücksitz und setzte mich hinters Lenkrad. »Ach übrigens«, sagte sie, »soll die Grabinschrift nicht nur vier Zeilen lang sein, sondern auch seinen Namen beinhalten, Yurek Rutz, mindestens zweimal Und *ganz wichtig*, es soll etwas Eingängiges sein.«

»Eingängig?«

»Ja, etwas Pfiffiges. Wie ein Werbespot soll es klingen. Etwas, das einem ins Ohr geht. Glauben Sie, das bekommen Sie hin?«

Für tausend Mäuse, ja, glaube ich, geht es.

Ich hätte diesen Auftrag nie annehmen sollen. Sie kennen mich, Mister Dozois, ich schreibe fürchterlich langsam. Ich bin krankhaft genau. Ich muß sogar meine E-mails fünfmal überarbeiten, bevor ich sie wegschicken kann. Und, werden Sie sich fragen, hat er eine Grabinschrift für Yurek Rutz geschrieben? Ja, ich schrieb Hunderte davon, wenn nicht sogar Tausende, doch keine erfüllte die Anforderungen oder schien sonst der Sache irgendwie gerecht zu werden. Und pfiffig war schon gar keine.

Hier ruht Yurek Rutz,
Er diente seinem Vaterland
in Kriegs- und in Friedenszeiten gleichermaßen.
Yurek Rutz, ein liebevoller Ehemann.

Das gehört nicht zum Glanzvollsten, was ich je geschrieben habe, doch von den Grabinschriften war es eine der Besten. Mir fiel einfach nichts ein, obwohl ich all die Alben nach Anregungen durchstöbert hatte.

Air-Force-Pilot Yurek Rutz war einundzwanzig Jahre jung, als er im Jahre 1943 zum ersten Mal mit einem King-Cobra-P-63-Jagdflugzeug in Ladd Field bei Fairbanks landete. Er war einer von den vielen Piloten, deren Aufgabe darin bestand, Kriegsflugzeuge über Sibirien zu unserem Lieblingsverbündeten Stalin zu überführen, um sie ihm für den Krieg gegen den Faschismus leihweise zu überlassen. Fairbanks war der Übergabeort, sowjetische Piloten flogen sie dann weiter. Yurek Rutz hatte nie mehr als einen oder zwei Tage Aufenthalt in Fairbanks, er wurde immer wieder zurückgefahren nach Great Falls, Montana, um weitere Flugzeuge zu holen. Trotzdem lernte er während nur zwei Dutzend kurzer Besuche die Stadt und die sie umgebende furchteinflößende Landschaft kennen und lieben.

Später im Krieg lernte er eine Krankenschwester kennen, die zu einem Stützpunkt der Royal Air Force in Sierra Leone abkommandiert war, Emma Shawcroft. Obwohl auch diese Begegnung nur kurz andauerte, verliebten sie sich ineinander. Nach dem Krieg heirateten sie, und sie folgte ihm hinauf in den hohen Norden.

Ein Tausendsassa
Und Menschenfreund – Yurek Rutz.
Ein wichtiges Mitglied der Gemeinschaft
und ein liebevoller Ehemann – Yurek Rutz.

Yurek und Emma Rutz fanden sich schnell in der rauhen und einfachen Gesellschaft im Fairbanks der fünfziger Jahre zurecht. In jenen Tagen gehörte schon eine gehörige Portion Mut dazu, sich hier anzusiedeln, und die Bereitschaft, jede auch noch so unbedeutend erscheinende Gelegenheit zu ergreifen, um aus dem einengenden Klassensystem auszubrechen und jeder warmherzigen Seele in der Umgebung die Hand in Freundschaft zu reichen. (Ich habe mir oft gewünscht, ich wäre schon in den vierziger Jahren nach Fairbanks gekommen anstatt erst 1973, jung und unerfahren und neugierig auf die neue Pipeline.) In der Zwischenzeit haben sich Yurek und Emma Rutz abgerackert als Fallensteller, Raststättenbesitzer, als Bäcker, Krankenhauspersonal, Landvermesser und Lagerköche. Doch das einträglichste und längste Geschäft machten sie mit der Goldmine, die sie auf einem Gebiet abgesteckt hatten, das sich bis über den Polarkreis erstreckte. Und es war Yurek Rutz' Arbeit als Pilot, die sie in mageren Zeiten über Wasser hielt. Ein guter Pilot kann in Alaska immer Arbeit finden, dort gibt es so viele kleine Flugzeuge wie in Manhattan Taxis.

Eines habe ich in all ihren Briefen, Zeitungsausschnitten und Fotos nie gefunden: Anzeichen von Kindern. Offensichtlich hatten sie nie welche.

Als mich Emma Rutz im Dezember anrief, um nachzufragen, wie es denn voranginge, war ich erleichtert, gleichzeitig geriet ich aber auch in Panik. Erleichtert, weil ich schon befürchtet hatte, dieser Auftrag würde mein ganzes Leben bestimmen, denn ich verbrachte beinahe meine komplette Freizeit damit. Ich hatte die Arbeit an einigen vielversprechenden Kurzgeschichten eingestellt, denn ich konnte mich auf nichts anderes als Grabinschriften konzentrieren. Sogar meine Arbeit im Stadtbauordnungsamt zeigte schon die ersten Anzeichen von Vernachlässigung.

Und ich geriet in Panik, weil ich trotz all meiner Anstrengungen nichts vorzuzeigen hatte. Trotzdem ließ ich mich von ihr dazu überreden, noch am selben Abend bei ihr vorbeizukommen und meine zehn besten Vorschläge mitzubringen.

Ich brauchte ihr nur ins Gesicht zu sehen, während sie las, um zu wissen, wie weit ich das Ziel verfehlt hatte. Wir saßen am Tisch in ihrem gemütlichen Wohnzimmer; die nackten Holzwände warfen den goldenen Schein des Kaminfeuers zurück, während die brennenden Scheite aromatischen Duft verströmten. Yurek Rutz saß in Kissen eingebettet in seinem Rollstuhl vor dem gemauerten Kamin. Er sah viel schlechter aus als bei meinem ersten Besuch. Er war um einiges schmächtiger geworden, seine blasse Haut hing in Falten von seinen Knochen, und er atmete schwer. Selbst mit meinem medizinisch laienhaften Auge sah ich, daß er eigentlich ins Krankenhaus gehörte.

Emma Rutz las zu Ende und sah mich über den Brillenrand hinweg an. Ich wußte sofort, daß ich fünf Monate meines Lebens verschwendet hatte, und daß ich die tausend Dollar niemals sehen würde. Ich ärgerte mich über mich selbst. »Es tut mir leid«, sagte ich. »Ich habe mein Bestes gegeben. Noch haben Sie Zeit, sich jemand anderen zu suchen.« Eigentlich wollte ich sagen: ›...um sich einen richtigen Schriftsteller zu suchen.‹

»Nein, nein«, entgegnete sie. »Das ist ein guter Anfang. Es fehlt nur das gewisse Etwas.«

»Ich weiß, ich weiß! Aber was?«

»Beruhigen Sie sich«, meinte sie und tätschelte meine Hand. »Es ist meine Schuld. Ich hätte Ihnen alles sagen sollen.« Sie nahm ein Notizbuch aus dem Regal und legte es vor mir auf den Tisch. »Mein Mann war ein sehr nachdenklicher Mensch. Er war ein echter Denker. Er erzählte mir immer davon, wie er allein in seinem kleinen Flugzeug hoch über den Wolken flog, wie ruhig und friedvoll das war, wie dabei die wunderbarsten Gedanken wie ein Segen über ihn kamen. Mein Mann gehörte nie zu denen, die etwas mit herkömmlichen Religionen anfangen konnten; er entwickelte im Laufe seines Lebens seine eigene Religion.« Sie schlug das Notizbuch an einer eingeknickten Seite auf und zeigte auf einen Abschnitt. Mit verwegener, doch leserlichen Schrift hatte Yurek Rutz geschrieben:

Was ist ein Name? Unsere Menschlichkeit, was ist das? Der Name war noch vor dem Feuer die erste große Erfindung der Menschheit. Mit Hilfe von Namen konnten wir über Dinge sprechen, ohne darauf mit dem Finger zeigen zu müssen, doch sie hatten eine noch viel größere Bedeutung. Der Name half den Dingen, zu entstehen und weiterzuleben. Zum Beispiel konnten wir mit einem Namen die Seele eines Babys an seinen Körper binden, so daß sie nicht entkommen konnte, und somit war das Baby fähig zu überleben. Und mit Namen konnten wir unsere Vorfahren nach ihrem Tod davon abhalten, das Lager zu verlassen. Warum haben wohl die Kriegsherren der Antike Armeen gebildet und Weltreiche erobert. Aus Spaß und Gewinnsucht? Nein. Wegen des Ruhms? Wohl kaum. Für die Unsterblichkeit haben sie es getan. Sie wußten, daß sie nicht sterben würden, solange die Menschen ihre Namen aussprachen – egal ob mit Grauen oder in Liebe. Man muß nur genügend Krach schlagen, und schon kann man seinen Namen buchstäblich in die Korridore der Zeit hineinschleudern. Alexander, Konstantin, Timur-Leng, Dschingis-Khan. Ihre Armeen sind zu Staub zerfallen, doch die Namen werden erklingen, solange es noch Menschen gibt.

Deshalb malen Maler und schreiben Schriftsteller. Deshalb entdecken Ärzte neue Krankheiten. Nicht um sie zu heilen, sondern um sie nach sich zu benennen. Parkinson. Alzheimer!!!

So ging es noch einige Seiten lang weiter: die Anbetung der Ahnen in China, die Namen, nach denen Straßen benannt werden, das wahre Ziel der Entdecker und Draufgänger. Beispielsweise der Name eines unbekannten Mannes, der in die Weltgeschichte eingeht, nur weil er eine bekannte Persönlichkeit umgebracht hatte. Während ich weiterlas, entschuldigte sich Emma Rutz, sie wolle Kakao zubereiten.

...ich schreibe über echte Unsterblichkeit, über das Weiterbestehen des Bewußtseins nach dem Tode. Eine menschliche Seele braucht ungefähr eintausend Jahre, um vollkommen zu verrotten, denn die Seele besteht aus den drei widerstandsfähigsten und langlebigsten Kräften der Natur: Liebe, Hoffnung und Erinnerung. Durch den Tod wird die Seele von jeder neuen Erfahrung abgeschnitten, Sie verliert Auge und Ohr für die Welt. So schlummert sie ein und träumt vom Leben und bringt die Träume mit dem wirklichen Leben durcheinander. Aber Träume zerstören die Seele! Wie Wasser sickern Träume hinein in die Mitte der Seele und zerstören sie, zermahlen sie! Zuerst stirbt der Körper, dann versinkt unsere Seele in Träumen. Dieses Schicksal werden wir alle erleiden. Es sei denn, wir kommen hinter das Geheimnis der Namen.

Ich wurde aus meiner Lektüre herausgerissen durch die Ankunft von Byron P. Boothtittle, Brunnenbohrer und offensichtlich auch Yurek Rutz' Krankenpfleger. Heute war Badetag. Byron stellte einen Stuhl neben Yurek Rutz' Rollstuhl und ging mit einem elektrischen Rasierapparat auf seinen stacheligen Bart los. Dabei neckte er seinen alten Freund immerfort, wenn es auch eine etwas einseitige Unterhaltung war, denn Yurek Rutz trug nur Gequieke und Gejohle dazu bei und einen derben Fluch oder zwei. Byron quasselte jedoch weiter auf ihn ein, er umging das kranke Gehirn, nahm ich an, und sprach geradewegs zur Seele.

Im Leben ist dein Name dein Erkennungszeichen, das von jeder Person, die ihn kennt, gebraucht oder auch mißbraucht werden kann. Im Tod ist es deine letzte Verbin-

dung zum Leben, wie eine Schnur, die am Zeh eines schlafenden Mannes festgebunden ist. Jedesmal wenn wir deinen Namen aussprechen, ist es, als zögen wir an dieser Schnur. Wenn wir nur oft genug daran ziehen, wecken wir dich auf! So wird deine schlummernde Seele erweckt aus den zerstörenden Träumen. Menschen wie Abraham Lincoln und Adolf Hitler sterben nie wirklich, denn ihre Namen kommen in jeder Sekunde über die Lippen von Millionen von Menschen, und so wird es auch die nächsten Jahrhunderte bleiben. Sie sind so lebendig wie du und ich, sie liegen in ihren Gräbern und ärgern oder freuen sich über die Abendnachrichten genau wie du und ich.

»Aha.« sagte ich zu Emma, die gespannt auf meine Meinung wartete. »So, so.«

»Da könnte schon etwas Wahres dran sein«, versuchte sie es dann, »warum auch nicht?«

Ich sah sie eindringlich an. »Glauben Sie daran?«

»Darum geht es jetzt nicht. Er glaubte es.«

»Dann soll also die kurze, vierzeilige Grabinschrift dazu beitragen, seinen Namen über die Lippen von Millionen von Menschen zu bringen? Über Jahrhunderte hinweg?«

»Es wäre zumindest ein Anfang! Einen Trump Tower können wir uns ja schließlich nicht leisten.« Sie wurde verlegen. Byron trat an ihre Seite und legte eine Hand auf ihre Schulter.

»Ich glaube fest daran«, rief er. »Ehrenwort. Yurek Rutz war der gescheiteste Mensch, den ich je kannte.«

Emma Rutz fuhr fort: »Ihre Grabinschrift ist ein kleiner, aber wichtiger Bestandteil eines viel größeren Plans. Ich nehme an, Mister Marusek, daß sie durch ihre Arbeit beim Stadtbauordnungsamt schon davon gehört haben. Vom Frontier Alaska Luftfahrtmuseum.«

Das Luftfahrtmuseum also. Jetzt, da sie es erwähnte, fiel es mir wieder ein. Ich hatte gehört, daß der Verwaltungsrat des Luftfahrtmuseums zunehmend unzufrieden war mit dem gegenwärtigen Mietvertrag in Alaskaland. Da der Vertrag ohnehin bald auslief, erwogen die Mitglieder einen Umzug.

»Yurek Rutz war Gründungsmitglied des Museums«, erzählte Emma, »und er saß im Verwaltungsrat. Wir bieten unseren Behelfslandeplatz als Spende an und dazu noch achtzigtausend Quadratmeter Grund umsonst, um darauf ein neues Museum zu errichten.«

Aha, dachte ich, ein neues Museum, Busse voller Touristen, und der mannshohe Grabstein strategisch günstig in der Mitte des ganzen Baus. »Testen Sie deshalb den Boden auf Permafrost?« fragte ich Byron. »Wegen der möglichen Bebauung?«

»Nun ja«, antwortete er.

Ich sah Emma an, die erläuterte: »Wir haben vor, das Gehirn und die Seele meines Mannes zu konservieren, solange bis die moderne Medizin soweit ist, ihn zu heilen.« Ich muß etwas verwirrt ausgesehen haben, denn sie meinte enttäuscht zu mir: »Also wirklich, Mister Marusek, ich hatte nicht geglaubt, es für Sie aussprechen zu müssen. Nanotechnologie? Rekonstruktion von ganzen Körpern aufgrund einzelner DNS-Stränge? Gehört das nicht auch zu den Dingen, über die Sie schreiben?«

»Ja, tatsächlich. Aber ich schreibe *erfundene* Geschichten darüber. Von der Anwendung der Nanotechnologie sind wir noch Jahrzehnte entfernt. Mindestens ein halbes Jahrhundert.« Mittlerweile war ich nicht mehr nur verwirrt, sondern auch nervös. »Worüber genau sprechen wir hier eigentlich?«

»Warum? Über Kryonik natürlich.«

»Oh, Kryonik!« Ich atmete erleichtert auf. Das Reden um den heißen Brei herum, vor allem auch die esoterischen Gedanken Yurek Rutz' über die geheime Macht der Namen, war für mich etwas zu abgehoben. Ich war froh, mich einem relativ soliden und bodenständigen Thema zuwenden zu können, wie etwa dem Einfrieren von Toten in Behältern mit flüssigem Stickstoff. »Demnach ist Yurek Rutz ein Alcor-Mitglied?« fragte ich. »Warum haben Sie mir das nicht gleich gesagt? Sollten sie ihn dann nicht bald hinunterbringen nach Arizona? Oder wird ein Suspensions-Team bis hier herauf nach Alaska kommen?«

Emma und Byron sahen einander fragend an.

»Kryonik. Alcor«, sagte ich. »Stickstofftanks? Wo wollen sie den Austausch des Blutes und die Perfusion bewerkstelligen?« Ich sah die beiden an und wußte, daß sie keine Ahnung hatten, wovon ich sprach. Dann dämmerte mir, was sie vorhatten. »Sagen Sie jetzt nicht, daß Sie das alles selbst machen wollen. Sie glauben doch nicht, daß sie einfach seinen Kopf einfrieren und dann hinablassen können in das Loch in der Erde? Bitte sagen Sie, daß es nicht so ist.«

»Yurek Rutz nannte Permafrost die Kryonik des kleinen Mannes«, behauptete Byron.

»Nein«, entgegnete ich, »ist es nicht. Permafrost ist nirgends auch nur annähernd kalt genug. Außerdem taut der Permafrost aufgrund der globalen Erderwärmung in ganz Alaska allmählich auf.«

»Das mag stimmen«, sagte Byron, »aber ich habe einen einhundertzwanzig Meter tiefen Schacht gebohrt bis zum Grundgestein, und es ist bis unten gefroren! Es wird eine Weile dauern, bis das alles schmilzt, da wette ich.«

»Das ist verrückt«, rief ich. »Was ist mit zellularen Eiskristallen? Was nehmen Sie als Kryoschutzmittel?«

»Vielleicht ein Feuer zum Einfrieren?« fragte Byron und grinste wie ein Verrückter, der er ja auch war. »Yurek Rutz und ich haben alles genau geplant. Ich werde seinen Kopf in eine Zuckerlösung tauchen und dann vakuumversiegeln, genau so frieren wir auch

Lachs ein. Und der taut auf diese Art wunderbar wieder auf.«

»Wollen Sie ihn etwa im Gefrierschrank einfrieren?«

»Nein, das wird nicht notwendig sein. Wir warten einfach ab, bis es richtig kalt wird, bis die Temperaturen auf dreißig bis vierzig Grad unter Null sinken, dann setzen wir ihn für ein paar Stunden auf die Veranda. Das wird genügen. Dann lassen wir ihn in das Loch hinunter und schieben den Stein darüber. So wird er noch die Pyramiden überleben.« Er warf einen Blick hinüber zu Yurek Rutz. »Stimmt's, Rutz?«

Ich sah Yurek Rutz an. Er schlief gerade. Ich fragte: »Und was läßt Sie glauben, daß sein Herz genau zum richtigen Zeitpunkt zu schlagen aufhört?«

Als Antwort zwinkerte mir Byron P. Boothtittle zu.

Emma Rutz war der Meinung, daß Byron jetzt genug ausgeplaudert hätte und fragte ihn, ob Yurek Rutz fertig zum Baden sei. Als Byron Yurek Rutz aus dem Raum schob, wandte sie sich an mich. »Sind Sie verheiratet, Mr. Marusek?«

»Ich war es. Aber es war nicht die richtige.«

»Das tut mir leid. Ich hoffe, Sie finden bald eine neue Frau. Suchen Sie?«

»Ja, natürlich«, antwortete ich, »aber Alaska ist nicht das ideale Land für Alleinstehende.«

»Ich weiß.« Sie stand auf, um in einer Schublade nach ihrem Scheckbuch zu suchen. »Die jungen Leute heutzutage wissen gar nicht, was es bedeutet, sein ganzes Leben mit einem Menschen zu verbringen. Ich finde das traurig.«

»Ich auch.«

Sie schrieb einen Scheck aus und überreichte ihn mir. Er war über einhundert Dollar ausgestellt.

»Betrachten Sie es als Vorschuß.«

Ich gab ihn ihr zurück. »Ich habe nicht vor, mir noch weitere Grabinschriften auszudenken.«

Sie hielt ihn mir wieder hin. »Dann nehmen sie ihn für Ihre bisher geleistete Arbeit.«

Das tat ich dann auch. Ich faltete ihn zusammen und steckte ihn in meine Hemdtasche. Wir Schriftsteller schreiben schließlich für die Unsterblichkeit, und nicht für Geld. Dieser Auftrag hatte mir etwa zwanzig Cents pro Stunde eingebracht.

»Aber bitte, geben Sie doch noch nicht auf«, fuhr sie fort. »Jetzt, da Sie die ganze Geschichte kennen.«

»Die ganze Geschichte macht es nur noch schwerer. Und außerdem bin ich nicht besonders gut im Verfassen von Grabinschriften.«

»Doch, Sie sind es. Sie müssen nur Ihren Stil ein wenig ändern. Hier, versuchen Sie das einmal. Sprechen Sie mir nach: Yurek Rutz.«

»Yurek Rutz.«

»Sehen Sie? Sehen Sie, wie einfach das ist?«

Tja, Mister Dozois, manche Menschen entdecken Kometen, während andere kleine Jungs zerstückeln und aufessen. Es gibt viele Wege zur Unsterblichkeit. Zu Beginn dieses Briefes habe ich ihnen einen Vorschlag angekündigt. Er kommt bald, also legen Sie den Brief noch nicht weg.

Ich hätte schnurstracks zur Polizei sehen sollen, doch was hätte ich dort zu Protokoll geben sollen außer sinnlosem Gerede und fragwürdigen Hinweisen? Es gibt kein Gesetz in Alaska, das verbietet, zu Hause zu sterben. Auch Bestattungen im Garten sind erlaubt. Also gab ich mich geschlagen, löste den Scheck ein und versuchte Yurek Rutz und die ganze Geschichte zu vergessen. Doch immer und immer wieder kehrten meine Gedanken zu ihm zurück, und ich wußte, daß ich nie von ihm loskäme, wenn ich nicht noch eine Grabinschrift versuchen würde. Ich stellte meine Küchenuhr auf eine Stunde und nahm mir vor zu schreiben, bis sie klingelte, und damit wäre die Sache dann ein für allemal erledigt. Bemerkenswerterweise brauchte ich nicht einmal eine Stunde dafür. Die letzte Grabinschrift rutschte nur so heraus, und das in nicht mehr als zehn Minuten.

Endlich befreit, wollte ich mein normales Leben wieder aufnehmen. Weihnachten stand vor der Tür, Silvesterpartys und Skifahren standen auf dem Programm. Dank La Niña blieb das Wetter für die Jahreszeit sehr mild. Bis Mitte Januar dachte ich nicht mehr an Yurek Rutz, bis ich schließlich durch das Kommunale Planungsbüro erfuhr, daß das Luftfahrtmuseum einen weiteren Zehnjahresvertrag mit Alaskaland abgeschlossen hatte. Sie hatten Rutz' Angebot abgelehnt.

Ich rief Emma Rutz an. »Ein gutes neues Jahr«, wünschte ich. »Wie geht es Ihnen? Wie geht es Yurek Rutz?«

»Die Krankheit wird immer schlimmer«, erzählte sie. »Er könnte jeden Moment sterben, aber Byron liest ihm zehnmal am Tag die Wettervorhersage vor; wir glauben, er weiß, daß er jetzt noch nicht aufgeben darf.«

Ich erzählte ihr, daß ich von dem Vertrag des Luftfahrtmuseums gehört hätte, und sie behauptete, sich darüber keine Sorgen zu machen; sie wären mit anderen Plänen beschäftigt. Welche Pläne? fragte ich. Sie sagte, daß sie unter anderem die Idee mit einem Trauerkettenbrief aufgegriffen hätten. Anstatt Geld zu schicken, sendet man die Namen der Verstorbenen. Wenn niemand die Kette durchbricht, werden die Namen von über einer Million Menschen gelesen.

Ich versicherte ihr, daß das wirklich vielversprechend klang.

»Und dann haben wir noch unsere Internet-Site«, fuhr sie fort. »Byron hat sie entworfen. Man soll mit seinem Newsreader – was auch immer das heißen mag – die Site News://news.sff.net/sff.people.yurek-rutz anklicken.«

Sie setzte mich noch über all ihre anderen Vorhaben in Kenntnis, bevor sie mich fragte, ob ich noch mehr Grabinschriften verfaßt hätte. Ich mußte Stapel von Papier durchwühlen, um die letzte Grabinschrift zu finden, und als ich sie ihr vorlas, gefiel sie ihr nicht nur, sie meinte sogar, sie sei einfach vollkommen. Sie ließ sie mich mehrere Male vorlesen, um sie notieren zu können, und versprach, einen Scheck über die restlichen neunhundert Dollar noch am gleichen Nachmittag zur Post zu bringen. Ich konnte mein Glück nicht fassen.

Bevor ich auflegte, fragte ich sie noch etwas, das mir schon die ganze Zeit auf der Zunge brannte. »Sagen Sie, was passiert, wenn sie seinen Kopf im Jahr 2051 auftauen, die Alzheimer-Krankheit heilen und ihm einen neuen Körper verpassen? Wird er alleine aufwachen?«

»Nein, ich glaube nicht«, sagte sie. »Wenn meine Zeit gekommen ist, werden wir auch für meinen Kopf Platz in seinem Schacht finden.«

Das hatte ich auch vermutet. »Alles Gute für Sie, Missis Rutz«, sagte ich. »Ich hoffe wirklich, daß es für Sie beide klappt.«

Ich hätte noch mehr sagen können. Ich wäre nicht überrascht, wenn eine ganze Fußballmannschaft dort unten läge, bevor Byron P. Boothtittle das Vakuummaterial ausginge.

Ich begann, mich von ihr zu verabschieden, als sie mich unterbrach und fragte: »Wollen Sie denn gar nichts über Ihren nächsten Auftrag erfahren?«

»Es tut mir leid«, lachte ich, »aber ich bin vollkommen ausgebucht.«

»Sind Sie ganz sicher?«

»Ja, ganz sicher.«

»Schade, denn der Yurek-Rutz-Gedächtnisfond ist bereit, ihnen einen Betrag von einhundert Dollar zu zahlen für jede gedruckte Erwähnung von Yurek Rutz' Namen in jedem landesweit erscheinenden Buch oder jeder landesweit erscheinenden Zeitschrift.«

»Sie wollen, daß ich über ihn schreibe?«

»Nein, nur daß sein Name abgedruckt wird. Es ist der Name, der zählt, erinnern Sie sich?«

»Sie meinen, ich könnte zum Beispiel ein Raumschiff Yurek Rutz nennen und es dann fünfmal in einer Geschichte erwähnen, und Sie werden mir dafür fünfhundert Dollar zahlen?«

»Genau. Aber warum wollen Sie sich auf fünfmal beschränken? Ein begabter Junge wie Sie sollte den Namen zwanzigmal in einer Geschichte unterbringen können.«

»Ich bin sicher, ich kann Yurek Rutz fünfzigmal darin erwähnen«, sagte ich, »aber wer würde eine solche Geschichte kaufen?«

Und damit wären wir bei meinem Vorschlag angelangt, Mister Dozois. Glauben Sie, Sie können einem armen Schriftsteller weiterhelfen? Bis hierher enthält dieser Brief einundvierzigmal den Namen Yurek Rutz. Wenn Sie den Titel im Inhaltsverzeichnis auch noch dazuzählen, kommen wir auf zweiundvierzig. Sehen Sie hier: Yurek Rutz, Yurek Rutz, Yurek Rutz. Das ist die Autoversicherung für diesen Monat. Yurek Rutz – Lebensmittel und Gas für eine Woche! Das könnte sich zu einer eigenen privaten Kunststiftung entwickeln. Und mit Sicherheit ist es einträglicher als die lausigen fünf Cents pro Wort, die sie mir für meine Geschichten bezahlen. Also, was sagen Sie dazu?

Ich weiß, daß es keine typische Science-Fiction-Geschichte ist, aber es kommen Nanotechnologie und

Kryonik darin vor, das ist mehr Science Fiction als so manches, was Sie sonst noch abdrucken.

Es wird Zeit, daß ich den Brief abschicke. Die Temperatur fiel letzte Nacht auf minus achtundzwanzig Grad, und die Radiowettervorhersage kündigt sibirische Luftmassen an, die heute nacht über Alaska hinwegziehen werden; das verspricht ein guter, alter Kälteeinbruch mit minus fünfzig Grad und mehr zu werden. Byron P. Boothtittle steht zweifellos jetzt in seiner Küche und schleift seine Messer. Die Permafrostkrypta steht bereit, wie auch der Jadestein, auf dem meine unsterblichen Worte eingraviert sind:

> Das ewige Leben kostet nichts.
> Bitte haltet mich nicht für verrückt.
> Wiederholt einfach schlicht…
> Yurek Rutz, Yurek Rutz, Yurek Rutz.

Nun, Mister Dozois, was halten Sie davon?

Mit freundlichen Grüßen
David Marusek, David Marusek, David Marusek

PS: Wir könnten die Provision auch 60/40 teilen (und 80/20 für Neuauflagen und Veröffentlichung im Ausland).

Originaltitel: ›Yurek Rutz, Yurek Rutz, Yurek Rutz‹ · Aus ›Asimov's Science Fiction‹, Januar 1999 · Übersetzung aus dem amerikanischen Englisch von Siglinde Müller

---

Terry Bisson

DER HOCHZEITSTERMIN

1.

Die schönste Art, sich Brooklyn zu nähern, ist das Fliegen. Die Brooklyn Bridge ist zwar schön, aber wenn man erst zwischen den mächtigen Wolkenkratzern Manhattans hindurch und dann ins gute alte Brooklyn fährt (oder radelt, oder schlimmer noch, zu Fuß geht), so lassen sich Stimmungsschwankungen und Niedergeschlagenheit, ja sogar Depressionen praktisch nicht vermeiden. Mit der U-Bahn ist es auch nicht besser. Man fährt nur von einem Loch zum anderen; es gibt kein Dazwischen, keine langsame Annäherung, man kommt einfach an. Die Kosciusko Bridge über Newtown Creek ist in Ordnung, denn sogar das triste Williamsburg sprüht vor Leben im Vergleich zu den endlosen, langweiligen Friedhöfen von Queens. Aber genau dann, wenn man gerade Gefallen gefunden hat an den geteerten Dächern der Mietskasernen Brooklyns, fällt der Blick wieder nach rechts, auf die Skyline von Manhattan, sie steht da wie ein großgewachsenes Mädchen mit langem Haar in einem kurzen Kleid und ist einfach schön, ohne auch nur ein Wort zu sagen. Das ist einfach so, es ist zwar nicht gerecht, aber so ist es nun mal. Das Gute an einem Flugzeug ist, daß man nur auf einer Seite hinuntersehen kann. Ich sitze am liebsten auf der rechten Seite. Die Flugzeuge aus dem Süden kommen über die düsteren, unfruchtbaren Pine Barrens herein, fliegen über schäbige, triste Städtchen an der Jersey-Küste entlang, über die graue, langweilige Küste, bis Lichter und die breiten, leeren Straßen von Coney Island aus der Nacht auftauchen. Manhattan bleibt unsichtbar auf der linken Seite, wie das Kapitel eines anderen Buches oder ein Mädchen auf einer anderen Party. Die Turbinen werden gedrosselt; und bald fliegt man hinunter über die von Straßenlaternen erleuchteten Veranden und Gärten meiner legendenumwobenen Heimat. Brooklyn!

»Wir sind da«, flüsterte ich Candy zu.

»Mir egal.« Candy fliegt nicht gern, sie hatte während des ganzen Fluges von Huntsville bis hierher nicht einmal aus dem Fenster gesehen. Ich versuchte, mich über sie zu beugen. Ich konnte die matschigen Sümpfe der Jamaica Bay sehen, dann das farbige, nicht ganz ungefährliche Canarsie, dann Prospect Park und das Grand Army Plaza Hotel; und dort der Williamsburg Tower mit seiner stets richtiggehenden Uhr. Erstaunlicherweise waren wir pünktlich.

Ich wünschte, ich hätte Candy nicht den Fensterplatz überlassen, aber wir waren schließlich in den Flitterwochen. Ich glaubte, sie würde sich ans Fliegen gewöhnen. »Es ist wunderbar!« rief ich.

»Ja, sicher«, meinte sie etwas kläglich.

Ich hatte eigentlich mit der sonst üblichen Warteschleife gerechnet, die einen hinausführt über Long Island Sound. Doch ehe ich mich versah, kippte das Düsenflugzeug und machte eine Kehrtwendung über der Bronx, so daß einem das Herz fast stehenblieb, dann waren wir schon im Landeanflug über Rikers Island. Die Servoeinrichtungen jaulten auf und die Hydraulik ächzte, als die verbeulten Landeklappen und das ausgeschlagene Fahrwerk zum (mindestens) zehntausendsten Mal einrasteten. Diese Boeing 707 der Secondhand Airline war – gelinde gesagt – eine gut abgelagerte Maschine. Auf den Sicherheitsgurten stand *Eastern Airlines*, auf den Kissen prangte das *PanAm*-Zeichen, die Schwimmwesten gehörten früher *Braniff*, und die Erdnüsse lieferte *People Express*. Alles zusammen wirkte dann doch ziemlich vertrauenerweckend. Denn taugten diese Flugzeuge nichts, wäre bestimmt schon längst eines davon abgestürzt.

Vor dem Fenster löste grauer Asphalt schmutziges Wasser ab, dann setzten die Räder mit diesem erleichternden *Jelp* auf der Landebahn auf, das jedem, der schon einmal einen dieser Flugzeugkatastrophenfilme gesehen hat, bekannt vorkommt, obwohl man dieses Geräusch im wirklichen Leben eigentlich gar nicht hört.

Und wir befanden uns sofort mitten im richtigen Leben. In New York!

»Du kannst die Augen wieder aufmachen«, forderte ich Candy auf, und sie tat es auch, zum ersten Mal übrigens, seit der Pilot in Huntsville Vollgas gegeben hatte. Ich mußte sie über den Appalachen sogar füttern, denn sie fürchtete, sie könnte versehentlich aus dem Fenster schauen, wenn sie die Augen öffnete, um zu erkunden, was auf ihrem Tablett lag. Zum Glück gab es zum Abendessen nur Erdnüsse und Salzbrezeln (immerhin ein zweigängiges Menü).

Wir rollten gerade noch in unserem großen, dicken Seelenverkäufer Richtung Abfertigungshalle, als Candy schließlich doch einen Blick aus dem Fenster wagte. Sie brachte sogar ein Lächeln zustande. Das Flugzeug humpelte ein wenig (etwa ein platter Reifen?), doch Candy schien zumindest dieser letzte Teil unserer Flugreise zu gefallen. »Wenigstens hast du die Luft nicht angehalten«, sagte ich.

»Was?«

»Ach nichts.«

Ding! Schon waren wir am Flugsteig angekommen, und auch das pünktlich. Ich kramte unter dem Vordersitz gemächlich nach meinen Schuhen. Normalerweise hat man eine Menge Zeit, bevor die Türen geöffnet werden und die Menschen aus dem Flugzeug drängen, doch zu meiner Überraschung waren wir schon an der Reihe auszusteigen; Candy zupfte mich am Ärmel, ungeduldige Passagiere drängten sich schon im Gang hinter uns und musterten mich mit strengen Blicken.

Ich packte also meine Schuhe, trug sie hinaus und zog sie erst in der Abfertigungshalle an. Es waren feine Lederschuhe. Ich bin immer noch Anwalt, wenn ich auch im Moment nicht praktiziere.

»New York, New York«, sang ich leise in Candys Ohr, als wir den Tunnel zur Gepäckausgabe entlanggingen. Es war ihre erste Reise in meine Heimatstadt; überhaupt unsere erste gemeinsame Reise. Sie hatte darauf bestanden, ihre Huntsville-Park-Aufseheruniform zu tragen, denn wenn das Flugzeug abstürzen sollte, hätten sie keine Schwierigkeiten, ihren Körper zu identifizieren (wer immer ›sie‹ auch sein mochten), aber sie würde sich ohnehin von der Menge abheben, denn sie sah verdammt gut aus.

Nicht, daß New Yorker ungepflegt wären oder nicht gut aussähen. Die schwarzgekleideten Menschen mit ernsthaftem Gesichtsausdruck, die links und rechts an uns vorbeihasteten waren eine wohltuende Erleichterung für meine Augen nach den unvermeidlich in Pastell gekleideten, immerfort lächelnden Menschen des Südens. Ich war froh, zu Hause zu sein, wenn auch nur zu Besuch. Die New Yorker, so fremd und bedrohlich sie anderen auch erscheinen mögen, wirkten auf mich angenehm und vertraut.

Und einer war mir *besonders* vertraut …

»Studs!«

Es war Arthur ›Studs‹ Blitz aus meiner Straße. Studs und ich waren bis zur Highschool die besten Freunde gewesen, dann hatten sich unsere Wege getrennt. Ich war auf die Lincoln Highschool in Coney Island gegangen, und er ans Gepäcklaufband, die Schule der Fluggepäckabfertiger. Es sah ganz so aus, als hätte er diese Schule auch erfolgreich abgeschlossen. Seine grünschwarze Uniform war über und über behängt mit Medaillen, die heftig klimperten, als er sich über eine Abdeckplatte unter dem Gepäckband beugte und die Batterie seines Handys auswechselte. Ein ungewöhnlicher Platz für ein Telefon.

»Studs, ich bin's, Irving. Irv!«

»Irv, alter Junge!« Studs richtete sich auf und ließ dabei die neue Batterie fallen, die auch gleich davonrollte. Ich stoppte sie mit dem Fuß, während wir uns ziemlich unbeholfen die Hände schüttelten.

»Er wohnte früher in meiner Straße«, erklärte ich Candy, ich bückte mich, um die Batterie aufzuheben, und gab sie Studs zurück. Es war eine 5,211-Volt-AXR-Batterie. Eine ziemlich ungewöhnliche Batterie für ein Handy. »Studs gehört auch zu den Ditmas Playboys.«

»Playboys?« Candy war und ist immer noch leicht zu schockieren.

»Wir waren nur zu zweit«, erklärte ich. »Wir bauten ein Baumhaus.«

»Ein Baumhaus in Brooklyn? Aber ich dachte …«

»Jeder denkt das!« fuhr ich dazwischen. »Nur wegen diesem Buch.«

»Welchem Buch?«

»Na dann eben wegen dem Film. Aber tatsächlich gibt es in Brooklyn ziemlich viele Bäume. Sie wachsen hinter den Wohnungen und Häusern, wo man sie von der Straße aus nicht sehen kann. Stimmt's Studs?«

Studs nickte und steckte die Batterie ins Telephon. »Irv, altes Haus!« Er schien überrascht.

»Candy ist meine Verlobte. Wir kommen gerade aus Alabama«, erzählte ich. »Wir sind auf Hochzeitsreise.«

»Verlobte? Hochzeitsreise? Alabama?«

Studs war nicht ganz bei der Sache. Er bekam ein Freizeichen am Telefon und wählte eine Nummer; ich erzählte ihm, wie Candy und ich uns kennengelernt hatten. Er legte das Handy zurück unter das Laufband und brachte die Abdeckplatte wieder an. Ich erzählte ihm in der Zwischenzeit, wie es mich nach Alabama verschlagen hatte. Ich wollte gerade zu einer Erklärung ausholen, warum wir unsere Flitterwochen schon vor der Hochzeit angetreten hätten, da setzte sich das Gepäckband in Bewegung.

»Ich muß«, sagte Studs. Er verabschiedete sich mit dem geheimen Ditmas-Playboy-Gruß und verschwand durch eine Tür mit der Aufschrift NUR FÜR PERSONAL.

»Schöne Uniform«, meinte Candy und strich ihre eigene glatt. »Hast du diese große goldene Medaille an seinem Hals gesehen? War das nicht ein Nobelpreis?«

»Ein Nobelpreis für Gepäckabfertigung? Sehr unwahrscheinlich.«

Da kamen auch schon unsere Taschen um die Kurve. Ein gutes Zeichen. »Warum ist unter dem Gepäckband eigentlich ein Handy versteckt?« fragte Candy, als wir unsere Koffer zum Ausgang schleppten.

»Wohl ein besonderer Trick der Gepäckabfertiger, nehme ich an«, antwortete ich.

Wie wenig ich doch zu der Zeit noch wußte!

2.

Mit der Ankunft in New York wird man, so scheint es, vom zwanzigsten ins neunzehnte Jahrhundert zurückkatapultiert. Überall Massen von Menschen, alles ist bunt, alt – und langsam. Zum Beispiel braucht man vom La Guardia Flughafen nach Brooklyn normalerweise länger als von Huntsville nach La Guardia.

Normalerweise! Auf dieser Reise, unserer Hochzeitsreise, stellten wir jedoch eine neue Rekordzeit auf, wir kamen gerade in dem Moment an die Bushaltestelle des 38er Busses, als er einfuhr, und die U-Bahn in der Roosevelt Avenue erwischten wir gerade noch rechtzeitig, bevor die Türen geschlossen wurden. Kein Warten, weder an der Bushaltestelle noch am Bahnsteig; ich fühlte mich gar nicht richtig zu Hause. Aber ich beschwerte mich natürlich nicht.

Nach einem kurzen Fußmarsch von der U-Bahn-Haltestelle zur Ditmas Avenue sahen wir Tante Minnie auch schon auf den Stufen des kleinen Reihenhauses sitzen, das sie und Onkel Mort vor fünfzig Jahren kurz nach dem zweiten Weltkrieg für siebentausendfünfhundert Dollar gekauft hatten. Sie rauchte, sie ist der einzige Mensch, den ich kenne, der immer noch Kents raucht.

»Du gehst immer noch nach draußen zum Rauchen?« fragte ich zur Begrüßung.

»Du kennst doch deinen Onkel«, rief sie mir entgegen. Als Kind war das Haus von Tante Minnie und Onkel Mort für mich wie ein zweites Zuhause gewesen, sie lebten nur einen Häuserblock entfernt von uns. Seit dem Tod meiner Eltern sind sie meine nächsten Verwandten. »Außerdem steht es im Hypothekenbrief – RAUCHEN VERBOTEN! Solche Vorschriften gibt es eben.«

Da Tante Minnie im Gegensatz zu ihrer kleinen Schwester, meiner Mutter, in Europa aufgewachsen war, beendete sie ihre Aussagen nach alter litauischer Art immer mit einem verbalen Schulterzucken. Sie verabreichte mir einen ihrer rauchigen Küsse und fragte, »Und, was führt dich zurück nach New York?«

Das überraschte mich. »Hast du denn meine Briefe nicht bekommen? Wir wollen heiraten.«

Tante Minnie betrachtete Candy mit völlig neuem Interesse. »Du willst eine Flugzeugpilotin heiraten?«

»Das ist Candy!« stellte ich vor. »Sie arbeitet als Aufseherin im Huntsville Park. Hast du meine Nachricht wirklich nicht erhalten?«

Ich half Candy, die Koffer ins Haus zu tragen, wir setzten uns an den Eichentisch, den Onkel Mort vor Jahren in seinem Hobbykeller gebaut hatte, und aßen Kräcker und litauisch eingelegtes Gemüse, dann erklärte ich die Geschehnisse der letzten sechs Monate, so gut ich konnte. »Wir befinden uns hier also auf Hochzeitsreise, Tante Minnie«, schloß ich, und Candy wurde rot.

»Erst die Hochzeitsreise und dann die Hochzeit!?« Tante Minnie rollte mit den Augen in Richtung Kaminsims, wo sie Onkel Morts Asche aufbewahrte. Er zumindest schien unbeeindruckt. Fast hatte ich den Eindruck, das kunstvoll aufgemalte Auge auf der Urne zwinkere uns zu.

»Anders war es nicht zu machen«, sagte ich. »Der Partyservice konnte uns die Eisskulptur erst für Donnerstag sicher zusagen, aber Candy mußte ihren Urlaub früher nehmen, sonst wäre er verfallen. Außerdem ist mein Trauzeuge in Südamerika – oder Mittelamerika?, das kann ich mir nie merken – und kommt erst am Mittwoch zurück.«

»Stell dir das mal vor, Mort«, sagte Tante Minnie und sah wieder hinüber zum Kaminsims. »Der kleine

Irving heiratet. Und er hat uns nicht einmal eingeladen!«

»Aber Tante Minnie! Natürlich kommst du zur Hochzeit. Hier ist dein Flugticket.« Ich schob es ihr über den Tisch, und sie betrachtete es etwas beunruhigt.

»Das ist ziemlich billig.«

»Secondhand Airline«, erläuterte ich. Sie sah mich nur verständnislos an, als ich ihr den Werbespruch ins Ohr sang, »*Unsere Flugzeuge sind zwar alt, aber unsere Preise lassen Ihre Brieftasche kalt.*«

»Du hast die Werbespots sicher schon im Fernsehen gesehen«, versuchte mich Candy zu unterstützen.

»Wir sehen nie fern, Schätzchen«, entgegnete Tante Minnie und tätschelte Candys Hand. »Wir sollen also nach Mississippi. Heute noch?«

»Nach Alabama, Tante Minnie«, sie konnte sich auch wirklich gar nichts merken. »Und auch erst am Mittwoch. Wir müssen bis Dienstag bleiben, dann bekommen wir den Wochentag-Nonstop-Superspar-Flitterwochen-Rückflugtarif und können sogar noch eine Person mitnehmen. Die Hochzeit ist am Donnerstag mittag. Wir haben also morgen den ganzen Tag Zeit, Candy New York zu zeigen, deshalb sollten wir auch jetzt zu Bett gehen. Tante Minnie, hast du meine Briefe wirklich nicht gelesen?«.

Sie zeigte auf einen Stapel ungeöffneter Briefe auf dem Kaminsims, der neben der Urne mit Onkel Morts Asche lag. »Nein, habe ich nicht«, meinte sie. »Seit dein Onkel Mort von uns gegangen ist, mache ich keinen Brief mehr auf. Er hat doch immer die Brieföffner gebastelt, erinnerst du dich?«

Natürlich erinnerte ich mich. Zu meiner Bar-Mizwa schenkte mir Onkel Mort einen seiner Brieföffner (was meine Eltern etwas irritierte, denn er sah genau so aus wie der, den sie von ihm zu ihrer Hochzeit bekommen hatten). Zum Abitur schenkte er mir noch einmal den gleichen. Onkel Mort hatte mich immer dazu gedrängt, Jura zu studieren, und zum Abschluß meines Studiums schenkte er mir wieder einen Brieföffner. Ich habe sie alle aufgehoben, sie sind so gut wie neu. Um ehrlich zu sein, ich habe sie nie benützt. Man braucht einfach keinen Brieföffner, um einen Brief zu öffnen.

»Tante Minnie«, begann ich. »Ich habe dir mehrmals geschrieben, aber du hast nie geantwortet, dann habe ich dich mehrmals angerufen, aber du hast nie abgehoben«.

»Wahrscheinlich war ich draußen beim Rauchen«, entgegnete sie. »Dein Onkel Mort wollte ja nicht einmal passiv rauchen.«

»Schaff dir doch einen Anrufbeantworter an«, schlug Candy vor.

»Ich habe einen«, stellte Tante Minnie klar. »Mort hat ihn für mich in diesem Fotogeschäft in der 47sten Straße gekauft, kurz bevor es bankrott ging.« Sie zeigte auf ein Tischchen, und tatsächlich stand dort ein kleiner schwarzer Kasten neben dem Telefon. Das rote Licht blinkte wie wild.

»Da sind doch Nachrichten drauf!« Ich war leicht verärgert. »Siehst du das rote Licht blinken? Das sind wahrscheinlich meine Anrufe.«

»Nachrichten?« fragte sie. »Keiner hat was von Nachrichten gesagt. Es ist ein Anrufbeantworter. Ich dachte, er beantwortet die Anrufe, und ich muß mich nicht mehr darum kümmern.«

»Aber da wollte jemand mit dir sprechen«, protestierte ich.

Sie spreizte ihre Finger; sie spricht Englisch, aber gestikuliert litauisch. Wer will schon mit einer einsamen alten Frau sprechen?«

Während Tante Minnie Candy nach oben begleitete

und ihr unser Schlafzimmer zeigte, beschäftigte ich mich mit dem Anrufbeantworter. Es waren elf Nachrichten darauf, alle von mir, alle setzten Tante Minnie darüber in Kenntnis, daß wir während unserer Flitterwochen nach New York kommen und sie nach Alabama zur Hochzeit mitnehmen würden, und alle baten um Rückruf.

Ich löschte sie.

Tante Minnies Gästezimmer lag im rückwärtigen Teil des Hauses, und vom Fenster aus konnte ich die kleinen Gärten sehen, in denen ich als Kind gespielt hatte. Mir war, als blickte ich von der Mitte meines Lebens (zumindest war ich nicht mehr weit davon entfernt) zurück in meine Kindheit, und ich sah alles genau vor mir. Die Zäune, über die ich geklettert war, die Rebstöcke, die ich geplündert hatte, die Ecken, in denen ich mich versteckt hatte. Dort, im übernächsten Haus, mit dem großen Ahornbaum im Garten, hatte Stud gewohnt. Unser Baumhaus gab es noch. Ich sah ein sonderbares blaues Licht durch die Ritzen dringen. Wohnte etwa jemand darin?

Wir packten aus. Danach machten Candy und ich einen Spaziergang, und ich zeigte ihr die Umgebung. Es sah noch immer so aus wie früher, doch die Menschen waren nicht mehr die gleichen. Die irischen und italienischen Familien waren alle weggezogen; nun wohnten hier Filipinos und Mexikaner. In Studs' Elternhaus war es dunkel bis auf ein Licht im Erdgeschoß – und dem blauen Licht im Baumhaus hinten im Garten. Mein eigenes Elternhaus, eineinhalb Häuserblocks weiter in der East Forth, diente nun als Pension für Taxifahrer aus Bangladesh. In den Häusern im Ocean Parkway wohnten jetzt nur noch Russen.

Als wir zurückkamen, saß Tante Minnie auf der

Veranda und rauchte eine Kent. »Na, habt ihr gesehen, wie unsere Gegend langsam verkommt?« fragte sie. »Diese ganzen Ausländer!«

»Tante Minnie!« rief ich entsetzt. »Du bist doch auch als Ausländerin hierhergekommen, und Onkel Mort als Ausländer.«

»Das ist etwas anderes.«

»Wie anders?«

»Das kannst du nicht verstehen.«

Ich wechselte lieber das Thema. »Rate mal, wen ich heute auf dem Flughafen getroffen habe? Studs Blitz von nebenan, erinnerst du dich an ihn?«

»Du meinst den kleinen Arthur«, antwortete Tante Minnie. »Er wohnt noch immer zu Hause. Sein Vater ist vor ein paar Jahren gestorben. Seine Mutter, Mavis, nimmt jetzt Untermieter. Ausländer. Gott sei Dank hat mir Onkel Morts Lebensversicherung sowas erspart.«

Sie tätschelte die Urne und das Auge leuchtete wohlwollend.

In dieser Nacht begannen für Candy und mich die Flitterwochen, wir hielten uns an den Händen und überbrückten so die Lücke zwischen den Einzelbetten. Candy wollte mit ›der wichtigen Sache‹ bis morgen Nacht warten, bis wir den ganzen ›Touristenkram‹ hinter uns hätten. Außerdem war sie noch etwas nervös von der Flugreise.

Ich hatte nichts dagegen. Es war aufregend und romantisch zugleich. Irgendwie.

»Deine Tante Minnie ist süß«, meinte Candy kurz vor dem Einschlafen. »Aber eines ist mir nicht ganz klar.«

»Schieß los.«

»Wie kann ein Häufchen Asche etwas gegen das Rauchen haben?«

3.

Unser Rückflug ging am Mittwoch. Das hieß also, wir hatten genau einen Tag Zeit, nämlich den Dienstag, um uns die Sehenswürdigkeiten New Yorks anzusehen, die sich fast alle (eigentlich alle, um bei der Wahrheit zu bleiben) in Manhattan befanden. Candy und ich standen früh auf und stiegen in der Ditmas Avenue in die U-Bahn ein. Sie fuhr äußerst pünktlich ab. Wir stiegen an der nächsten Haltestelle, Manhatten Fifth Avenue, aus, und wanderten los, vorbei an der St. Patrick's Cathedral und Tiffany, Disney und Trump Tower; wir gingen durch den Central Park und kamen schließlich am Plaza Hotel an, ein Muß für alle Flitterwöchner. Als wir all die Menschen auf den Eingangsstufen sahen, dachten wir erst, ein Feuer wäre ausgebrochen. Aber sie rauchten nur; es war genau wie in Brooklyn.

Wir sahen uns die Eingangshalle an und warfen einen ehrfürchtigen Blick in den Palm Court und den Oak Room, dann machten wir uns, immer noch händchenhaltend, auf den Weg zurück in die Innenstadt. Candy war das hübscheste Mädchen auf der ganzen Fifth Avenue (eine der wenigen in Uniform), und es war herrlich, ihr zuzusehen, wie sie meine Stadt bestaunte. New York! Nächster Halt, Rockefeller Center. Wir mischten uns unter die Menschenmenge und beobachteten die Skater, natürlich warteten wir insgeheim darauf, daß einer stürzte; es war ähnlich wie bei Stock-Car-Rennen, nur ohne den Lärm. Candy betrachtete sehnsüchtig die Warteschlange vor dem Café *Nelson's On the Rink*, wo die Ober auf Inline Skates Cappuccino und Milchkaffee servierten. Es ist ein reines Touristenlokal; New Yorker stellen sich grundsätzlich nicht in einer Warteschlange an, und schon gar nicht für eine Tasse Kaffee. Doch als ich sah, wie schnell sich die Schlange vorwärtsbewegte, dachte ich, was soll's. Es dauerte nicht lange, und wir bekamen einen Platz zugewiesen und wurden sofort bedient, und was wir bekamen (wir sprechen hier von Vier-Dollar-Croissants), war sein Geld wert.

»Und was kommt als nächstes?« fragte Candy, an ihren zuckersüß lächelnden Lippen klebten noch Blätterteigkrümel. Ich konnte mir keine andere Frau vorstellen, mit der ich meine Flitterwochen lieber verbracht hätte.

»Das Empire State Building natürlich.«

Candy verzog das Gesicht. »Ich habe Höhenangst. Und außerdem, gab es da nicht vor kurzem eine Schießerei?«

»Aber wir fahren doch nicht hinauf, Dummerchen«, beruhigte ich sie. »Das machen nur die Touristen.« Ich nahm sie an die Hand und zeigte ihr das Empire-State-Building auf meine ganz persönliche Art, dabei umkreisten wir das Gebäude, betrachteten es über und hinter, durch und zwischen den anderen Gebäuden und bekamen es so von einer ganz anderen Seite zu sehen. Wir begannen unsere Tour vor Lord & Taylor in der Fifth Avenue, kürzten dann nach Westen über die 40ste Straße am Bryant Park entlang ab und erhaschten dabei durch den engen Parkplatz beim American Standard einen kurzen Blick auf das Gebäude; dann schlenderten wir die Sixth Avenue entlang und erfreuten uns an der Perspektive vom Herald Square aus (dabei nahmen wir einen kleinen Umweg durch das Macy-Warenhaus in Kauf, um mit der hölzernen Rolltreppe fahren zu können). Als wir durch ›Little Korea‹ zurückgingen, erhaschten wir noch eine wunderbare Aussicht durch einen Luftschacht und eine entlang einer Folge von Feuertreppen. Das Empire State Building allein ist langweilig, es wirkt wie ein übergroßes Spielzeug oder eine bloße

Kulisse für einen Superman-Film. Doch eingebettet in die Umgebung wirkt es majestätisch wie ein Gipfel, der geheimnisvoll hinter einer Bergkette verschwindet und wieder auftaucht. Wir umkreisten das *Massiv* fast eine Stunde lang in einer immer enger werdenden Spirale und landeten wieder auf der Fifth Avenue unter der großen Art-Déco-Fassade des Gebäudes. Auf dem Gehweg drängten sich Touristen, die in Schlangen neben den T-Shirt-Ständen auf ihre Busse warteten. Die T-Shirt-Verkäufer sahen aber nicht sehr zufrieden aus, denn die Busse kamen überpünktlich und die Menschen mußten nicht lange warten.

Den schönsten Blick hatte ich bis zum Schluß aufgehoben. Den hat man von der Mitte der Fifth Avenue, wenn man von unten zur Spitze hinauf sieht. Man muß natürlich den Moment erwischen, wenn die Ampeln auf Rot stehen. Wir waren gerade dabei, Hand in Hand die Straße zu betreten, als mir ein Kurier in gelbschwarzen Strumpfhosen (wohl einer der bunt gekleideten Narren dieser Stadt), der mit seinem Fahrrad neben einer Telefonzelle an der Ecke der 33sten Straße stand, heftig zuwinkte.

»Hallo!«

Ich blieb stehen. Wie lange war ich in Alabama gewesen?

»Sind Sie Irv?«

Ich nickte. War ich zu lange in Alabama gewesen?

Er gab mir den Hörer, zuckte mit den Schultern und war mit seinem Fahrrad verschwunden, ehe ich ihm den Hörer zurückgeben konnte (mein erster Impuls).

Ich hielt den Hörer ans Ohr. Ziemlich vorsichtig, wie man sich vorstellen kann. »Hallo?«

»Irv! Endlich!«

»Wu?!« Es war mein bester Freund Wilson Wu, unser Trauzeuge. Wu hatte Physik an der Bronx University studiert, Mathematik in Princeton, Heilkräuterkunde in Taiwan, Jura in Harvard (oder war es Yale?), hatte sich in Paris zum Konditor ausbilden lassen, und sich mit Karawanen in einer Karawanserei in der Wüste Gobi beschäftigt. Habe ich erwähnt, daß er Amerikaner mit chinesischer Abstammung ist, eine zwölfseitige Gitarre in weniger als einer Minute mit einem logarithmischen Rechner stimmen kann und über einen Meter achtzig groß ist? Ich lernte ihn kennen, als wir zusammen als Pflichtverteidiger arbeiteten, Volvos fuhren und eine Reise zum Mond unternahmen; aber das ist eine andere Geschichte. Er ging nach Hawaii und entdeckte das Ende des Universums, aber das ist wieder eine andere Geschichte. Damals arbeitete er gerade als Meteorologie-Entomologe, was auch immer das sein mochte, im Dschungel von Quetzalcan.

Wo auch immer das sein mochte.

»Wen hast du erwartet?« fragte Wu. »Endlich bist du dran. Deine Tante Minnie sagte mir, daß du Candy die Stadt zeigst.«

»Wir sind auf Hochzeitsreise.«

»O nein! Sag jetzt nicht, ich habe die Hochzeit verpaßt!«

»Nein, natürlich nicht«, beruhigte ich ihn. »Wir müssen nur die Hochzeitsreise vor der Hochzeit machen, weil Candy danach keinen Urlaub bekommen hätte. Wie hast du Tante Minnie dazu gebracht, ans Telefon zu gehen? Und mich vor allen Dingen? Bist du schon in Huntsville?«

»Nein, das ist ja das Problem, Irv. Ich bin immer noch in Quetzalcan. Im Regenwald, oder um genauer zu sein, im Wolkenwald; unter einem richtiggehenden Wolkendach. Wir nennen es Camp Wolkendach.«

»Aber die Hochzeit ist am Donnerstag! Du bist Trauzeuge, Wu! Ich habe schon einen weißen Smoking für dich bestellt. Er wartet auf dich beim Smokingverleih.«

»Ja, ich weiß«, meinte Wu. »Aber ich kann hier momentan nicht weg. Deshalb rufe ich ja an, vielleicht könnt ihr die Hochzeit um eine Woche verschieben.«

»Um eine Woche? Wu, das ist unmöglich. Cindy hat doch die Eisskulptur schon in Auftrag gegeben.«

Wus Frau, Cindy, kümmerte sich um die Hochzeitsfeier.

»Die Orkansaison steht vor der Tür«, erklärte Wu, »und meine Berechnungen haben sich als falsch herausgestellt. Ich brauche noch etwas Zeit.«

»Und was haben diese Berechnungen mit Meteoren oder Insekten zu tun?«

»Irving –« Wu nannte mich immer bei meinem vollen Namen, wenn er etwas erklärte, was seiner Meinung nach gar keiner Erklärung bedurfte. »Meteorologie hat etwas mit dem Wetter zu tun und nicht mit Meteoren. Und die Insekten haben etwas zu tun mit dem Schmetterlingseffekt. Darüber haben wir doch schon gesprochen.«

»Ja klar, jetzt erinnere ich mich«, sagte ich und erinnerte mich tatsächlich vage daran. Aber Wu kaute es noch einmal von vorne durch: wie der Schlag eines Schmetterlingflügels im Regenwald zweitausend Meilen weiter weg einen Sturm entfachen konnte. »Es war nur eine Frage der Zeit«, belehrte er mich, »bis jemand unseren Standort im Regenwald finden, und den Schmetterling klonen würde. Eigentlich ist es nur eine Motte. Wir haben zweiundzwanzig davon, das reicht für die ganze Orkansaison. Wir können die Orkane nicht aufhalten, aber wir können sie ein wenig verzögern, ihre Richtung dirigieren und umlenken, deshalb hat uns ABC auch hierhergeflogen.«

»ABC?«

»ABC hat die Fernsehrechte für die diesjährige Orkansaison gekauft, Irv. Liest du denn keine Zeitung? CBS hat die NBA-Basketball-Ligarechte gekauft und NBC den Superbowl. ABC hat Ted Turner ausgestochen, was mir persönlich ganz recht ist. Wer braucht schon einen Orkan, der Jane heißt, und nicht viel stärker ist als ein kleiner tropischer Sturm. Der Sender hat uns angeheuert, damit wir die Orkane so weit wie möglich auf die Wochenenden verlegen, wenn die Nachrichtendichte ohnehin nicht sehr hoch ist. Die staatlichen Landwirtschaftsgüter haben auch einiges dazu beigesteuert, denn jeder Schaden, den wir verhindern können, bedeutet mehr Geld in ihren Taschen. Sie bezahlen die Rechnung für dieses kleine hängende Hilton. Ich habe seit drei Wochen keinen festen Boden mehr unter den Füßen gehabt.«

»Ich habe auch schon einmal ein Baumhaus gebaut«, erzählte ich. »Ich und Studs Blitz, damals als wir noch Kinder waren.«

»Ein Baumhaus in Brooklyn?« mischte sich eine Stimme mit seltsamem Akzent ein.

»Wer ist da?« fragte ich.

»Dimitri, geh aus der Leitung!« bellte Wu. »Das erklär' ich dir später«, er wandte sich wieder an mich. »Die Leitung wird sehr schlecht. Wo geht ihr zwei Turteltauben jetzt hin?«

Wir gingen zu *Sweet Nothings*, eine Brautboutique in New Yorks historischem Wäscheviertel. Ich mußte draußen warten, während Candy drinnen einkaufte. In der Zwischenzeit erstand ich ein Hochzeitsgummiband in der *Oriental Novelty Arcarde* am Broadway. (Wofür ist das denn?« fragte Candy verwundert. Ich versprach, es ihr später zu zeigen.) In meiner romantischen Stimmung nahm ich ihre kleine Hand in meine und führte sie über die Sixth Avenue und zeigte ihr den größten interaktiven Blumenstrauß der Welt – ein Bummel über einen Blumenmarkt, der sich über drei Häuserblocks erstreckt. Wir tauchten gerade aus einem Tunnel blühender Farne in der 26sten Straße auf, als der Münzfernsprecher an der Ecke klingelte. Getrieben durch eine Vorahnung, hob ich ab.

Wenn man so selten Vorahnungen hat wie ich, dann sollte man ihnen nachgehen.

»Irving, warum brauchst du so lange um abzuheben?«

»Ich habe nach dem ersten Klingeln abgehoben, Wu. Wie machst du das immer mit dem Telefon?«

»Software«, erklärte Wu. »Ich habe die Algorithmen eines Handschrifterkennungsprogramms aus einem Apple Newton geklaut und sie in ein Satellitennavigationsprogramm eingebaut. Dann habe ich dein Versandhauseinkaufsprofil durch das Postwurfsendung-Zufallsadressenmakro einer Postleitzahlen-CD-ROM gejagt, und eingegeben, daß du die letzten sechs Monate in Alabama gewohnt hast. Ein Freund in der Mir füttert dann den Kommunikationssatelliten LAN so lange mit dem Suchprofil bis das ›IRV‹-Wahrscheinlichkeitsfeld zusammenbricht, und dann klingelt das erste Telefon in deiner Nähe. Und du hebst ab. Voilà.«

»Das meine ich nicht«, entgegnete ich. »Ich meine, wie gelingt es dir, Tante Minnie ans Telefon zu lokken?«

»Ich habe den Klingelton ihres Telefons verändert!« antwortete Wu und war offenbar zufrieden mit sich selbst. »Es hat eine Weile gedauert, aber ich konnte ein Anruferidentitätsmakro so umschreiben, daß ihr Telefon sich wie eine Türglocke anhört, und dann geht sie auch ans Telefon. Ich schicke dir die Daten.«

»Mach dir keine Mühe«, erwiderte ich. »Das einzige, was ich will, ist, Du-weißt-schon-wen in ihren *Sweet*

Nothings zu sehen (Candy, die so tat, als hörte sie nicht zu, wurde rot bis über beide Ohren) und dich am Donnerstag Mittag in einem weißen Smoking! Wir können den Hochzeitstermin auf keinen Fall verschieben.«

»Kannst du ihn nicht wenigstens um ein paar Tage verschieben, Irv? Ich habe Schwierigkeiten mit meiner Formel.«

»Nein, unmöglich!« war meine Antwort. »Die Eisskulptur kann nicht warten. Laß die Schmetterlinge frei und komm nach Huntsville. Ein Orkan mehr oder weniger kann doch wohl keinen so großen Unterschied machen.«

»Motten«, verbesserte mich Wu. »Und außerdem geht es nicht nur um Orkane. Was ist, wenn es auf deiner Hochzeit regnet?«

»Das wird es nicht«, versicherte ich. »Es kann nicht regnen. Cindy sicherte uns wolkenlosen Himmel zu. Das ist im Preis enthalten.«

»Ja, schon. Aber weißt du eigentlich, wie das geht, Irving? Cindy hat eine Wetterversicherung bei Ido Ido, dem Japanischen Hochzeitsversicherungskonzern, abgeschlossen, die wiederum einen Vertrag haben mit der Firma Entomological Meteorological Solutions – das sind wir –, um Freiluftveranstaltungen auf der ganzen Welt planen zu können. Das ist natürlich nur eine Nebenbeschäftigung für EMS. Ein kleines Zubrot. Aber trotzdem kann ich die erste Motte nicht freilassen, bevor die Koordinaten nicht stimmen, und meine Berechnungen sind etwas unsicher.«

»Unsicher?«

»Sie gehen nicht auf, Irv. Die Zeitachse macht mir einen Strich durch die Rechnung. In einem System, das so chaotisch ist wie das Wetter, hat man nur eine Konstante, die Zeit, und wenn die nicht…«

Doch wir wurden unterbrochen, und Candy sah mich argwöhnisch an. Ich legte auf.

»Was hat es mit all den Anrufen von Wu auf sich?« fragte sie, als wir weitergingen. »Hat das irgend etwas mit unserer Hochzeit zu tun?«

»Nein, überhaupt nicht«, log ich. Warum sollte ich ihr auch die Hochzeitsreise verderben (und damit auch mir!)? »Er fragte mich nur, ob ich ihm helfen könne mit – mit einem Rechenproblem.«

»Ich dachte, er ist der Mathematiker von euch beiden. Ich wußte nicht einmal, daß du Mathe in der Schule hattest.«

Das hatte ich auch nicht, nicht mehr nach dem zweiten Highschool-Jahr. Ich war nur noch mit Geschichte beschäftigt, dank meiner Lieblingslehrerin, Citizen Tipograph (sie wollte, daß wir sie Kameradin nennen, aber der Schulleiter wußte das zu verhindern). Sie machte mit uns Exkursionen, die bis nach Gettysburg und Harper's Ferry reichten. Zu jedem Kurs bei C. T., ganz gleich ob Geschichte der Frauenarbeit, Geschichte der schwarzen Arbeiterbewegung, der jüdischen Arbeiterbewegung oder der Amerikanischen Arbeiterbewegung allgemein, gehörte immer mindestens einen Ausflug zum Union Square. Und mit der Zeit begann ich den vergammelten, alten Park sogar richtig zu mögen, dort war immer was los, Geklapper von Pferdehufen, Kommandos der Kosaken (so nannte C. T. die Polizisten) und die aufwühlende Melodie der *Internationale*. Ich versuchte, diese Empfindungen auch mit Candy zu teilen, sie hörte zwar höflich zu, aber ich merkte bald, daß für sie der Union Square nur dürres Gras, schlafende Penner und freche Eichhörnchen bedeutete.

Candy wollte sich nicht lange dort aufhalten. Sie interessierte sich mehr für die aufeinandergestapelten Fernsehgeräte im Schaufenster bei Nutty Neds Home Electronics an der Ecke University und 14ter Straße, wo zwanzig Rosie O'Donnells mit dem verzwanzigfachten Science-Fiction-Autor Paul Park plauderten. Es gibt nichts schöneres als eine Talk Show ohne Ton. Wir blieben stehen, um uns das anzusehen, doch plötzlich wurden Rosie und ihr Gast auf den Bildschirmen von Nummern überrollt.

Einer Vorahnung folgend, betrat ich den Laden. Candy folgte wiederum mir.

Nutty Neds Angestellten fuchtelten wild mit den Fernbedienungen herum, in der Hoffnung, die Sender wieder richtig einstellen zu können. Die Bildschirme wechselten sekündlich die Farbe, doch Rosie O'Donnell tauchte nicht mehr auf. Komisch, aber diese Zahlen kamen mir bekannt vor:

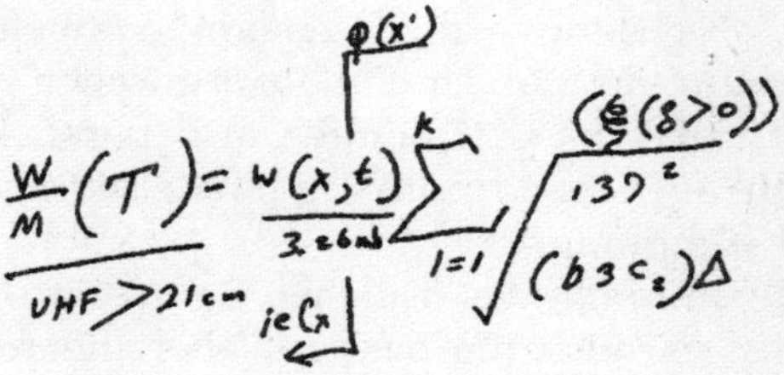

Ich glaubte zu wissen, was das war. Und ich behielt recht. Genau in dem Moment klingelten alle schnurlosen Telephone auf einem Tisch mit dem Schild *Sonderangebot*. Es war ein schrecklicher Lärm, so als würden in einem Kinderheim alle Kinder gleichzeitig zu schreien beginnen.

Ich nahm einen Hörer ab, und die anderen Telefone verstummten auf der Stelle.

»Wu? Bist du's?«

»Irv, hast du meine Berechnungen gesehen? Ich habe sie durch den Vormittagsprogramm-Kommunikationssatelliten gejagt. Siehst du, was ich meine? Ich komme nur auf völlig unwahrscheinliche Daten und Termine für diese Orkane, durch die Bank. Ganz zu schweigen von verregneten Hochzeiten. Und die Schwachstelle ist definitiv Z.«

»Z?«

»Die Zeitachse, die Konstante, die den Schmetterlingseffekt berechenbar macht. Sie wird mehr und mehr zur unberechenbaren Variable, hier zu lang, dort zu kurz. Und da wir gerade dabei sind, ich wünschte wirklich, du würdest es nicht zwanzig Mal klingeln lassen. Das ist lästig, und ich habe andere Dinge zu tun hier in meinem Baumhaus, zum Beispiel die Fliegen füttern…«

»Ich habe nach dem ersten Klingeln abgehoben.«

»Einen Teufel hast du getan! Du hast es sechsundzwanzig Mal klingeln lassen.«

Schnell zählte ich die Telefone auf dem Sonderangebotstisch. »Sechsundzwanzig Telefone klingelten, Wu, aber jedes nur ein Mal. Und alle zur gleichen Zeit.«

»Wau!« rief Wu. »Ich komme also parallel durch? Das könnte auf eine Krümmung hinweisen.«

»Eine Krümmung?«

»Eine Krümmung des örtlichen Raum-Zeit-Gefüges. Bis jetzt ist es noch nie passiert, aber theoretisch ist es natürlich möglich. Und es könnte meine ungenauen Zeitachsenwerte erklären. Hast du noch andere zeitlichen Anomalien festgestellt?«

»Zeitliche Animositäten?«

»Sonderbare Zeitverschiebungen, Irving! Sind irgendwelche anderen komischen Zeitverschiebungen bei euch in New York aufgetreten? Auf den Kopf gestellte Fahr- oder Flugpläne! Unerwartete Verspätungen!«

»Tja, New York besteht förmlich aus Verspätungen«, antwortete ich, »aber wenn du mich so fragst…« Ich erzählte Wu, daß wir bis jetzt noch auf keine einzige U-Bahn warten mußten. »Sogar der Bus in der Fifth Avenue kam pünktlich!«

»Der Bus in der Fifth Avenue! Langsam glaube ich, wir haben es hier mit mehr zu tun als nur einer zeitlichen Anomalie. Womöglich stehen wir einer chronologischen Raum-Zeit-Singularität gegenüber. Aber ich brauche mehr als nur deine subjektiven Eindrücke, Irving; ich brauche Zahlen. Wohin geht ihr zwei Turteltauben jetzt?«

»In ein Restaurant«, antwortete ich. »Es ist Zeit fürs Mittagessen.«

»Sehr gut!« sagte er. »Wie wär's denn mit *Carlo's?*«

Als Wu und ich noch als Pflichtverteidiger in der Centre Street arbeiteten, aßen wir oft in *Carlo's Calamari* in Little Italy. Aber nur wenn wir Zeit hatten für ein *ausgedeeeehntes* Mittagessen.

»Auf keinen Fall!« sagte ich. »Es dauert ewig, bis man dort bedient wird.«

»Genau deswegen!« verlangte Wu.

Jemand tippte mir auf die Schulter. »Wollen Sie das Telefon kaufen?«

Es war Nutty Ned höchstpersönlich. Ich erkannte seine Nase aus den Werbespots wieder.

»Auf keinen Fall«, wiederholte ich.

»Dann legen Sie gefälligst sofort auf.«

4.

»Kaum hatten wir Platz genommen, kam auch schon die Speisekarte.« Ich sprach in das Telefon Modell *Camaro,* während Candy in ihrem Meeresfrüchtesalat herumstocherte und alles, was Beine, Arme oder Augen hatte, beiseite legte, womit fast das ganze Gericht auf dem Tellerrand drapiert lag.

»Nicht möglich!« meinte Wu.

»Wir bestellten und im Handumdrehen wurde meine Primavera Pesto Pasta serviert. Vielleicht waren die Nudeln schon vorgekocht und sie haben das Gericht nur noch in die Mikrowelle geschoben.« Ich sprach leise, damit es der Ober nicht hören konnte. Er hatte mir das Telefon auf einem Tablett mit der Form Siziliens gebracht. Es war beige mit roten Flecken. Getrocknetes Blut womöglich? *Carlo's* ist angeblich ein Mafiatreffpunkt.

»Was heißt im Handumdrehen?«

»Weiß nicht genau, Wu. Ich habe nicht auf die Uhr gesehen.«

»Ich brauche Zahlen, Irv! Was ist mit diesen Grissini-Stangen? Gibt es dort noch diese dünnen, harten Dinger? Wie viele habt ihr davon gegessen in der Zeit von der Aufgabe der Bestellung bis zum Servieren?«

»Drei.«

»Jeder Drei?«

»Nein, drei zusammen. Mußt du das so genau wissen?«

»Natürlich. Ich kann dann mit einem ganzen Wert rechnen, einem halben oder zwei Drittel. Zahlen lügen nicht, Irv. Ganz gleich ob parallel oder der Reihe nach, ich glaube, mein Zeitachsenproblem liegt in New York. Es scheint dort alles etwas schneller zu gehen. Irgendwie komprimiert.«

»Komprimiert, aha«, sagte ich nur. Wenn Wu redet, erwartet er, daß sein Gegenüber Laut gibt. Ich versuche immer mein möglichstes, indem ich mir ein harmloses Wort heraussuche und es einfach wiederhole.

»Du hast es verstanden, Irv. Es ist wie mit den Interviews im Fernsehen, die immer ein wenig holprig wirken, weil sie die Verknüpfungszeiten herausschneiden – die uhs und ahs, die Pausen und Zwischenrufe. Irgend etwas ist mit den Verknüpfungszeiten in New York passiert. Deshalb klingelt das Telefon bei mir zehn Mal – um genau zu sein im Durchschnitt 8,411 Mal – und nur ein Mal bei dir.«

»Wie kann das Telefon bei dir öfter klingeln als bei mir?«

»Schon jemals was von Relativität gehört, Irving?«

»Ja schon, aber…«

»Kein Aber!« schnitt mir Wu das Wort ab. »Theoretisch könnte eine Neunzig-Grad-Krümmung einen Verlust an Verknüpfungszeit bewirken. Aber was ist die Ursache für die Krümmung? Das muß die…«

Seine Stimme entfernte sich. Ehrlich gesagt war ich froh darüber. Langsam mußte ich mich schließlich um meine Primavera Pesto Pasta kümmern.

»Etwas Pfeffer?« fragte der Ober.

»Ja, bitte«, antwortete ich. Eigentlich mag ich Pfeffer nicht so wahnsinnig gerne, aber ich liebe es, wenn dieses riesige Holzungetüm über meinem Teller mahlt.

Candy geht leidenschaftlich gern einkaufen (wer auch nicht?), also überquerten wir die Grand Street nach SoHo, und sahen uns am Broadway nach Jeans um. Da wir vor den Umkleidekabinen nicht warten mußten (vielleicht war Wu doch auf der richtigen Spur!), beschloß Candy ein Paar von jeder Marke, jedem Schnitt und jeder Farbe anzuprobieren. Wir waren ungefähr bei der Hälfte des Stapels angekommen, als die Verkäuferin zu piepsen begann; oder besser gesagt ihr Piepser.

»Sind Sie Irv?« fragte sie mich, nachdem sie das Display entziffert hatte. »Sie können das Telefon an der Theke benutzen.« Es lag unter dem Ladentisch neben den Einkaufstüten.

»Wie schmeckt der Kaffee?« fragte Wu.

»Kaffee?«

»Seid ihr nicht im *Dean and DeLuca?*«

»Nein, wir sind bei *ZigZag Jeans.*«

»Am Broadway? Jetzt gibt wohl mein Fuzzylogik-GPS-Transponder endgültig seinen Geist auf!« Wu überlegte. »Wenn ich euch um drei Häuserblocks verfehlt habe, dann bedeutet das...«

Ich hörte nicht mehr zu. Candy trat gerade aus der Umkleidekabine, um sich im Spiegel zu betrachten. »Was meinst du?« fragte sie mich.

»Unglaublich«, stammelte ich nur.

»Genau das meine ich auch«, fuhr Wu fort. »Aber was könnte es noch sein? Der Bus, die Grissini, die U-Bahn – all die Zahlen scheinen auf eine undichte Stelle in der Mitte New Yorks hinzuweisen, durch die sich die Verknüpfungszeit verflüchtigt. Noch eine Frage, war euer Flugzeug pünktlich?«

»Ja, warum? Auf die Minute genau. Es machte *Ding* und alle standen auf, es war 19.32 Uhr, ich habe auf die Uhr gesehen. Exakt die geplante Ankunftszeit.«

»19.32 Uhr«, wiederholte Wu langsam. »Das hilft mir schon weiter. Ich werde jetzt die Flughäfen überprüfen, mich in das Sicherheitssystem einschmuggeln und von dort aus die Ankunfts- und Abflugmonitore überprüfen. Das kann ich aber nicht allein machen. Dimitri, bist du da? Oder schmollst du?«

»Wie auch immer«, sagte ich und gab der ZigZag-Verkäuferin das Telefon zurück. Candy probierte die Wranglerjeans, und ich verliebte mich aufs neue in sie. Ich sehe sie nur selten ohne Uniform, aber ich muß sagen, es ist ein herrlicher Anblick.

Sie stand vor einer schwierigen Entscheidung. Egal ob Levis, Lee, Wrangler, Guess Who, Calvin oder Gloria, alle Jeans schmeichelten ihren Kurven ungemein. Candy entschied, von jeder Marke eine zu kaufen und bezahlte alles mit meiner Kreditkarte, weil ihre schon heillos überzogen war. Als die ZigZag-Verkäuferin die Jeans alle gefaltet und in die Plastiktüten gepackt hatte, war es 15.30 Uhr – Zeit, um heim nach Brooklyn zu fahren, wenn wir den Berufsverkehr umgehen wollten. Doch Wu hatte mich auf eine Idee gebracht.

Sogar jemand wie ich, der kein Kleingeld übrig hat für israelische Kantalupe oder Käse von freilaufenden Pyrenäenschafen bei *Dean and DeLuca,* kann kurz auf eine Tasse Kaffee vorbeischauen. Den holt man an einem Marmortresen zwischen der Obst- und der Brotabteilung und trinkt ihn im Stehen an großen, schlanken Chromtischen, von wo aus man einen grandiosen Überblick über das Treiben im Laden genießt.

D&D's ist für mich der Inbegriff von Klasse, und es schien auch bei Candy Anklang zu finden, die jetzt wieder ihre Univorm trug und damit viele bewundernde Blicke auf sich zog. Ich hatte meinen Kaffee noch nicht halb ausgetrunken, da kam ein Metzger aus dem hinteren Teil des Ladens auf mich zu. Er trug eine kleine, dünne Rolle bei sich, die aussah wie ein Stück Einwickelpapier, doch dann stellte sich heraus, daß es sich um Thermopapier aus einer altmodischen Rechenmaschine in der Fleischabteilung handelte. Alles war so ein bißchen altmodisch bei *Dean and De Luca's* (außer natürlich den Kunden), aber genau das schuf dieses klassische, etwas hochnäsige Flair. Deshalb auch das Thermopapier.

»Sind Sie Irv?«

Ich nickte.

Er gab mir die kleine Schriftrolle. Ich rollte sie nur so weit auseinander, daß ich sehen konnte, was darauf stand. Winzige Zahlenreihen zierten das Papier, und sobald ich das erkannt hatte, rollte ich es wieder auf.

»Von Wu?« fragte Candy.

»Wahrscheinlich«, antwortete ich. »Aber laß uns erst unseren Kaffee trinken«. Genau in diesem Moment griff ein Mann, der gerade den Broadway entlangkam, in die Innentasche seines Armanianzugs, holte ein Handy hervor und klappte es auseinander. Er hielt es sich ans Ohr und blieb abrupt stehen. Seine Blicke wanderten die Straße auf und ab und blieben an mir hängen, durch das Fenster war ich gut zu sehen.

Ich nickte verhalten. Es wäre unhöflich gewesen, ja sogar anmaßend, zu erwarten, daß er das Handy zu mir hereinbrächte, also entschuldigte ich mich bei Candy und ging hinaus.

»Hast du mein Fax bekommen?« fragte Wu.

»Ja, hab' ich«. Ich gab Candy mit dem Finger ein kreisendes Zeichen. Sie verstand sofort, rollte das kleine Papier auf und hielt es gegen das Fenster:

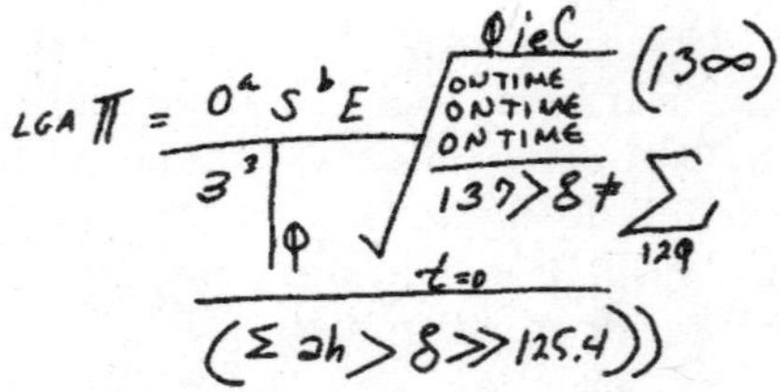

»Und?«

»Tja!« antwortete ich. Normalerweise wäre Wu damit zufrieden gewesen, aber ich wußte, dieses Mal erwartete er mehr. Manchmal half es Wu schon, wenn man ihm eine einigermaßen intelligente Frage stellte. »Was hat es mit diesem PÜNKTLICH PÜNKTLICH auf sich?« fragte ich also.

»Das sind Flughafendaten, Irv! La Guardia, um genau zu sein. Alle Flüge starten und landen pünktlich! Na, fällt der Groschen?«

»Das Leck ist in La Guardia?« war meine vage Vermutung.

»Genau! Zahlen lügen nicht, Irv, und diese Berechnungen zeigen ganz deutlich, daß der Verknüpfungszeitverlust in La Guardia exakt der weltweiten Zeitachsenkrümmung unter Berücksichtigung der Erdumdrehung entspricht, dividiert durch 5,211. Diese Zahl jedoch macht mir Schwierigkeiten.«

»Sie kommt mir so bekannt vor, irgendwo habe ich sie schon einmal gesehen«, ich erinnerte mich an etwas, das herumrollte. »Eine Schuhgröße? Eine Telefonnummer?«

»Versuch dich daran zu erinnern«, feuerte mich Wu an. »Diese Zahl könnte uns zu der undichten Stelle führen. Wir wissen, daß sie irgendwo in La Guardia sein muß; wir müssen sie nur noch finden und zustopfen.«

»Warum zustopfen?« war meine Frage. »Ohne Verspätungen ist es doch viel angenehmer. Wer will schon ewig am Flughafen warten?«

»Denk doch mal nach, Irving!« Er sagte das so, als dächte er, ich stellte mich absichtlich dumm. Obwohl ich mich nie absichtlich dumm stelle. Das wäre doch dumm. »Ein Raum, in dem Unterdruck herrscht, saugt Luft an. Mit der Zeit passiert das gleiche. Das System versucht, sich selbst zu stabilisieren. Deshalb kann ich auch keine exakten EMS-Zahlen für die Orkanregulierung berechnen, oder auch für Ido Ido. Deshalb habe ich dich ja auch gebeten, die Hochzeit zu verschieben.«

»Okay, okay«, beschwichtigte ich ihn. Ich war so aufgeregt wegen meiner bevorstehenden Hochzeitsnacht, daß ich die Hochzeit schon völlig vergessen hatte. »Also laß uns das Leck abdichten. Was soll ich als nächstes tun?«

»Fahr nach La Guardia und warte dort auf meinen Anruf«, ordnete er an.

»La Guardia?!? Tante Minnie erwartet uns zum Abendessen.«

»Ich dachte, sie stamme aus Litauen. Die können doch nicht kochen!«

»Natürlich kann sie kochen!« widersprach ich ihm mehr aus Loyalität als aus Überzeugung. »Wir wollen uns ja auch nur eine Pizza bestellen. Und außerdem« –

ich senkte meine Stimme bedeutungsvoll – »heut feiern wir unsere vorverlegte Hochzeitsnacht.«

Hochzeitsnacht gehört zu den Wörtern, die man nicht aussprechen kann, ohne die Lippen zu einem Kußmund zu formen. Candy konnte anscheinend durch das Fenster von meinen Lippen lesen, denn sie errötete; es war wunderschön anzusehen.

Wu hatte mir anscheinend nicht zugehört, denn er sagte: »Sobald du in La Guardia bist…«, und da verschwand seine Stimme. Die Verbindung war unterbrochen.

In der Zwischenzeit hatte der Besitzer des Telefons schon mehrmals auf die Uhr gesehen. Es war eine Movado-Uhr. Ich kannte sie aus den Anzeigen im *New Yorker*. Ich hatte das Abonnement auch nach dem Umzug nach Huntsville behalten. Ich gab ihm sein Telefon zurück, und Candy und ich machten uns auf den Weg zur U-Bahn.

Wu konnte doch nicht im Ernst von mir erwarten, daß ich in meiner Hochzeitsnacht am La Guardia Flughafen auf seinen Anruf wartete. Wenn der Zug Richtung Queens zuerst gekommen wäre, hätte ich mich vielleicht dazu hinreißen lassen, aber nur vielleicht. Und ich tat es auch nicht. Ich nahm Candy bei der Hand, und wir stiegen in die U-Bahn nach Brooklyn ein. Der Berufsverkehr hatte noch nicht begonnen, deshalb bekamen wir schon nach der Delancey Street einen Sitzplatz. Habe ich erwähnt, daß die U-Bahn überpünktlich kam?

Obwohl (oder auch gerade weil) ich in New York geboren und aufgewachsen bin, werde ich immer noch nervös, wenn der Zug im Tunnel unter dem East River stehenbleibt. Und dieser Zug hier blieb stehen, fuhr an, blieb stehen und fuhr an.

Dann blieb er endgültig stehen.

Die Lichter gingen aus.

Sie leuchteten wieder auf.

»Das Signal grrrmbrschszzk rot szzgrsmbsz«, tönte es aus dem Lautsprecher. »Bitte emmpfrszksmen die Verspätung.«

»Was sagt sie?« fragte Candy. »Stimmt etwas nicht?«

»Mach dir keine Sorgen«, beruhigte ich Candy.

Wir saßen wohl im vordersten Wagen. Die Lichter flackerten zwar, gingen aber nicht aus. Die Zugführerin trat aus ihrem winzigen Führerstand, sie hielt ein Telefon in der Hand.

»Gipfszzrmtz Irving?« fragte sie durch ihr Mikrophon.

Ich nickte.

»Mahlgrzss schnell«, sagte sie und gab mir das Telefon.

»Hallo?« fragte ich, obwohl ich natürlich wußte, wer dran war.

»Irv, ich brauche dich in der Gepäckausgabe«, rief Wu.

»Wo?«

»Ich arbeite mich an das Verknüpfungszeitleck heran. Ich glaube, es ist ein Telefon irgendwo in der Gepäckausgabe oder im Gepäckbeförderungssystem. Du mußt dort hingehen und nachsehen, welcher Münzfernsprecher nicht aufgelegt ist, dann können wir… was ist das für ein Geräusch?«

»Das ist die U-Bahn, sie fährt wieder an.«

»U-Bahn? Ich dachte, du bist am Flughafen.«

»Ich habe doch versucht, es dir zu erklären, Wu. Wir haben Tante Minnie versprochen, zum Abendessen zu Hause zu sein. Außerdem ist heute meine Hochzeitsnacht. Und im übrigen mußt du nicht nach einem Münzfernsprecher suchen.«

»Woher weißt du das?«

»Die Zahl 5,211. Mir ist eingefallen, was es war. Es

war eine Handy-Batterie. Sie rollte auf dem Boden davon, und ich hielt sie mit dem Fuß auf.«

»Ja, natürlich!« jubelte Wu. »Was bin ich doch für ein Dummkopf! Und du, Irv, bist ein Genie! Beweg dich nicht von der Stelle bis ich…«

Die Verbindung war unterbrochen.

»Sie haben sich aber nicht gerade beeilt«, bemerkte die Zugführerin etwas gereizt. Sie nahm das Telefon, verzog sich wieder in ihr winziges Führerhaus und schloß die Tür hinter sich.

5.

Jede schlechte Pizza ist auf ihre eigene Weise schlecht, aber gute Pizzen sind alle gleich. Bruno an der Ecke Ditmas Avenue und MacDonald ist mein und auch Tante Minnies Lieblingspizzabäcker. Eine frische Pizza wurde gerade in den Ofen geschoben, als Candy und ich die Tür hereinkamen, und Bruno jun. versicherte uns, das sie für uns bestimmt sei.

Wir waren gerade auf dem Nachhauseweg mit der Pizzaschachtel in der Hand, als ein verbeultes, verlottertes altes Taxi neben uns auf den Bürgersteig fuhr. Ich machte eine abwehrende Handbewegung, schüttelte den Kopf, wollte ihn abwimmeln. Aber er ließ sich nicht abwimmeln.

Der Fahrer kurbelte das Fenster herunter, und ich hörte Wus Stimme zwischen den atmosphärischen Störgeräuschen aus dem Funkgerät: »Irv, du kannst jetzt nach Hause fahren. Ich habe es gefunden. Irv, bist du da?«

Der Fahrer sagte etwas auf Arabisch und hielt mir ein kleines Mikrofon unter die Nase. Ich drückte Candy die Pizza in die Hand und nahm das Mikrofon.

»Drück den kleinen Knopf«, empfahl mir Wu.

Ich drückte also den kleinen Knopf. »Was hast du gefunden?«

»Das Leck. Die 5,211 war der Schlüssel. Ich hätte eigentlich gleich darauf kommen können, daß es sich um eine spezielle Zweijahres-Cadmium-Silikonbatterie für ein Niederfrequenz-Hochintensitäts-Kurzschluß-Langstrecken-Handy handelt. Nachdem du mir den Tip gegeben hattest, habe ich es unter dem gemeinsamen Gepäcklaufband der Fluglinien *Eastern, Braniff, Pan Am, Piedmon* und *People* gefunden.«

»Ich weiß«, sagte ich, während ich auf den kleinen Knopf drückte. »Ich habe sie dort gesehen. Jetzt willst du wahrscheinlich, daß ich nach La Guardia fahre und es auflege?«

»Nicht so schnell, Irv! Das Telefon ist nur der Kanal, der Zeitkanal, durch den die Verknüpfungszeit abgezogen wird. Was wir brauchen, ist die Nummer, mit der dieses Telefon verbunden ist – das Leck, das eigentliche Zeitloch, die Krümmung. Es könnte eine einfache chronologische Raum-Zeit-Singularität sein, ein chronologischer Whirlpool oder Tornado; oder aber schlimmer, eine unglaublich intelligente, teuflische Maschine, die ein Loch in das Raum-Zeit-Gefüge zu bohren versucht, um ein Stück unseres Universums herauszusaugen. Die stehende Telefonverbindung wird uns zum Ziel führen, und rate mal wohin!«

»Wohin denn?«

»Die Nummer die angerufen wird, ist in Brooklyn, und weißt du, wem sie gehört?«

»Wem?«

»Es ist die Telefonnummer von Dr. Radio Dgjerm!«

Er sprach den Namen Rah-dio aus. Ich fragte: »Wer ist das?«

»Der weltberühmte litauische Immobilienmakler, der Erholungsorte außerhalb der Erde aufbauen wollte, Irving!« war Wus ungeduldige Antwort. »Der Nobelpreisgewinner für Immobilien von 1982! Erinnerst du dich?«

»Ach der, ja, ich glaube«, log ich.

»Der Preis wurde ihm später aberkannt, als er wegen versuchter Errichtung eines illegalen Universums angeklagt wurde, aber das ist eine andere Geschichte. Und weißt du was?«

»Was?«

»Er wohnt irgendwo in der Ditmas Avenue, ganz in der Nähe deiner Tante. Wir sind gerade dabei, die genaue Adresse herauszubekommen.«

»Das ist ja ein Zufall, wir sind gerade in der Ditmas Avenue. Wir haben uns soeben eine Pizza geholt.«

»Mit was drauf?«

»Champignons und Pepperoni auf der einen Seite für Tante Minnie. Oliven und Salami auf der anderen Seite für Candy. Und ich nehme von beiden Hälften etwas, ich mag Champignons und Salami.«

»Was für ein Zufall«, rief Wu. »Ich mag Pizza mit Oliven und Pepperoni.« Er seufzte. »Was gäbe ich für eine heiße Pizza. Schon jemals sechs Wochen in einem Baumhaus verbracht?«

»Schon jemals sechs Monate in einer Raumstation verbracht?« fragte eine Stimme mit merkwürdigem Akzent im Hintergrund.

»Halt dich da raus, Dimitri«, schimpfte Wu (ziemlich barsch, wie ich fand). »Sollst du dich nicht eigentlich um die Adresse kümmern?«

»Ich habe vor langer Zeit einmal drei Nächte in einem Baumhaus verbracht«, erzählte ich. »Zusammen mit Studs. Aber wir hatten natürlich einen Fernseher.«

»Einen Fernseher im Baumhaus?«

»Es war nur ein Schwarzweißgerät. Ein alter Sechs-Zoll Dumont Fernseher aus Onkel Morts Keller.«

»Ein Sechs-Zoll-Dumont! Natürlich! Was bin ich für ein Dummkopf! Irv, hat er einen…«

Die Verbindung wurde unterbrochen. Im wahrsten Sinne des Wortes. Der Fahrer des schäbigen Taxis hatte sich aus dem Fenster gelehnt, fürchterliche arabische Schimpftiraden losgelassen und versuchte, sich das Mikrofon zu schnappen.

»Wahrscheinlich muß er einen Fahrgast abholen«, erklärte ich Candy, als er mir das kleine Mikrofon aus der Hand riß und mit quietschenden Reifen davonfuhr. »Laß uns die Pizza zu Tante Minnie bringen, bevor sie kalt wird. Sonst kocht sie uns noch was. Und das könnte unangenehm werden.«

Jede Kultur versucht mit dem Tod, dem Sterben und den Toten auf andere Weise zurechtzukommen. Ich war ja an Tante Minnies litauische Exzentrik gewöhnt, doch ich machte mir Gedanken darüber, wie Candy es wohl aufnehmen würde, daß Onkel Morts Urne am Eßtisch mit dabeisaß.

Candy nahm es gelassen. Nach dem Abendessen half sie Tante Minnie beim Abräumen (viel war ja nicht zu tun) und ging mit ihr nach draußen auf die Veranda, um ihr beim Rauchen Gesellschaft zu leisten. Und, wie ich annehme, um Frauengespräche zu führen. Ich nahm die Gelegenheit wahr und ging hinauf, um die Beine der zwei Betten mit dem Hochzeitsgummiband für $1,99, das ich in Little Korea gekauft hatte, zusammenzubinden. Der große Augenblick stand unmittelbar bevor! Auf der Frisierkommode lag das kleine Päckchen von *Sweet Nothings*: Candys Negligee für die Hochzeitsnacht. Ich war versucht, kurz reinzusehen, aber natürlich tat ich das nicht.

Ich wollte mich überraschen lassen. Ich wollte, daß alles perfekt wird.

Vom Schlafzimmerfenster aus konnte ich den großen Ahornbaum in Studs Garten sehen. Es wurde schon dunkel, und aus jedem Spalt des Baumhauses – und davon gab es viele – drang blaues Licht in die Nacht.

Ich hörte die Türglocke läuten. Das kam mir komisch vor, denn Candy und Tante Minnie saßen draußen auf der Veranda. Dann fiel mir ein, daß es auch das Telefon sein konnte. Ich rannte die Treppe hinunter und hob ab.

»Diagonal, stimmt's?«

»Was?«

»Der Fernseher, Irving! Der Dumont, den ihr in eurem Baumhaus hattet. Du sagtest, es war ein Sechs-Zoll-Bildschirm. War das diagonal gemessen?«

»Natürlich, das wird immer diagonal gemessen. Wu, was soll das?

»Ein helles Gehäuse?«

»Ja, schönes helles Furnierholz«, beschrieb ich das Ding. »Es war ein uraltes Gerät. Der erste Fernseher, den Tante Minnie und Onkel Mort in den fünfziger Jahren gekauft hatten. Er hatte sogar kleine Türen, die man schließen konnte, wenn man ihn nicht benützte. Als Kind war ich felsenfest davon überzeugt, daß dadurch die Cowboys am Herausreiten gehindert werden sollten.«

»Cowboys in Brooklyn?« Da war wieder die Stimme mit dem komischen Akzent.

»Geh aus der Leitung, Dimitri«, schimpfte Wu. »Irv, du bist genial. Wir haben die Ursache gefunden.«

»Ich? Wir?«

»Zweifellos. Erinnerst du dich an den Dumont-Rückrufaktion-Schmiergeld-Skandal 1957?«

»Nein, ich erinnere mich nicht. Ich war damals noch nicht einmal geboren. Und du auch nicht.«

»Na ja, es ging eigentlich auch nicht um Schmiergelder. Es ging um etwas viel wichtigeres. Quantenphysik. Es stellte sich heraus, daß der 515-Bosonen-Gleichrichter in der 354V67 Vakuumröhre in diesem Sechs-Zoll-Gerät von Dumont eine Frequenzmodulation aufwies, die eine Störwelle von 8,45756 Gauß verursachte und damit eine oszillierende, um 88 Grad versetzte Durchlässigkeit im Raum-Zeit-Gefüge erzeugte, wenn das Gerät an die normale Haushaltssteckdose angeschlossen wurde.«

»Also die Krümmung?«

»Genau. Und fast neunzig Grad, so daß ein kleines Loch entsteht. Dieses Phänomen wurde rein zufällig von einem kleinen Assistenten bei *Underwriters Laboratory* entdeckt, elf Monate nachdem die Geräte auf den Markt gekommen, bereits ausgeliefert und verkauft worden waren.«

»Ich kann mich überhaupt nicht daran erinnern, jemals davon gehört zu haben.«

»Kannst du auch nicht. Die zuständigen Regierungsstellen haben alles vertuscht. Stell dir die Panik vor, die sich breitmacht, wenn 340.000 Menschen entdecken, daß der Fernseher in ihrem Wohnzimmer ein Loch im Universum verursacht. Wenn auch nur ein kleines. Das hätte die ganze Unterhaltungselektronikindustrie schon in ihren Kinderschuhen zerstört. Du kannst es mir ruhig glauben, das wurde alles vertuscht, Irv. Allerhöchste Geheimstufe. Dann wurden 337.877 Geräte zurückgerufen und zerstört, die hellen Holzgehäuse auseinandergenommen und als Brennholz verwendet, die Drähte zu neuen Centstücken eingeschmolzen und die 515-Bosonen-Gleichrichter in Glas versiegelt und in einer verlassenen Salzmine vergraben, dreihundert Meter unter East Gramling in West Virginia.«

»Was willst du damit sagen? Daß ein Stück nicht zerstört wurde?«

»Genau, Irv. Nur 337.877 Stück wurden vernichtet, aber 337.878 Stück hergestellt. Zahlen lügen nicht. Die Mathematik bringt es an den Tag.«

»Hmmmm«, war mein Kommentar. »Könnte viel leicht Tante Minnie von der Rückrufaktion nichts mi bekommen haben? Sie macht ihre Post so gut wie r auf. Studs und ich fanden den Fernseher in Onkel Morts Hobbykeller. Er war schon seit Jahren nicht mehr benutzt worden, aber er lief einwandfrei. Wir haben nichts von einem Zeitloch bemerkt.«

»Natürlich nicht. Es ist auch nur ein winziges Loch. Doch über einen längeren Zeitraum gesehen, hätte es ganz schöne Auswirkungen. Nämlich genau das, was wir hier gerade erleben. Viele Millionen Millisekunden an Verknüpfungszeit wurden schon aus unserem Universum abgezogen – vielleicht sogar absichtlich gestohlen, wir wissen es nicht.«

Ich war erleichtert. Wenn es sich um ein Verbrechen handelte, war ich aus dem Schneider. Ich konnte mich also voll und ganz auf meine Hochzeitsnacht konzentrieren. »Dann laß uns die Polizei rufen«, war mein Vorschlag.

Wu lachte nur. »Die Polizei ist doch auf so etwas gar nicht vorbereitet, Irv. Es handelt sich hier um Quantenphysik, Feynman und so was, das ist viel zu hoch für die. Wir müssen das selbst in die Hand nehmen. Wenn Dimitri die Adresse von Dr. Dgjerm herausfindet, werden wir auch bald erfahren, was mit dem verschwundenen D6-Gerät passiert ist.«

»Sind das nicht komische Zufälle?« fragte ich. »Wie kommt es, daß die Lösung für das Problem, das dich in Quetzalcan so beschäftigt, genau hier in meiner alten Heimat Brooklyn zu finden ist? Das erscheint mir sehr unwahrscheinlich.«

»Das kommt daher, weil du das Wahrscheinlichkeitsprinzip nicht begriffen hast, Irving.« Alles ist so lange unwahrscheinlich, bis es tatsächlich passiert. Nimm dieses Beispiel hier: wenn es eine zehnprozentige Regenwahrscheinlichkeit gibt, ist es zu neunzig Prozent wahrscheinlich, daß es nicht regnet, richtig?«

»Richtig.«

»Was ist, wenn es dann doch regnet? Die Wahr-

scheinlichkeitskurve bricht zusammen, und die zehn Prozent werden zu hundert Prozent, die neunzig Prozent werden zu null Prozent. Ein unwahrscheinliches Ereignis wird zur Tatsache.«

Das erschien mir logisch. »Aber dann regnet es hier gerade in Strömen, Wu. Die Wahrscheinlichkeitskurven brechen eine nach der anderen zusammen, denn der Fernseher, den du suchst, befindet sich noch immer im Baumhaus. Angeschaltet. Ich kann das Licht von hier aus sehen. Er steht oben im Ahornbaum in Studs Garten drei Häuser weiter.«

»In der Ditmas Avenue?«

»In der Ditmas Avenue.«

»Dann könnte also dein Freund Studs in die Geschichte verwickelt sein?«

»Das habe ich dir gerade zu erklären versucht! Er arbeitet am Gepäcklaufband am La Guardia Flughafen, dort liegt auch das Telefon.«

»Jetzt wird es kompliziert«, meinte Wu, der es liebte, wenn es richtig kompliziert wurde. »Er zieht wahrscheinlich die Verknüpfungszeiten ab, um die Gepäckausgabe zu beschleunigen! Aber wohin verschwindet die Zeit? Und welche Rolle spielt Dr. Dgjerm dabei? Wir werden es sehr bald wissen.«

»Wir?«

»Du mußt zu ihnen gehen, Irv, sie in flagranti erwischen. Du sagtest doch, daß es nur zwei Häuser weiter ist.«

»Auf keinen Fall. Nicht heute Nacht.«

»Warum nicht?«

»Wer ist es?« Zwei Hände bedeckten meine Augen.

»Candy,« sagte ich.

»Richtig!« Candy stand hinter mir. Sie errötete (bis in die Fingerspitzen) und ihre Stimme senkte sich zu einem Flüstern. »Kommst du nach oben?«

»Du meinst wegen eurer Hochzeitsnacht?« fragte Wu.

»Natürlich wegen unserer Hochzeitsnacht!« Candy gab Tante Minnie einen Gutenachtkuß und ging hinauf. »Ich werde nirgendwo hingehen. Und niemanden in flagranti ertappen. Verstehst du? Kannst du den Fernseher nicht einfach über irgendeine Fernbedienung ausschalten?«

»Es gibt bei diesen alten Dumonts keine Fernbedienung, Irv. Du wirst den Stecker herausziehen müssen.«

»Das mache ich dann morgen.«

»Nein, jetzt«, Wus Stimme hatte einen richtigen Befehlston angenommen. »Das dauert doch nur ein paar Minuten. Wenn das Leck heute Nacht noch repariert wird, kann ich die Daten neu berechnen und morgen früh die erste Motte freilassen. Wenn ich dann den Nonstop-Flug von Quetzalcan City aus nehme, bin ich rechtzeitig in Huntsville, um meinen Smoking abzuholen. Wenn nicht, hast du weder einen Trauzeugen, noch einen Ring und vielleicht auch keine Hochzeit. Vergiß nicht, diese Motte arbeitet auch für Ido Ido. Was ist, wenn es regnet?«

»Also gut. Du hast mich überzeugt. Aber ich gehe nur rüber und ziehe den Stecker, mehr nicht.« Ich gab Tante Minnie einen Gutenachtkuß (sie schläft immer auf dem Sofa vor dem Fernseher mit Onkel Morts Urne im Schoß) und rief zu Candy hinauf: »Bin in einer Minute bei dir!«

Dann verließ ich das Haus durch die Hintertür.

6.

Ich werde nie vergessen, wie ich das erste Mal meine Kusine Lucy in New Jersey besucht habe. Vieles in diesem Vorort unterschied sich deutlich von meinem Viertel. Die Bäume wirkten dürrer, die Häuser kleiner, die Autos neuer, die Straßen schienen breiter, die Gärten größer und das Gras war um einiges grüner. Doch das Wichtigste, an das ich mich erinnere, war das panische Gefühl jäher Erkenntnis: man konnte sich nirgends verstecken. Das riesige Wohnzimmerfenster – jedes Haus besaß so eines – schien in eine Welt hinauszustarren, wo niemand auch nur das geringste zu verbergen hatte. Eine schreckliche Vorstellung für einen vorpubertären Teenager wie mich (ich war elf und ging stramm auf fünfzehn zu), denn die Jugendzeit beinhaltet auch den sich langsam entwickelnden Triumph der Erfahrung über die Unschuld, deshalb haben Teenager jede Menge zu verbergen.

Ich war froh, als ich nach Brooklyn zurückkehren konnte, wo mich zwar jeder kannte, aber keiner beobachtete. Dieses Gefühl hatte ich auch, als ich durch die Küchentür in Tante Minnies winzigen (und sträflich vernachlässigten) Garten hinausschlüpfte. Die Gärten in Brooklyn, zumindest in der Ditmas Avenue, waren sehr klein und schmal und durch Bretterzäune, Drahtzäune oder Maschendrahtzäune voneinander getrennt. Wenn man erwachsen ist und in Amerika lebt, hat man nicht mehr viel Gelegenheit, über Zäune zu klettern, und so fühlte ich mich wieder wie in meinen Kindertagen, als ich vorsichtig über einen schon zusammengedrückten Maschendrahtzaun nach nebenan in Nachbar Murphys Garten sprang.

Natürlich wohnten dort nicht mehr die Murphys; jetzt lebten dort die Wing-Tang-Soundsos, und die hatten die alte quietschende Schaukel durch ein neumodisches Kinderspielgerät aus Plastik ersetzt, das die Form eines Piratenschiffes hatte.

Der Garten der Patellis nebenan hatte sich noch stärker verändert. Früher wucherten hier wild durcheinanderwachsende Blumen und Gräser, und eine kleine Weinlaube, gehegt und gepflegt, versorgte den Großvater das ganze Jahr über mit Wein. Die Weinstöcke hatten aufgehört zu tragen, als ›Don Patelli‹ im gleichen Jahr starb, in dem ich auf die Highschool kam. »Trauben sind wie Hunde«, pflegte Onkel Mort zu sagen, »treu bis zum Ende.« Alles, was Onkel Mort über Hunde wußte, hatte er aus Büchern.

Ein Licht ging an im Haus, und ich erinnerte mich mit Schrecken daran, daß die Patellis dort schon lange nicht mehr wohnten und ich auch kein Nachbarskind mehr war; nicht einmal mehr ein Kind. Wenn mich hier jemand entdeckte, würde man sofort die Polizei rufen. Ich versteckte mich im Schatten, sah mich um und entdeckte in einiger Entfernung eine Silhouette hinter den Vorhängen im oberen Stockwerk eines Hauses. Ein Mädchen zog sich aus! Ich gab mich ohne besonders schlechtem Gewissen dem Spannerdasein hin, bis ich bemerkte, daß es Candy in Tante Minnies Gästezimmer war. Das war ja noch viel schöner.

Doch ich hatte ja einen Auftrag: diesen blöden Fernseher ausstecken, und damit die ganze Geschichte beenden.

Das lose Brett in Patellis uraltem Bretterzaun ließ sich noch immer bewegen, und ich schlüpfte durch. Ich paßte zwar nicht mehr ganz so locker zwischen die Bretter, aber es reichte, und schon stand ich im Garten der Familie Blitz neben dem großen, mit Efeu bewachsenen Stamm des Ahornbaums. Die Steighilfen, die Studs und ich an den Baum genagelt hatten, waren noch vorhanden, doch erleichtert stellte ich fest, daß dort neuerdings auch eine drei Meter lange Aluminiumleiter stand.

Am Ende der Leiter war zwischen zwei Ästen das Baumhaus eingekeilt, das Studs und ich im Sommer 1968 gebaut hatten. Ein dreieckiger Bretterverschlag, ungefähr zwei Meter hoch und einen Meter fünfzig breit, zusammengenagelt aus alten Sperrholzplatten und Palettenholz. Kaum zu glauben, daß es nach fast dreißig Jahren noch nicht verrottet war. Es war noch da.

Und ich war oben. Es gab keine Fenster, aber durch die Spalten zwischen den Brettern sah ich das blaue Licht.

Ich stieg bis zum Ende der Leiter hinauf. Die Tür, ein Birkenholzfurnierbrett, war von außen mit einem Vorhängeschloß gesichert. Ich erkannte es sogar wieder. Bevor ich es öffnete, spähte ich durch den Spalt über der Tür. Was ich da sah, überraschte mich.

Wenn man an die Orte seiner Kindheit zurückkehrt, ganz gleich ob Grundschule oder Nachbars Garten, erscheint einem normalerweise alles unglaublich klein. Das gleiche hatte ich auch bei dem Baumhaus erwartet, das Studs und ich gebaut hatten, als wir elf waren. Ich erwartete, daß es innen winzig aussähe.

Doch statt dessen erschien es mir riesig.

Ich schloß kurz die Augen und warf einen zweiten Blick hinein. Das Innere des Baumhauses wirkte so groß wie eine Turnhalle. Von der rechten vorderen Ecke aus erhellte der geöffnete Fernseher – das Sechs-Zoll-Dumont-Gerät – mit dem graublauen Licht des Bildschirms den ganzen weiten Raum des Baumhauses. In der hinteren linken Ecke, die mindestens zwanzig Meter entfernt schien, stand ein braunes Sofa neben einer Topfpalme.

Das gefiel mir nicht. Mein erster Gedanke war, die Leiter hinunterzuklettern und nach Hause zu gehen. Ich stieg schon eine Leitersprosse tiefer. Dann blickte ich mich zu Tante Minnies Haus um, zum Fenster des Gästezimmers im ersten Stock, wo ich vorhin Candys Schatten gesehen hatte. Das Licht war aus. Sie lag bereits im Bett und wartete auf mich. Wartete auf den Beginn unserer Hochzeitsnacht.

Ich mußte nur dieses verdammte Fernsehgerät ausstecken.

Es ist schon eigenartig, daß die Finger noch wissen, was das Gehirn schon lange vergessen hat. Das Zahlenschloß stammte von meinem Spind in der Schule. Sobald ich anfing, die Zahlen zu drehen, wußten meine Finger, wo sie anfangen und aufhören mußten: L5, R32, L2.

Ich löste das Schloß vom Riegel, lehnte mich zurück und öffnete die Tür, die nach außen aufging. Wider Erwarten gab sie nach all den Jahren keinerlei Knarren oder Quietschen von sich.

Das letzte Stück war etwas mühsam, ich mußte auf Knien in das Baumhaus hineinklettern. Es roch modrig, nach Leim, Holz und alten Zeitschriften. Die Tür ließ ich hinter mir offenstehen. Die Sperrholzplatten knarrten beruhigend, als ich mich aufrichtete.

Das Innere des Baumhauses sah riesig aus, aber die Einrichtung WIRKTE nicht so. Das Sofa und die Topfpalme in der hinteren Ecke erschienen mir wie Miniaturen, die ich hätte anfassen können. Wenn ich gewollt hätte. Aber ich wollte nicht. Sie hingen irgendwie in der Luft, entweder wirklich klein, oder wirklich weit weg, oder beides. Oder keins von beidem.

Ich beschloß, nicht darauf zu achten. Ich hatte eine Aufgabe zu erledigen.

Zwei Schritte auf dem Sperrholzboden trennten mich von der Ecke, in der der Fernseher stand. Diese Ecke war mir vertrauter. Da lag auch der zerfetzte Läufer, den meine Mutter gespendet hatte; Farrah-Fawcett-Poster hingen an der Wand. Alte Zeitschriften stapelten sich auf dem Boden: *Motor Trend, Boy's Life, Playboy, Model Airplane News*. Der Baseballhandschuh, die Wasserpistolen, genau wie Studs und ich es vor fast dreißig Jahren zurückgelassen hatten. In dieser Ecke sah alles noch aus wie früher.

Der Fernsehbildschirm war mehr grau als blau. Es war nur Schneetreiben darauf zu sehen, untermalt von statischem Knistern. Jemand hatte die Zimmerantenne herausgezogen. Ein Ende war mit Alufolie umwickelt (haben Studs und ich das getan?), und dazwischen war mit Klebeband etwas befestigt.

Ein Handy. Ich war ganz sicher, daß wir das nicht dorthin geklebt hatten. Damals gab es noch gar keine Handys; und Klebeband wahrscheinlich auch nicht. Das hier stellte also das andere Ende der Verbindung von La Guardia dar. Und es gab noch mehr Neues zu entdecken.

Ein grüner Gartenschlauch war mit einem merkwürdigen Verbindungsstück an der Vorderseite des Fernsehers angebracht, zwischen dem Lautstärkeregler und dem Umschalteknopf. Er schlängelte sich quer über den Fußboden bis zur Ecke mit dem braunen Sofa und der Topfpalme. Je länger ich auf den Schlauch starrte, desto länger schien er zu werden.

Ich beschloß, nicht darauf zu achten. Ich hatte schließlich eine Aufgabe zu erledigen.

Die elektrische Versorgung für das Baumhaus kam aus Studs Zimmer vom Wohnhaus über eine Reihe von Verlängerungskabeln, die durch die Äste verlegt waren. Der Fernseher war an eine Verlängerungsschnur angeschlossen, die aus einem Loch in der Decke baumelte. Ich streckte mich gerade nach oben, um den Stecker herauszuziehen, als ich einen kalten Gegenstand in meinem Nacken spürte.

»Nehmen Sie die Hände runter!«

»Studs?«

»Irv, bist du das?«

Ich drehte mich langsam um, die Hände immer noch in der Luft.

»Irv? Was zum Teufel machst du denn hier?«

»Ich bin gekommen, um den Fernseher auszustekken, Studs. Ist das eine echte Pistole?«

»Na klar, du Dummkopf. Eine Glock Neun.«

»So hast du also all deine Medaillen bekommen!« meinte ich nur verächtlich. Da ich meine Arme immer noch nach oben gestreckt hielt, deutete ich mit dem Kinn auf den Sechs-Zoll-Dumont-Fernseher und das Handy, das zwischen den Drähten der Zimmerantenne hing, und dann auf die beeindruckende Ansammlung von Medaillen auf Studs Brust. Sogar nach dem Dienst zu Hause truge er seine Uniform mit all den Medaillen. »Das ist nicht wirklich *dein* Nobelpreis, den du da um den Hals trägst, oder?«

»Stimmt!« Studs fingerte an dem schweren Orden herum. »Der Professor hat sie mir geschenkt. Er half mir auch, die anderen zu gewinnen, indem er das Gepäcklaufband in La Guardia schneller laufen ließ. Du stehst gerade dem Angestellten des Jahres gegenüber, zweimal hintereinander habe ich die Auszeichnung bekommen.«

»Welcher Professor?«

Studs deutete mit seiner Glock Neun in die gegenüberliegende Ecke des Baumhauses. Zu meiner Überraschung saß dort ein alter Mann auf dem Sofa neben der Topfpalme. Er trug eine graue Strickjacke über einem blauen Overall. »Wo kommt denn der jetzt her?« fragte ich verblüfft.

»Er kommt und geht, wie es ihm gefällt. Es ist schließlich sein Universum.«

Universum? Mit einem Mal war mir alles klar; oder zumindest fast. »Dr. Radio Dgjerm?«

»Rah-dio«, verbesserte mich der alte Mann. Er schien winzig zu sein, aber seine Stimme klang weder klein, noch schien sie weit weg zu sein.

»Mutter mußte nach Vaters Tod Zimmer untervermieten«, erklärte Studs. »Eines Tages zeigte ich Dr. Dgjerm das alte Baumhaus, und als er den Fernseher sah, war er ganz aufgeregt. Als er ihn anschaltete und sah, daß er noch geht, geriet er fast aus dem Häuschen.

Er kaufte sich sofort dieses Handy und hat es hier installiert.«

»Er geht aber nicht richtig«, bemerkte ich. »Es ist doch gar kein Bild zu sehen.«

»All die alten Schwarzweißsendungen werden nicht mehr gesendet«, erklärte Studs. »Dr. Dgjern hat wichtigere Dinge zu tun, als sich *Bonanza* anzusehen, zum Beispiel ein neues Universum schaffen.«

»Ist deshalb das Innere des Baumhauses so aufgebläht?« war meine Frage.

Studs nickte. »Und nebenbei mache ich auch noch Karriere.« Seine Medaillen klimperten, als er sich in die Brust warf. Du stehst gerade einem zweimaligen Angestellten des Jahres gegenüber.«

»Das hast du mir schon erzählt, Studs.« Ich sah mir den alten Mann auf dem Sofa an. »Ist er wirklich so klein oder nur so weit weg?«

»Beides«, antwortete Studs. »Er befindet sich in einem anderen Universum, und das ist nicht besonders groß.«

»Noch nicht!« rief Dr. Dgjerm aus seinem anderen Universum herüber. Seine Stimme klang weder klein, noch war sie weit weg. Es dröhnte in meinen Ohren; später hat mir Wu erzählt, daß auch ein sehr kleines Universum wie ein Resonator wirken kann oder wie ein schallharter Raum. Wie eine Duschkabine.

»Mein Universum ist noch klein, aber es wird größer«, fuhr Dr. Dgjerm fort. »Dieses Universum besteht nur aus Freizeit, es wurde ausschließlich aus Verknüpfungszeit hergestellt, die euer Universum nie vermissen wird. In etwa einem Jahr wird es die kritische Masse erlangt haben und groß genug sein, um als eigenständiges Universum bestehen zu können. Dann werde ich die Zeitverbindung kappen und mich auf Nimmerwiedersehen verabschieden!«

»Wir können nicht noch ein Jahr warten«, begann

ich. »Ich muß das Fernsehgerät jetzt ausstecken.« Ich faselte etwas von Schmetterlingseffekt und Orkanen. Ich erzählte sogar von meiner bevorstehenden Hochzeit in Huntsville. (Aber von meiner anstehenden Hochzeitsnacht, die eigentlich genau in diesem Moment beginnen sollte, nur drei Häuser weiter und ein halbes Stockwerk höher, erzählte ich nichts.)

»Gratuliere«, beglückwünschte mich Dgjerm in seinem breiten litauischen Akzent. »Aber es tut mir leid, ich kann ihnen nicht gestatten, den D6 auszustecken. Es steht mehr auf dem Spiel als nur ein paar Orkane und Hochzeiten. Wir haben es hier mit einem völlig neuen Universum zu tun. Erschieß ihn, Arthur.«

Studs richtete die Glock 9 direkt auf mein Gesicht. Seine Hand war erschreckend ruhig.

»Ich erschieß dich nicht gerne, Irv«, sagte er mit leidvoller Mine. »Doch ich verdanke ihm so viel. Er hat mir geholfen, zweimal hintereinander Angestellter des Jahres zu werden.«

»Aber du hast einen heiligen Eid abgelegt!« beschwor ich ihn. »Erinnerst du dich nicht? Du kannst keinen Ditmas Playboy erschießen!« Hierbei handelte sich nicht nur um einen Trick, um mein Leben zu retten. Es war wirklich wahr. Es gehörte zu unseren Regeln; ein Grundsatz von insgesamt zwei, um ehrlich zu sein.

»Das ist lange her.« Aber Studs' Gesichtsausdruck wurde etwas unruhiger.

»Auf einen Eid, der einmal geschworen ist, hat die Zeit keinen Einfluß mehr.« Ich hatte keine Ahnung von dem, was ich da erzählte. Ich hatte es freiweg erfunden.

»Erschieß ihn!« befahl Dr. Dgjerm.

»Es gibt noch einen anderen Ausweg«, sagte eine Stimme hinter uns.

7.

»Einen etwas zivilisierteren Ausweg.«

Studs und ich drehten uns um und sahen auf den Fernseher. Darauf erschien ein vertrautes (für mich zumindest, Studs hatte es nie kennengelernt) Gesicht in einem grobkörnigen Schwarzweiß, das eine Art Tropenhelm trug.

»Wu!« rief ich erstaunt. »Wo kommst du denn her?«

»Echtzeit-Interneteinspeisung«, war seine Antwort. »Software für Videokonferenzen. Mein Kosmonautenfreund hat mich in den Piratenkabelkanal eines digitalen Fernsehsatelliten eingeschmuggelt. War ganz einfach, wir mußten nur eine Dreiecksschaltung zwischen Satellit, Telefonsignal und Fernseher herstellen. Obwohl eine Videoschaltung über Handy ganz schön wackelig ist. Viele Frequenzstörungen.«

»Das soll ein Baumhaus sein? Das ist ja so groß wie eine Turnhalle!« wunderte sich eine Stimme mit seltsamem Akzent.

»Sei ruhig, Dimitri. Wir befinden uns hier in einer nicht ungefährlichen Lage. Gib mir die Pistole, Blitz.«

»Kannst du aus dem Fernseher *herausschauen*?« fragte ich verwundert.

»Nur ganz undeutlich«, sagte Wu. »Die Bildelementeumkehr erfolgt im Huckepackverfahren über die Fernbedienungselektronik. Deshalb ist das Bild unscharf. Damit müssen wir leben. Gib mir die Pistole, Studs. Die Glock Neun.«

Studs war unfähig zu handeln, hin- und hergerissen zwischen zwei Seiten. »Wie kann ich einem Fernsehgerät eine Pistole geben?« jammerte er.

»Die kannst sie auf das Gehäuse legen«, schlug ich vor.

»Tu das nicht, Arthur!« mischte sich Dr. Dgjerm ein. »Gib mir die Pistole. Jetzt!«

Studs war gerettet. Der Doktor hatte ihm einen eindeutigen Befehl erteilt, den er befolgen konnte. Er warf die Glock Neun quer durch das Baumhaus. Sie wurde kleiner und kleiner und wurde langsamer und langsamer, bis sie Dr. Dgjerm zu meiner Überraschung auffing. Er entsicherte sie und legte sie sich in seinen winzigen, oder entfernten, oder auch beides, Schoß.

»Wir können das auch ohne Pistole regeln«, schlug Wu vor.

»Wilson Wu«, sagte Dr. Dgjerm. »So sieht man sich wieder!«

»Wieder?« flüsterte ich erstaunt. Aber ich hatte schon lange aufgehört, mich zu wundern.

»Ich war Dr. Dgjerms Assistent am Bay Ridge Realty College in den späten siebziger Jahren«, erklärte Wu. »Kurz bevor er den Nobelpreis für Immobilien gewann.«

»Der mir dann gestohlen wurde!« sagte Dr. Dgjerm vorwurfsvoll.

»Der Preis wurde ihm später vom schwedischen König aberkannt«, erläuterte Wu weiter, »als Dr. Dgjerm wegen versuchtem Aufbau eines illegalen Universums aus nicht eingebrachtem Urlaub angeklagt wurde. Wenn auch nicht ganz zu recht, wie ich damals dachte, obwohl rein technisch gesehen diese Zeit ja den Firmen gehörte.«

»Die Klage wurde abgewiesen«, verteidigte sich Dr. Dgjerm. »Aber versuchen sie mal, das dem König von Schweden beizubringen.«

Studs fingerte an seinem Nobelpreis herum. »Der ist gar nicht echt?«

»Doch natürlich ist der echt!« protestierte Dgjerm. »Der Orden klimpert doch. Er hat eine Masse. Deshalb habe ich mich ja geweigert, ihn zurückzugeben.«

»Ihr Plan wäre sowieso nicht aufgegangen, Dr. Dgjerm«, sagte Wu. »Ich habe mir das ausgerechnet.

Es gibt nicht genug ungenutzte Urlaubstage, um ein Universum damit aufzubauen; nicht mehr.«

»Sie waren immer mein bester Student, Wu«, meinte Dgjerm. »Sie haben recht, wie immer. Aber wie Sie sehen, habe ich eine bessere Zeitquelle gefunden als diese lächerlichen gestohlenen Urlaubstage.« Er holte aus und zeigte mit dem Arm auf das Sofa und auf die Topfpalme. »Alles Verknüpfungszeit! Es gibt mehr als genug. Alles was ich brauchte, war ein Loch im Raum-Zeit-Gefüge, groß genug, um die Zeit hindurchzuschieben. Und ich habe es gefunden!«

»Der D6«, stellte Wu fest.

»Genau. Ich hatte natürlich von dem legendären verschwundenen D6 gehört, aber ich glaubte, das sei nur ein Gerücht. Sie können sich vorstellen, wie überrascht und erfreut ich war, ihn sozusagen in meinem eigenen Garten zu finden! Mit Arthurs Hilfe habe ich – es gab nur ein einfaches Bandbreitenproblem – die Verknüpfungszeit per Telefon vom La Guardia Flughafen, wo sie sowieso nicht gebraucht wurde, durch die durchlässige Stelle im Bosonengleichrichter des D6 geschleust, direkt in mein eigenes kleines Universum!«

»Aber es ist nur ein Sofa und eine Pflanze«, warf ich ein. »Wollen sie da leben?«

»Sagt Ihnen das Wort ›Unsterblichkeit‹ etwas?« fragte Dgjerm verächtlich. »Es ist wahr, mein Freizeituniversum ist sehr klein. Das ist auch gut so; die Menschen sind sowieso noch nicht bereit zum Urlaub in einem anderen Universum. Aber das Immobiliengeschäft ist sowieso ein Geschäft mit der Warterei. Das Universum wird ständig größer. Und während ich warte, altere ich nur sehr langsam. Das Leben in einem Universum, das ausschließlich aus Verknüpfungszeit besteht, kommt der Unsterblichkeit so nahe, wie es für einen Sterblichen nur geht.«

»Brilliant«, war Wus Kommentar. »Wenn Sie Ihr

Genie doch nur für die Wissenschaft einsetzen würden, statt für ihre Habgier, könnten sie einen weiteren Nobelpreis gewinnen.«

»Verflucht sei die Wissenschaft!« rief Dgjerm, sein winziger (oder weit entfernter, oder auch beides) Mund verzog sich zu einem selbstgefälligen Grinsen und seine voluminöse Stimme dröhnte durch das Baumhaus. »Ich will mein eigenes Universum, und ich habe bereits einen Nobelpreis. Und niemand faßt den Stecker an, klar? Tut mir leid, wenn ich ihre Schmetterlingsberechnungen über den Haufen geworfen habe, Wilson, aber ihr Universum wird den Verlust von einigen wenigen Milliminuten an Verknüpfungszeit gar nicht bemerken. Ich werde mein Universum abtrennen, sobald es groß genug ist, um selbständig zu überleben und zu wachsen. Und nicht eher.«

»Das will ich ihnen doch schon die ganze Zeit sagen!« entgegnete Wu. »Je mehr Universen, desto besser, finde ich. Sehen Sie hier…«

Wus Gesicht auf dem Bildschirm starrte geradeaus, eine Flut von Gleichungen ergoß sich über sein Gesicht:

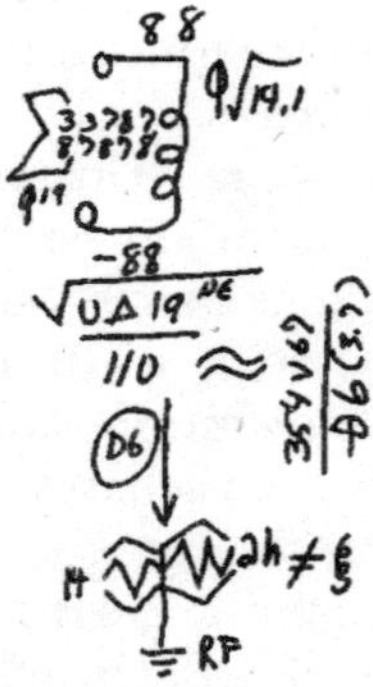

»Unmöglich!« rief Dgjerm.

»Zahlen lügen nicht, Professor!« Wu triumphierte.

»Ihre Zahlen stimmen nicht, Dr. Dgjerm. Sie haben die kritische Masse bereits vor 19,564 Minuten nach unserer Zeitrechnung erreicht. Ihr Freizeituniversum ist bereit, geboren und abgenabelt zu werden. Alles was Irv tun muß, ist –«

»Den Fernseher ausstecken?« fragte ich. Ich streckte meine Arme nach oben, und schon pfiff mir eine Pistolenkugel um die Ohren.

Irgendwo zerbrach Glas.

»Sie haben ihn umgebracht!« winselte Studs.

Erst dachte ich, er meinte mich damit, aber mein Kopf war noch ganz und meine Hände in Ordnung, eine umfaßte den noch eingesteckten Stecker, die andere die Steckdose. Dann sah ich das dicke zerbrochene Glas auf dem Fußboden, und ich wußte sofort, was passiert war. Manchmal, wenn man einen Warnschuß in der Wohnung abgibt, trifft man einfach irgendein Gerät. Und genau das hatte Dr. Dgjerm getan. Er wollte mich vom Fernseher wegjagen und hatte ihn getroffen. Den D6-Dumont gab es nicht mehr. Der Bildschirm war zerstört und Wu verschwunden.

Ich blickte quer durch das Baumhaus auf das Sofa, die Topfpalme und den kleinen Mann. Die Luft flimmerte, aber sie waren noch da.

»Sie haben ihn umgebracht!« Studs war am Boden zerstört.

»Es war ein Unfall«, verteidigte sich Dgjerm. »Ich wollte ihn nur warnen.«

»Es war doch nur eine Videokonferenz«, beruhigte ich die beiden. »Ich bin sicher, Wu geht es gut. Und außerdem hat er recht gehabt!«

»Wieso?« fragten beide gleichzeitig.

Ich zeigte auf Dr. Dgjerm. »Der Fernseher ist aus, und ihr Universum existiert noch immer.«

»Ja, noch«, sagte Dgjerm. »Aber das Zeitloch ist noch immer offen, und die Verknüpfungszeit wird wieder zurück in euer Universum gesaugt.« Während er sprach, wurde er entweder immer kleiner, oder er entfernte sich, oder beides. Seine Stimme klang dumpfer und dumpfer.

»Was sollen wir tun?« fragte Studs verzweifelt. »Das Telefon auflegen?«

Ich war ihm schon zuvorgekommen; ich hatte das Klebeband beseitigt und suchte nach dem Aus-Knopf. Kaum hatte ich ihn gedrückt, da klingelte das Telefon auch schon.

Natürlich war es Wu. »Alles in Ordnung?« fragte er. »Die Verbindung wurde unterbrochen!«

Ich erzählte ihm, was passiert war. Währenddessen wurde Dr. Dgjerm mit jeder Sekunde kleiner und kleiner. Oder aber er entfernte sich mehr und mehr. Oder beides.

»Wir müssen schnell handeln!« Wu war ganz aufgeregt. »Ein Universum ist wie ein Ballon. Man muß es zubinden, oder es sackt in sich zusammen.«

»Ich weiß«, sagte ich. »Deshalb habe ich das Telefon ausgeschaltet.«

»Das war die falsche Zeitachse. Dieses Telefon verband das Gepäcklaufband mit dem D6. Es muß eine andere Verbindung geben vom D6 zu Dr. Dgjerms Freizeituniversum. Diese Verbindung besteht noch immer. Such nach etwas Analogem mit kleiner Bandbreite, vielleicht etwas Grünes.«

Dr. Dgjerm stand auf dem winzigen Sofa und gestikulierte wild in Richtung Fernseher.

»So etwas wie ein Gartenschlauch?« fragte ich.

»Möglich«, antwortete Wu. »Aber Abknicken hilft nichts. Zeit verhält sich anders als Wasser; sie ist unendlich komprimierbar. Du mußt die Verbindung unterbrechen.«

Der Gartenschlauch war in ein seltsames Messingteil an der Vorderseite des Gerätes gesteckt, zwischen dem

Lautstärkeregler und dem Umschaltknopf. Ich versuchte ihn herauszudrehen. Ich drehte ihn nach links, doch nichts passierte. Ich drehte ihn nach rechts, es passierte immer noch nichts. Ich drückte. Ich zog wie wild.

Aber nichts passierte.

»Es ist ein spezielles Anschlußstück!« drang Dgjerms Stimme aus der Ferne. Ich konnte ihn kaum verstehen. Er wurde nun endgültig immer kleiner, oder entfernte sich immer weiter, oder beides.

»Laß mich mal versuchen!« Studs geriet langsam in Panik, seine Zuneigung für den rasch verschwindenden alten Mann schien aufrichtig zu sein. Er drehte das Anschlußstück nach links; er drehte es nach rechts. Er drückte, er zog; er zerrte und drehte daran.

Aber nichts passierte.

»Soll ich es mal versuchen?« fragte eine vertraute Stimme hinter uns.

»Sie kann hier nicht rein!« brüllte Studs.

Candy schaute zur Tür herein, und Studs hatte recht: Keine Frauen! lautete unser zweiter Grundsatz. Das war die oberste Grundregel. Aber trotzdem, ich überhörte einfach seine Einwände und half ihr über die Schwelle. Studs und ich rangen nach Luft, als sie aufstand und sich die Knie säuberte. Ich hatte Candy schon ohne Uniform gesehen, aber das hier war etwas anderes. Etwas ganz anderes.

Sie trug ihre extra für die Hochzeitsnacht erstandene Unterwäsche von *Sweet Nothings*.

Und Candy handelte geistesgegenwärtig, im Gegensatz zu uns. »Das ist wie bei einer Kindersicherung«, meinte sie nur und bückte sich (wunderbar!). Mit einer raschen, geheimnisvollen Handumdrehung hatte sie den Schlauch vom Anschlußstück getrennt. Er begann zu springen und sich zu drehen wie eine Schlange und es donnerte wie bei einem Gewitter. Candy schrie und ließ ihn los. In der Zwischenzeit wickelte Dr. Dgjerm den Schlauch auf seinem Sofa auf, das sich zu drehen begann, zuerst nur langsam, dann immer schneller und schneller.

Es donnerte fürchterlich, und ein gewaltiger Windstoß fuhr durch das Baumhaus.

Das Papier der Zeitschriften flatterte im Wind, Holz zersplitterte.

Der Boden neigte sich, und ich hielt Candy fest, als Studs brüllte: »Ich hab's dir gesagt! Ich hab's dir doch gesagt!«

Dann weiß ich nur noch, daß ich zwischen einem Haufen Bretter unter dem Ahornbaum lag, Candy in meinen Armen. Ihre *Sweet Nothings*-Unterwäsche hatte ihr an den Ellbogen und Knien natürlich keinen so rechten Schutz bieten können, sie wies Abschürfungen an mehreren Stellen auf. Ich wickelte sie in den alten Teppich meiner Mutter, und gemeinsam halfen wir Studs auf die Füße.

»Ich hab's dir ja gleich gesagt!« Studs schien nun völlig durchzudrehen.

»Wem? Was?«

Anstatt mir zu antworten, schlug er nach mir. Glücklicherweise verfehlte er mich weit. Studs war noch nie ein guter Nahkämpfer gewesen. »Unsere Abmachung. Keine Frauen! Und jetzt sieh dir das an!« Studs holte mit dem Fuß aus und trat in die unter dem Baum verstreut liegenden Zeitschriften.

»Aber daran ist doch nicht Candy schuld!« verteidigte ich sie. »Dein ehrenwerter Professor und sein Freizeituniversum sind die Schuldigen!«

Studs holte ein zweites Mal aus. Ich mußte mich nur ducken, um dem Schlag auszuweichen. In den umliegenden Häusern waren bereits Lichter angegangen, doch anscheinend nahm uns niemand wirklich ernst, sie gingen schon wieder aus. Der Garten war übersät mit Brettern und Zeitschriften, Baseballhandschuhen, Postern, Wasserpistolen und Taschenmessern. Die Überreste einer Kindheit lagen auf ein paar Quadratmetern Rasen verstreut.

Studs weinte, er flennte wie ein kleines Kind, als er den Müllhaufen durchsuchte. Ich nahm an, nach einem kleinen Sofa, einer Miniaturpalme und einem winzigen Männchen, das durch den Fall aus einem zusammenbrechenden Universum ohnmächtig geworden sein mußte.

Candy und ich sahen ihm eine Weile zu, dann halfen wir ihm. Keine Spur von Dr. Radio Dgjerm. Wir fanden nicht einmal den Schlauch. »Das ist ein gutes Zeichen«, meinte ich. »Das letzte was ich gesehen habe, war, wie er den Schlauch auf dem Sofa aufgewickelt hat.«

»So, wirklich?« Studs holte wieder aus und verfehlte mich ein weiteres Mal. Candy und ich fanden es an der Zeit, nach Hause zu gehen. Wir zwängten uns gerade durch das Loch im Zaun der Patellis, als hinter uns ein Telefon klingelte. Es kam aus dem Bretter- und Sperrholzhaufen. Ich wollte mich gerade umdrehen und abheben, aber Candy faßte mich am Arm und blickte mir tief in die Augen.

Es sollte schließlich unsere Hochzeitsnacht sein, obwohl ich nach dem Sturz fürchterliche Kopfschmerzen hatte. Genau wie Candy, wie sich später herausstellen sollte.

8.

Ich glaubte, das wäre nun das Ende der Ditmas Playboys gewesen, doch am nächsten Tag am La Guardia Flughafen wartete Studs an der Rolltreppe zu den Ausgängen 1-17 auf uns. Er mußte seine Uniform nach dem Unglück der vorigen Nacht entweder schon gewaschen oder gewechselt haben, die Medaillen glänzten. Nur den Nobelpreis hatte er abgenommen.

Zuerst dachte ich, er würde gleich wieder ausholen, doch statt dessen nahm er meine Hand.

»Dein Freund Wu hat gestern nacht angerufen, gleich nachdem du und deine Freundin – wie heißt sie noch gleich? –, gegangen seid.«

»Candy«, sagte ich. »Meine Verlobte.« Sie und Tante Minnie standen neben mir, aber Studs würdigte sie keines Blickes. Studs war mit Mädchen und Erwachsenen noch nie besonders gut zurechtgekommen, deshalb hatte es mich auch etwas überrascht, daß er sich mit Dr. Dgjerm so gut verstand. Wahrscheinlich weil der geniale, aber unberechenbare Immobilienhai so klein war, oder auch nur klein zu sein schien, oder weit entfernt, oder auch beides.

»Egal«, meinte Studs. »Dein Freund hat mir mitgeteilt, daß sich das Freizeituniversum wahrscheinlich von unserem losgelöst und erfolgreich selbständig gemacht hat. Dr. Dgjerm hat bestimmt überlebt.«

»Gratuliere. Aber du mußt uns jetzt entschuldigen, unser Flug…«

»Dieser Arthur ist doch ein netter Junge«, schwärmte Tante Minnie, als wir unsere Plätze im Flugzeug einnahmen. Ich antwortete nicht, denn offenbar sprach sie mit Onkel Mort und nicht mit mir. »Und die Medaillen hättest du sehen sollen.«

Wir hatten Verspätung. Das fand ich irgendwie beruhigend. Candy saß zwischen Tante Minnie und mir, sie hielt die Augen fest geschlossen. Ich hatte Tante Minnie den Fensterplatz überlassen, es war ihr erster Flug. Beim Start preßte sie Onkel Morts Urne ans Fenster.

»Es ist sein erster Flug«, erzählte sie. »Ich habe im *Reader's Digest* gelesen, daß man weniger ängstlich ist, wenn man sieht, was um einen herum passiert.«

»Das glaube ich wieder weniger«, meldete sich Candy

schwach und mit zugekniffenen Augen. »Außerdem, wie kann denn Asche ängstlich sein?«

Die Flugzeuge der *Secondhand Airline* mochten zwar alt sein, doch die Innenausstattung war bestimmt schon mehrmals erneuert worden. Es gab sogar diese kleinen Kreditkartentelefone auf der Rückseite eines jeden Sitzes. Es fiel mir gerade niemand ein, den ich für fünfzehn Dollar pro Minute anrufen wollte. Dennoch wunderte ich mich nicht, als das Telefon klingelte.

»Hallo, ich bin's. Seid ihr später abgeflogen?«

»Ja, achtzehn Minuten«, antwortete ich und blätterte in meinen Notizen.

»Zahlen lügen nicht!« sagte Wu. »Alles geht wieder seinen normalen Gang. Ich wußte es schon, denn meine Berechnungen heute morgen stimmten genau. Ich habe die erste Motte um neun Uhr vierzehn Ortszeit losgeschickt.«

Ich hörte ein donnerndes Geräusch durch den Hörer, wahrscheinlich Regen.

»Gratuliere. Was ist mit Dr. Dgjerm und seinem Freizeituniversum?«

»Es sieht so aus, als wäre ihm sein Vorhaben gelungen«, berichtete Wu. »Wäre sein Universum zusammengebrochen, stimmten meine Berechnungen nicht. Aber erfahren werden wir es nie. Jetzt, da sich sein Universum von unserem getrennt hat, können keinerlei Informationen mehr ausgetauscht werden. Nicht einmal Licht dringt von einem Universum ins andere.«

»Das scheint mir aber nicht der ideale Ort für ein neues Erholungsgebiet zu sein«, stellte ich fest.

»Dgjerm hat das ganze nicht richtig durchdacht, das war schon immer seine Schwäche gewesen. Aber er wird ewig leben, oder fast ewig, und das war für ihn wichtig. Dein Freund Studs hat vor Erleichterung geweint, oder aus Traurigkeit, oder auch aus beiden

Gründen, als ich es ihm gestern nacht erzählte. Er scheint dem alten Mann ziemlich nahegestanden zu haben.«

»Er ist eigentlich kein Freund von mir«, sagte ich schnell. »Genaugenommen nur eine Bekanntschaft aus Kindertagen.«

»Wie auch immer…« Wu wendete sich einem anderen Thema zu. »Wie war die Hochzeitsnacht?«

Ich erzählte ihm von unseren Kopfschmerzen. Wu und ich haben keine Geheimnisse voreinander. Aber ich mußte flüstern, da ich Candy nicht in Verlegenheit bringen wollte. Ich wußte nicht, ob sie schlief oder wach war; ihre Augen waren jedenfalls seit dem Landeanflug geschlossen geblieben.

»Na ja, ihr könnt es ja nach der Feier noch einmal versuchen.« Hörte ich da etwa Mitleid in Wus Stimme?

»Das kriegen wir schon hin«, versicherte ich ihm. »Kümmere du dich darum, daß du mit den Ringen rechtzeitig in Huntsville bist!«

»Das wird allerdings knapp werden, Irv. Ich rufe von einem dreimotorigen Flugzeug aus an, wir heben gerade in Quetzalcan City ab.«

»Eine L1011? Oder DC-10?« Der Donner wurde immer lauter.

»Eine dreimotorige Maschine von Ford«, antwortete Wu. »Ich habe meinen Flug verpaßt und mußte dieses Flugzeug chartern, es war das einzige, das ich kriegen konnte. Es wird eng werden. Wir können nur mit einer Geschwindigkeit von 112 Meilen pro Stunde fliegen.«

»Diese Fordmotoren werden seit 1929 nicht mehr gebaut. Wie kannst du von Bord aus telefonieren?«

»Ich sitze hier im Cockpit am Funkgerät. Der Pilot Huan Juan und ich waren zusammen auf der Flugschule in Mukden.«

Mich überraschte nichts mehr. Ich lehnte mich über

Candy, um aus dem Fenster zu sehen. Die vertraute Landebahn von Squirrel Rigde, der Flughafen von Huntsville, war bereits unter uns zu sehen.

»Wir setzen zur Landung an«, sagte ich zu Wu. »Wir sehen uns auf der Hochzeit!«

Ich legte auf. Tante Minnie hielt die Urne ans Fenster. Candy preßte die Augen noch fester zusammen.

9.

Scheidungen laufen immer auf dieselbe Weise ab, hat Dostojewski gesagt oder irgend so ein anderer Russe, aber Hochzeiten sind jede für sich einzigartig. Und unsere Hochzeit bildete da keine Ausnahme.

Es fing schon großartig an. Es geht doch nichts über eine Hochzeit am Vormittag. Ich bedauerte nur, daß Candy nicht den ganzen Tag frei hatte.

Das Wetter war herrlich. Die Sonne stand am wolkenlosen Himmel und schien auf den gleichmäßigen Rasen des Gartens der *Squirrel-Ridge-Holiness-Kirche.* Cindy kam um zehn Uhr mit ihrem Lieferwagen, und sie und die zwei Kinder, Ess und Em, luden Klapptische und Pappteller, Plastikzahnstocher und Schnittblumen aus, und Kühlboxen mit Shrimps und Schinkenhäppchen für den Empfang am Mittag.

Alle von Candys Freunden aus dem Huntsville Park waren gekommen, und auch alle unsere gemeinsamen Freunde. Bonnie von *Bonny Baguette* (sie hatte ihre kleine, schwarze Tafel mitgebracht, auf der die Angebote des Tages standen; sie brauchte sie als Gedächtnisstütze) und Buzzer von *Squirrel Ridge,* dem Pflegeheim, natürlich mit seinem Diamantnasenstecker. Mein Freund Hoppy vom Golfclub, der zufällig auch Prediger war, nahm die Trauung vor.

Tante Minnie sah wunderschön aus in ihrer farbenfrohen litauischen Volkstracht (rot und blau mit pinkfarbener Spitze an den Ärmeln), sie roch allerdings etwas nach Mottenkugeln. Sogar an Onkel Morts Urne prangte ein buntes Seidenband.

Alles war perfekt – nur Wu war nicht da.

»Er wird schon kommen«, beruhigte mich Cindy, als sie die Eisskulptur auspackte, die dem Pferd *Traveler* von Robert E. Lee nachgestaltet war (offenbar das einzige was der hiesige Eisskulpteur nachbilden konnte), und Ess und Em mit dem Blumenschmuck zum Altar schickte.

»Er sitzt in einem sehr langsamen Flugzeug«, war meine Sorge.

Schließlich war es dann so weit, es ging los, ganz gleich, ob mit oder ohne Trauzeugen. Es war 11:55, und die Gäste wurden bereits unruhig. Etwas zögernd gab ich also den Musikern das Zeichen und sie begannen mit dem Hochzeitsmarsch…

Und dann kam die Braut. Ich hatte Candy seit letzter Nacht nicht gesehen. Sie strahlte durch den Schleier ihrer weißen Uniform, die Medaillen glänzten in der Sonne. Die Brautjungfern trugen Khaki und Pink.

Da ich keine Ringe hatte, steckte mir Hoppy den Gummi-O-Ring aus dem Getriebe seines Ford C-6 zu. »Nimm den inzwischen, Yankee«, flüsterte er mir ins Ohr. »Du kannst ihn ja später gegen den echten austauschen.«

»Liebe Brüder und Schwestern, wir haben uns heute hier versammelt…« Hoppy begann mit der Zeremonie. Dann verzog er das Gesicht, legte den Kopf zurück und starrte in den Himmel. »Ist das ein Flugzeug?«

Und da war es. So eine ›Blechschachtel‹, die versucht, im Pfarreigarten zu landen, kann eine Hochzeitszeremonie ganz schön durcheinanderbringen. Diese kleinen Vögel mit ihren dicken Flügeln können beinahe überall landen.

Diese hier rollte zwischen den Schinkenhäppchen und Bowlegläsern aus, alle drei Motoren wurden unter dem Getöse von Fehlzündungen und einer Art lautem HUSTEN ausgeschaltet. Die Stille war ohrenbetäubend.

Die kleine Kabinentür öffnete sich und heraus kam ein einsachtzig großer Halbchinese in einem blauen Smoking mit abgewetzter Ledermütze auf dem Kopf. Es war mein Trauzeuge Wilson Wu. Er nahm seine Mütze ab und lief unter dem höflichen Applaus der Hochzeitsgäste zu uns herüber.

»Entschuldigung, ich bin zu spät!« flüsterte er und steckte mir die Ringe zu.

»Was ist das für ein Smoking?« Ich wußte genau, daß das nicht der Anzug war, den ich ihm beim Smokingverleih bestellt hatte.

»Habe ich mir letzte Nacht während eines Tankstops in Bozeman schnell besorgt«, erzählte er. »Dort wurde gerade die Ballsaison eröffnet, und es gab nur noch blaue Anzüge.«

Hoppy zog mich am Ärmel und fragte mich ständig irgend etwas. »Ja klar, mach ich gleich!« antwortete ich. »Ja, gleich!« Ich mußte die Ringe wieder vertauschen, den echten gegen den O-Ring (»Ist das Platin oder nur Weißgold?« Cindy hatte es schier den Atem verschlagen). Dann war es an der Zeit, die Braut zu küssen.

Und noch einmal, und noch einmal...

Nach der Hochzeitszeremonie stimmten die Musiker den *Brandnew Tennessee Waltz* an, und wir stürmten alle das Buffet, das nun im Schatten der dreimotorigen Maschine stand. Dort wartete ein fremdes, südamerikanisches Gesicht, das die Shrimps neugierig beäugte, und wir hießen ihn alle willkommen. Es war Wus Pilotenfreund Huan Juan. Ess und Em servierten den Krabbensalat, nachdem sie lautstark ihren Vater begrüßt hatten, den sie seit sechs Wochen nicht mehr gesehen hatten.

»Ich wußte, daß ich mir hätte keine Sorgen zu machen brauchen«, sagte ich zu Wu. »Aber hast du nicht Bozeman gesagt? Ich dachte, das ist in Montana.«

»Stimmt genau«, Wu häufte einen Berg Kartoffelsalat auf seinen Teller. »Es liegt normalerweise nicht auf dem Weg von Quetzalcan nach Nordalabama, es sei denn, man nimmt die Große Dreiecksroute.«

Ich wußte, daß er auf diese Frage wartete, also fragte ich: »Die was?«

Er lächelte stolz und nahm sich einen Stapel Schinkenhäppchen. »Eine Große Rundroute sieht auf der Karte länger aus, aber es ist tatsächlich der kürzeste Weg über die gekrümmte Erdoberfläche.«

»Aha.« Ich lud mir schnell einen Berg Shrimps auf den Teller. Es waren ohnehin schon fast keine mehr da. Die Musiker spielten nun *Orange Blossom Special*.

»Nun, bei der Berechnung der Zeitachse für EMS habe ich zufällig die kürzeste Route über die negativ gefaltete Oberfläche der örtlichen Raum-Zeit entdeckt. Örtlich bedeutet hier: unser Universum. Sieh her.«

Wu holte etwas aus seiner Smokingtasche, das aussah wie eine Karte, und faltete sie auf. Sie war übersäht mit Zahlen und Berechnungen:

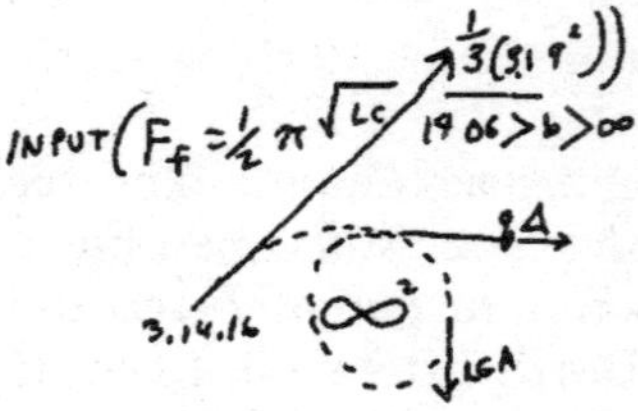

»Wie du siehst, es ist sozusagen gegenintuitiv«, erklärte er. »Das bedeutet, man muß nach bestimmten Vorgaben und in bestimmten Höhen fliegen, und natürlich geht so etwas nur mit einer dreimotorigen Maschine. Aber das ist die kürzeste Große Dreiecks-Zeit-Raum-Route von Quetzalcan City nach Huntsville. Man überquert die Montana Hochebenen und streift den äußersten Zipfel der Chesapeake Bay.«

»Erstaunlich«, äußerte ich mein Entzücken. Die Shrimps, die so groß waren wie Pistolengriffe, wurden in Süßwasserteichen in Westkentucky gezüchtet. Ich konnte einfach nicht damit aufhören.

»Zahlen lügen nicht«, sagte Wu. »Wenn man die Tankstops nicht mitzählt, und mit so einer Maschine muß man einige einplanen, haben Huan Juan und ich nur 22 Stunden für 6.476,54 Meilen gebraucht, und das mit einem Flugzeug, das maximal nur 112 Meilen pro Stunde fliegt. Oh, ich muß einen dieser riesigen Shrimps probieren.«

»Das ist ja wirklich großartig«, bewunderte ich ihn und sah mich gleichzeitig in der schon lichter werdenden Gesellschaft nach Candy um. »Es ist schon 12.20 Uhr, und Candy muß um ein Uhr in der Arbeit sein.«

Wu sah mich entsetzt an. »Keine Hochzeitsnacht?«

Ich schüttelte den Kopf. »Candy hatte für die Reise nach New York schon ihre Schicht getauscht, jetzt muß sie die Nächte und das Wochenende durcharbeiten.«

»Nicht sehr romantisch«, meinte Candy, die nun neben mir stand. »Doch das war die einzige Möglichkeit. Huan Juan, haben Sie diese riesigen Shrimps schon probiert?«

Der Pilot nickte nur, ohne etwas zu sagen. Er und Wu berieten sich im Flüsterton. Sie blickten hinauf in den klaren, blauen Himmel und dann wieder hinunter in ihre Berechnungen auf der aufgeschlagenen Karte.

»Sie sind eng miteinander verschlungen«, hörte ich Wu sagen (Ich dachte, er meinte Candy und mich damit; aber später stellte sich heraus, daß er über Zeit und Raum sprach). »Um sie zu entwirren und umzukehren, muß man dieses N nur durch die Zahl 34,8 ersetzen und konstant auf 785 Metern Höhe mit einer Geschwindigkeit von 97 Meilen pro Stunde fliegen. Bekommst du das hin?«

Huan Juan nickte nur und schnappte sich einen weiteren Shrimp.

»Was tuschelt ihr beiden da?« fragte ich.

»Laß uns eine Spritztour machen«, schlug Wu vor und schloß die Riemen seiner Ledermütze unter dem Kinn. »Schau nicht so entgeistert. Dieses Flugzeug ist mit einer äußerst luxuriösen Kabine ausgestattet; sie gehörte einst einem lateinamerikanischen Diktator.«

»Wo fliegen wir hin?« fragte ich und zog Candy an meine Seite.

»Nirgendwohin! Wir werden eine Große Dreieckskonfiguration über *Squirrel Ridge* fliegen, komprimiert und umgekehrt, dreiundzwanzig Minuten lang, und es wird euch vorkommen wie, warte mal...« Er kniff die Augen zusammen, rechnete... »wie sechs Stunden. Ihr habt also Zeit für eure Hochzeitsnacht. Am besten packt ihr noch ein paar Shrimps und Schinkenhäppchen ein.«

Cindy drückte Candy einen Blumenstrauß in die Hand. Hoppy, Bonnie und alle unsere Freunde applaudierten.

»Was ist mit – du weißt schon?« flüsterte ich Candy zu. Ich meinte die Unterwäsche, die sie sich bei *Sweet Nothings* gekauft hatte.

Mit einem schüchternen Lächeln zog sie mich zur Seite. Während Em und Ess alte Dosen ans Heck des Flugzeugs banden, Huan Juan und Wu die drei uralten luftgekühlten Triebwerke mit einem ohrenbetäubenden Gedonner anwarfen und der Rest der Gesellschaft sich über die restlichen leckeren, riesigen Shrimps hermachte, öffnete Candy den obersten Knopf ihrer Uniformjacke und ließ mich einen Blick auf das Darunter werfen.

Dann kletterten wir ins Flugzeug und flogen hinauf in den klaren, blauen Himmel. Aber das ist eine ganz andere Geschichte.

Originaltitel: ›Get me on the Church on Time‹ · Aus: ›Asimov's Science Fiction‹, Mai 1998 · Übersetzung aus dem amerikanischen Englisch von Siglinde Müller

---

Greg Egan

OZEANISCH

1

Sanft hob und senkte die Dünung das Boot. Mein Atem ging ruhiger und folgte dem Wiegen und Knarren des Rumpfes, bis ich die schwache, stete Bewegung der Kabine nicht mehr vom Gefühl des Ein- und Ausatmens unterscheiden konnte. Es war, als glitte ich frei durch die Dunkelheit; jedes Einatmen wollte mich leicht nach oben treiben, jedes Ausatmen sanft zurücksinken lassen.

In der Koje über mir fragte mein Bruder Daniel vernehmlich: »Glaubst du an Gott?«

Augenblicklich fiel der Schlaf von mir ab, aber ich antwortete nicht sofort. Ich hatte die Augen nicht geschlossen gehabt, doch die Dunkelheit in der Kabine schien sich nun vor mir zu lichten, Körnchen aus Phantomlicht bewegten sich darin wie eine Wolke aufgeschreckter Insekten.

»Martin?«

»Ich bin wach.«

»Glaubst du an Gott?«

»Natürlich.« Alle, die ich kannte, glaubten an Gott. Alle sprachen über Sie, alle beteten zu Ihr. Am meisten Daniel. Seit er im vergangenen Sommer der Tiefen Kirche beigetreten war, betete er jeden Morgen einen ganzen Kilotau lang bis zum Anbruch der Dämmerung. Ich war oft aufgewacht und hatte bemerkt, wie er am entgegengesetzten Ende der Kabine kniete, etwas murmelte und sich auf die Brust schlug, bevor ich dann jedesmal dankbar in den Schlaf zurückglitt.

Unsere Familie hatte schon immer den Übergänglern angehört, doch Daniel war inzwischen fünfzehn, also alt genug, um sich selbst zu entscheiden. Meine Mutter nahm das lediglich hin und hüllte sich in Schweigen, doch mein Vater schien eindeutig stolz auf Daniels Unabhängigkeit und Glaubensstärke zu sein. Meine eigenen Gefühle dazu waren gemischt. Ich hatte mich sehr daran gewöhnt, im Kielwasser meines Bruders zu schwimmen, und ihm seinen Führungsanspruch nie übelgenommen, denn er ließ mich immer einen Blick nach vorn werfen: Er las mir Stellen aus den Büchern vor, die ihn gerade selbst begeisterten, lehrte mich Wörter und Redewendungen aus den Sprachen, die er studierte, und führte mich in die Mathematik ein, die ich erst später aus erster Hand erlernen sollte. Wir lagen oft halbe Nächte lang wach und redeten über das Innerste der Sterne oder die Rangfolge der transfiniten Zahlen. Aber Daniel hatte mir bisher nichts über die Gründe für seine Konversion und seine immer stärker werdende Frömmigkeit gesagt. Ich wußte nicht, ob ich mich verletzt fühlen oder einfach nur dankbar dafür sein sollte, daß er mich davon ausschloß. Ich konnte erkennen, daß das Übergangstum ein blasser Abklatsch der Tiefen Kirche war, mich aber nur sehr zögernd diesem harten Urteil anschließen, solange der Lohn der Mittelmäßigkeit darin bestand, daß man bis Sonnenaufgang schlafen durfte.

Daniel fragte: »Warum?«

Ich starrte auf die Unterseite seiner Koje, unsicher, ob ich sie wirklich sah oder mir ihre Klobigkeit inmitten der normalen Dunkelheit der Kabine nur vorstellte. »Jemand muß die Engel von der Erde hierher geführt haben. Wenn die Erde zu weit weg von *Verheißung* ist, wie hätte dann jemand von der Erde aus ohne Gottes Hilfe *Verheißung* finden können?«

Ich hörte, wie Daniel sich leise bewegte. »Vielleicht hatten die Engel bessere Teleskope als wir. Oder vielleicht haben sie sich von der Erde aus in alle Richtungen ausgebreitet und Tausende von Expeditionen ausgesandt, ohne zu wissen, was sie finden würden.«

Ich lachte. »Aber sie mußten doch *hierher* kommen, um wieder Fleisch zu werden!« Soviel wußte sogar ein unterdurchschnittlich andächtiger Zehnjähriger. Gott hatte *Verheißung* als den Ort eingerichtet, an dem die Engel ihren Diebstahl der Unsterblichkeit bereuen mußten. Die Übergängler glaubten, daß wir in einer Million Jahren das Recht, Engel zu sein, wiedererlangen konnten; die Tiefe Kirche beharrte hingegen darauf, daß wir Fleisch blieben, bis die Sterne vom Himmel fielen.

Daniel fragte: »Was macht dich so sicher, daß wir tatsächlich einmal diese Engel waren? Oder daß Gott ihnen tatsächlich Ihre Tochter Beatrice sandte, um sie zurück ins Fleisch zu führen?«

Darüber dachte ich eine Weile nach. Die einzigen Antworten, die mir einfielen, kamen geradewegs aus den heiligen Schriften, und Daniel hatte mir bereits vor Jahren beigebracht, daß es nicht statthaft war, sich auf Autoritäten zu berufen. Schließlich mußte ich gestehen: »Ich weiß nicht.« Ich fühlte mich wie ein Dummkopf, doch ich war dankbar, daß er mich ernst genug nahm, diese schwierigen Fragen mit mir zu besprechen. Ich wollte aus den richtigen Gründen an Gott glauben und nicht nur, weil alle um mich herum an Sie glaubten.

Er sagte: »Archäologen haben bewiesen, daß wir auf diesem Planeten vor etwa zwanzigtausend Jahren ankamen. Für frühere Zeiten gibt es keine Anzeichen von Menschen oder koökologischen Pflanzen und Tieren. Also ist die Überfahrt älter, als die Schriften behaupten, aber es gibt einige Daten, die der Interpretation offenstehen, und mit ein bißchen poetischer Freiheit kann man alles in Übereinstimmung bringen. Und die meisten Biologen glauben, daß die einheimische Mikrofauna über Millionen Jahre hinweg aus der Transformierung einfacher chemischer Verbindungen entstanden ist, aber das heißt nicht, daß Gott nicht vielleicht doch den ganzen Prozeß gesteuert hat. Alles steht in Einklang mit allem. Die Wissenschaft und die heiligen Schriften können beide recht haben.«

Ich glaubte nun zu wissen, worauf er hinauswollte. »Und du hast einen Weg gefunden, um durch die Wissenschaft zu beweisen, daß Gott existiert?« Mich erfaßte eine Woge des Stolzes; mein Bruder war ein Genie!

»Nein.« Daniel schwieg einen Augenblick. »Die Sache ist die: Man kann Wissenschaft und Gott genausogut gegeneinander ausspielen. Was immer in den heiligen Schriften geschrieben steht – die Leute werden immer wieder mit verschiedenen Erklärungen der Tatsachen ankommen. Die Schiffe etwa könnten die Erde aus einem anderen Grund verlassen haben. Es gibt keine Möglichkeit, einen Ungläubigen davon zu überzeugen, daß die heiligen Schriften Gottes Wort sind. Das ist ausschließlich Glaubenssache.«

»Oh.«

»Der Glaube ist das Wichtigste«, beharrte Daniel. »Wenn du keinen Glauben hast, kannst du der Versuchung erliegen, an alles mögliche zu glauben.«

Ich gab einen zustimmenden Laut von mir und versuchte, nicht allzu enttäuscht zu klingen. Ich hatte von Daniel mehr erwartet als diese Art von lauen Erklärungen, bei denen ich während der Predigten in der Kirche des Übergangs regelmäßig eindöste.

»Weißt du, was du tun mußt, um den richtigen Glauben zu bekommen?«

»Nein.«

»Du mußt darum bitten. Das ist alles. Bitte Beatrice, in dein Herz zu kommen und dir das Geschenk des Glaubens zu machen.«

Ich widersprach: »Das tun wir doch jedesmal, wenn wir in die Kirche gehen!« Ich konnte nicht glauben, daß er den Gottesdienst des Übergangs bereits vergessen hatte. Nachdem der Priester uns einen Tropfen Seewasser, der das Blut Beatrices symbolisieren sollte, auf die Zunge geträufelt hatte, baten wir jedesmal um die Gaben des Glaubens, der Liebe und der Hoffnung.

»Aber hast du ihn erhalten?«

Darüber hatte ich noch nie nachgedacht. »Ich bin mir nicht sicher.« Ich glaubte doch an Gott, oder? »Vielleicht.«

Das amüsierte Daniel. »Wenn du das Geschenk des Glaubens hättest, *wüßtest* du es.«

Ich starrte verwirrt in die Dunkelheit über mir. »Muß man dafür in die Tiefe Kirche gehen und richtig darum bitten?«

»Nein. Selbst in der Tiefen Kirche hat nicht jedermann Beatrice in sein Herz eingeladen. Du mußt es so tun, wie es in den Schriften steht: »Werde wieder wie ein ungeborenes Kind, nackt und hilflos.«

»Ich wurde doch getaucht, nicht wahr?«

»In eine Metallschüssel, als du dreißig Tage alt warst. Das Tauchen der Kinder ist eine Geste der Eltern, eine Bestätigung ihres eigenen guten Willens. Aber es reicht nicht aus, um das Kind wirklich zu retten.«

Nun fühlte ich mich ziemlich unsicher. Zumindest mein Vater billigte Daniels Konversion, aber jetzt versuchte Daniel mir zu sagen, daß der Umgang unserer

Familie mit Gott zutiefst unzureichend, wenn nicht gar völlig falsch war.

Daniel sagte: »Erinnerst du dich daran, was Beatrice Ihrem Gefolge gesagt hat, als Sie das letzte Mal erschien? ›Wenn ihr nicht bereit seit, in Meinem Blut zu ertrinken, werdet ihr niemals das Antlitz Meiner Mutter schauen.‹ Also banden sie sich gegenseitig Hände und Füße zusammen und beschwerten sich mit Steinen.«

Meine Brust straffte sich. »Und das hast du getan?«

»Ja.«

»*Wann?*«

»Vor fast einem Jahr.«

Ich war verwirrter denn je. »Waren Ma und Va dabei?«

Daniel lachte. »Nein! Das ist keine öffentliche Zeremonie. Einige meiner Freunde aus der Gebetsgruppe haben mir geholfen; jemand muß an Deck sein, um dich hochzuziehen, denn es wäre vermessen zu erwarten, daß Beatrice deine Fesseln löst und dich an die Oberfläche hebt, so wie Sie es mit Ihren Jüngern getan hat. Aber im Wasser bist du allein mit Gott.«

Er kletterte von seiner Koje herunter und hockte sich auf meine Bettkante. »Bist du bereit, dein Leben Beatrice zu opfern, Martin?« Seine Stimme schickte graue Funken durch die Dunkelheit.

Ich zögerte. »Was ist, wenn ich nur abtauche? Und eine Weile unten bleibe?« Ich war nachts schon oft vom Boot weggeschwommen; von so etwas hatte ich nichts zu befürchten.

»Nein. Ein Gewicht muß dich niederdrücken.« Sein Tonfall machte klar, daß er mir das nicht ersparen dürfe. »Wie lange kannst du den Atem anhalten?«

»Zweihundert Tau.« Das war übertrieben; zweihundert Tau waren mein Ziel.

»Das ist lange genug.«

Ich antwortete nichts darauf. Daniel sagte: »Ich will mit dir beten.«

Ich kletterte aus dem Bett, und wir knieten zusammen nieder. Daniel murmelte: »Bitte, Heilige Beatrice, verleihe meinem Bruder Martin den Mut, das kostbare Geschenk Deines Blutes anzunehmen.« Dann betete er in einer Sprache, die mir fremd war. Er stieß einen raschen Strom harter Silben hervor, die nichts glichen, was ich bisher gehört hatte. Ich lauschte besorgt; es war gar nicht so sicher, ob ich wollte, daß Beatrice meine Sichtweise veränderte, und ich befürchtete, daß diese Zurschaustellung von Inbrunst sie tatsächlich überzeugen könnte.

Ich fragte: »Was ist, wenn ich es nicht mache?«

»Dann wirst du nie in das Antlitz Gottes blicken.«

Ich wußte, was das bedeutete: Ich würde allein im Schoß des Todes wandern, in der Dunkelheit, ewig. Und selbst wenn man die Schriften bei dieser Beschreibung nicht wörtlich nehmen mußte, konnte sich die Wirklichkeit hinter der Metapher sogar als noch schlimmer erweisen. Unbeschreiblich schlimmer.

»Aber… was ist mit Ma und Va?« Ich sorgte mich mehr um sie als um mich, weil ich wußte, daß sie niemals mit einem Gewicht beschwert auf Daniels Geheiß aus dem Boot klettern würden.

»Das braucht Zeit«, versicherte er sanft.

In meinem Kopf drehte sich alles. Daniel meinte es vollkommen ernst.

Ich hörte, wie er sich erhob und zur Leiter ging. Er kletterte ein paar Sprossen hoch und öffnete die Bodenluke. Es drang genügend Sternenlicht herein, um seinen Armen und Schultern Gestalt zu verleihen, doch als er sich nach mir umwandte, konnte ich noch immer nicht sein Gesicht erkennen. »Na los, Martin!« flüsterte er. »Je länger du es vor dir herschiebst, desto schwieriger wird es.« Die leise Dringlichkeit in seiner

Stimme war mir vertraut: Sie war mitfühlend und verschwörerisch und hatte nichts von der Ungeduld eines Erwachsenen an sich. Es war beinahe, als würde er mich dazu anstiften, ihn bei einem mitternächtlichen Angriff auf die Speisekammer zu begleiten – nicht weil er wirklich einen Mittäter brauchte, sondern weil er ehrlich nicht wollte, daß mir die Erregung oder die Beute entging.

Ich vermute, meine Angst vor der Verdammnis überwog die vor dem Ertrinken, und ich hatte immer darauf vertraut, daß mich Daniel vor drohenden Gefahren warnen würde. Aber diesmal war ich keineswegs überzeugt davon, daß er das Richtige tat; deshalb trieb mich wohl mehr als nur Angst und blindes Vertrauen zu meiner Entscheidung.

Vielleicht gab es den Ausschlag, daß er mir anbot, es ihm in dieser Sache gleichzutun. Ich war zehn Jahre alt und sehnte mich danach, mehr zu sein, als ich war. Ich wollte nicht bereits das beschwerliche Erwachsensein meiner Eltern erreichen, sondern die Zeit voller Freiheit und Geheimnisse auf halber Strecke, die für Daniel angebrochen war. Ich wollte so stark, so schnell, so aufgeweckt und so belesen sein wie er. Genauso sicher im Glauben zu sein wie mein Bruder war zwar nicht unbedingt mein oberstes Ziel, doch es hatte keinen Zweck zu hoffen, daß mir göttliches Eingreifen freie Wahl gewähren würde.

Ich folgte ihm aufs Deck.

Er nahm Kordel und ein Messer sowie vier Ersatzgewichte, die wir normalerweise für unsere Netze brauchten, aus der Werkzeugkiste. Er fädelte die Gewichte an der Kordel auf; dann zog ich meine kurze Hose aus und setzte mich nackt aufs Deck, damit er mir die Fußknöchel mit einer Achterschlinge fesseln konnte. Ich hob zur Probe die Füße; die Gewichte schienen nicht allzu schwer. Aber ich wußte, daß sie im

Wasser mehr als ausreichend waren, um dem leichten Steigen meines Körpers entgegenzuwirken.

»Martin? Streck die Hände aus.«

Ich fing an zu weinen. Mit freien Armen konnte ich wenigstens gegen den Zug der Gewichte anschwimmen. Mit zusammengebundenen Händen aber war ich hilflos.

Daniel kniete sich neben mich und sah mir in die Augen. »Psst. Ist alles in Ordnung.«

Ich haßte mich selbst. Ich spürte, wie sich mein Gesicht zur Maske eines heulenden Kleinkindes verzog.

»Hast du Angst?«

Ich nickte.

Daniel lächelte beruhigend. »Weißt du warum? Weißt du, wem du das zu verdanken hast? Der Tod will nicht, daß Beatrice dich bekommt. Er will dich für sich selbst. Also ist er hier auf dem Boot und gießt Angst in dein Herz, weil er *weiß*, daß er dich schon fast verloren hat.«

Ich sah, wie sich etwas im Schatten hinter der Werkzeugkiste bewegte. Würde der Tod uns folgen, wenn wir jetzt in die Kabine zurückgingen? Würde er warten, bis Daniel eingeschlafen war? Wen könnte ich bitten, den Tod fortzuschicken, wenn ich Beatrice den Rücken kehrte?

Ich starrte auf das Deck. Tränen der Scham tropften mir von den Wangen. Ich hielt die Arme ausgestreckt und die Knöchel zusammengepreßt.

Als auch meine Hände gefesselt waren – nicht so, daß die Handflächen aneinander lagen, wie ich eigentlich erwartet hatte, sondern mit getrennten Schlaufen, die durch eine kurze Fessel verbunden waren –, rollte Daniel ein langes Seil von der Winde am hinteren Ende des Bootes ab und wickelte es auf dem Deck zusammen. Ich wollte nicht daran denken, wie lang es war, aber ich wußte, daß ich freiwillig niemals bis in eine solche Tiefe getaucht wäre. Er nahm den stumpfen Haken am Ende des Seils auf, streifte es mir über die Arme und zog es an, so daß es einen Ring bildete. Dann überprüfte er nochmals die Kordel um meine Handgelenke; sie durfte weder so eng sein, daß sie scheuerte, noch so locker, daß ich sie abwerfen konnte. Als er das tat, sah ich, wie etwas über sein Gesicht kroch: etwas wie Zweifel oder Angst, Unsicherheit. Er sagte: »Häng dich an den Haken. Nur für alle Fälle. Laß ihn nicht los, was auch passieren mag. In Ordnung?« Er flüsterte etwas zu Beatrice, dann sah er voller Vertrauen wieder zu mir auf.

Er half mir dabei, auf die Beine zu kommen und zur Reling an der einen Seite der Winde zu schlurfen. Dann packte er mich unter den Armen und hob mich hinüber, wobei ich mit den Füßen auf der äußeren Schale stand. Das Deck war leblos und nichts als ein mineralisiertes Innengerüst, doch hinter der Reling war die Schale fühlbar lebendig: Sie war glitschig vor schützenden Sekretionen und glomm sanft. Meine Zehen versuchten, sich in der öligen Haut einzukrallen; ich fand jedoch keinen Halt. Die Schale hielt einen Teil meines Gewichts, aber bald würden Daniels Arme müde werden. Die Zeit für einen Rückzieher war knapp.

Es blies eine warme Brise. Ich sah mich um und betrachtete den flachen Horizont, die grell scheinenden Sterne und das schwache silberne Licht, das vom Wasser ausging. Daniel deklamierte: »Heilige Beatrice, ich bin bereit, der Welt zu sterben. Laß mich in Deinem Blut ertrinken, auf daß ich erlöst werde und in das Antlitz Deiner Mutter blicken darf.«

Ich wiederholte die Worte und versuchte verzweifelt, sie ernst zu meinen.

»Heilige Beatrice, ich biete Dir mein Leben an. Alles, was ich jetzt tue, tue ich für Dich. Komm in mein Herz und verleihe mir das Geschenk des Glaubens. Komm in mein Herz und verleihe mir das Geschenk der Liebe. Komm in mein Herz und verleihe mir das Geschenk der Hoffnung.«

»Und verleihe mir das Geschenk der Hoffnung.«

Daniel ließ mich los. Zuerst schienen meine Füße auf magische Weise an der Schale festzukleben, und ich schwankte zurück, ohne wirklich zu fallen. Ich klammerte mich fest an den Haken, preßte das kalte Metall gegen meinen Bauch und wollte, daß das Seil der Winde sich straffte und ich mitten in der Luft hängenblieb. Ich versteifte mich sogar zu diesem Zweck. Ein Teil von mir glaubte wirklich, daß ich es mir selbst jetzt noch anders überlegen konnte.

Dann rutschten meine Füße aus. Ich stürzte in den Ozean und ging sofort unter.

Es war nicht wie Tauchen – nicht einmal wie Tauchen aus einer noch nicht erprobten Höhe, wenn es so lange dauert, bis das Wasser einen abbremst, daß man bereits Angst bekommt. Ich fiel noch schneller durch das Wasser – als sei es Luft. Die Vorstellung, daß das Seil mich oberhalb der Wasserlinie halten könne, verkehrte sich nun in ihr Gegenteil. Meine Beschleunigung schien zu beweisen, daß das Seil an Deck nirgendwo festgemacht war und daß sein durchgescheuertes Ende sich bereits unter der Wasseroberfläche befand. *Das ist doch genau das, was die Jünger getan haben, oder? Sie haben sich ohne Rettungsseil ins Wasser werfen lassen.* Daniel hatte das Seil durchgeschnitten, und jetzt war ich auf dem Weg zum Meeresgrund.

Dann zog mir der Haken die Hände über den Kopf und riß an meinen Gelenken und der Schulter, und ich bewegte mich nicht mehr.

Ich drehte das Gesicht zur Wasseroberfläche, doch weder das Sternenlicht noch die schwache Phosphoreszenz der Schale drang bis in diese Tiefe hinab.

Ein Strom von Luftblasen entwich meinem Mund. Ich fühlte, wie sie über die Oberlippe glitten, doch es war keine Spur von ihnen in der Dunkelheit zu sehen.

Ich legte die Hände vorsichtig über den Haken. Ich spürte noch die feste Kordel um meine Handgelenke, doch Daniel hatte mich gewarnt, ich solle mich nicht auf sie verlassen. Ich zog die Knie an die Brust, um die Schwere der Gewichte zu testen. Wenn die Kordel zerriß, wären wenigstens meine Hände frei, doch selbst dann würde meine Kraft kaum reichen, um nach oben zu schwimmen. Der Gedanke daran, wie ich versuchen würde, die Knoten um die Fußgelenke zu lösen, während ich immer tiefer sank, erfüllte mich mit Grauen.

Meine Schulter schmerzte, aber ich war nicht verletzt. Es kostete mich keine große Anstrengung, mich hochzuziehen, bis mein Kinn auf gleicher Höhe mit dem Haken lag. Dann wurde es schwierig, weil ich die Arme nicht öffnen konnte, doch beim dritten Versuch gelang es mir, sie ineinanderzuschlingen, so daß sie geradewegs nach unten zeigten.

Ich hatte das ohne einen richtigen Plan getan, doch dann kam mir der Gedanke, daß ich mit zusammengebundenen Händen und Füßen immerhin noch versuchen konnte, das Seil hinaufzuklettern. Es war nur eine Frage der Geschicklichkeit. Dazu mußte ich mich mit dem Kopf nach unten drehen, das Seil mit den Knien packen, mich dann nach oben winden und den Haken mitziehen und an einer höheren Stelle mit den Händen Halt suchen.

Aber was war, wenn ich nicht weit genug greifen konnte, um das Seil zu fassen und mich hochzuziehen?

Dann würde ich mit den Füßen voran aufsteigen.

Nicht einmal der erste Schritt gelang mir. Ich hatte geglaubt, es wäre so einfach wie das Versteifen der Arme und das Rückwärtsfallen, doch im Wasser reichten selbst zwei Drittel meiner Körpermasse nicht aus, um den Gewichten entgegenzuwirken.

Ich probierte es auf eine andere Weise: Ich sank nieder, hob die Beine so hoch wie möglich und versuchte, mich erneut hinaufzuziehen. Doch mein Griff war nicht fest genug; ich konnte die Gewichte nicht mitziehen; schließlich kreiselte ich um meinen eigenen Schwerpunkt – der irgendwo bei meinen Knien lag – und endete noch immer doppelt gefesselt in einer beinahe horizontalen Lage.

Ich kam wieder zum Stillstand und versuchte, die Füße zwischen meinen gefesselten Armen durchzudrücken. Es gelang nicht beim ersten Mal, und als ich darüber nachdachte, schien es mir sowieso eine schlechte Idee zu sein. Selbst wenn es mir gelingen sollte, das Seil mit meinen gefesselten Füßen zu packen, anstatt kopfüber abzudriften, seitlich wegzubrechen und mir die Schulter auszukugeln, wäre es entweder unmöglich, an dem Seil mit den Füßen zuerst und mit hinter dem Rücken gefesselten Händen heraufzuklettern, oder so schwierig und anstrengend, daß mir die Luft ausginge, bevor ich ein Zehntel des Weges zurückgelegt hätte.

Ich preßte noch etwas Luft aus den Lungen. Ich spürte, wie die Muskeln im Zwerchfell dagegen aufbegehrten, daß ich sie von der Erfüllung ihrer Aufgabe abhielt. Es war noch nicht schlimm; aber die Ungewißheit, wie lange ich noch bis zum nächsten Atemzug aushalten müsse, machte es noch schwieriger, ruhig zu bleiben. Ich wußte, daß ich mich auf Daniel verlassen konnte: nachdem er bis zweihundert gezählt hätte, würde er mich wieder an die Oberfläche ziehen. Aber bisher war er allenfalls bei einhundertsechzig angekommen. Vierzig weitere Tau waren eine ganze Ewigkeit.

Ich hatte beinahe vergessen, worum es bei der ganzen Prüfung ging, doch jetzt betete ich. *Bitte, Heilige Beatrice, laß mich nicht sterben. Ich weiß, Du bist auf diese Weise ertrunken, um mich zu erretten, aber wenn ich sterbe, bringt das niemandem etwas. Daniel würde ganz schön tief in der Scheiße stecken… aber das ist keine Drohung, sondern nur eine Feststellung.* Ich spürte den Stachel der Angst; vor allem: hatte ich gerade die Tochter Gottes beleidigt? *Ich will nicht sterben. Aber das weißt Du ja schon. Daher weiß ich nicht, was ich Dir sagen soll.*

Ich stieß noch etwas verbrauchte Luft aus und wünschte, ich hätte auf die Zeit geachtet, die ich bereits unter Wasser war. Man soll die Luft nicht so schnell aus der Lunge herauslassen – wenn sie leer ist, ist es noch schwerer, nicht einzuatmen –, aber es ist auch nicht gut, das ganze Kohlendioxyd einzuhalten.

Meine Gebete schienen mich nur noch verzweifelter zu machen, also versuchte ich mich an anderen Arten von heiligen Gedanken. Ich konnte mich an nichts aus den Schriften wortwörtlich erinnern, doch der Kern des wichtigsten Teils ging mir nun durch den Kopf.

Nachdem Sie dreißig Jahre lang in Ihrem Körper gelebt und alle Engel dazu überredet hatte, wieder sterblich zu werden, war Beatrice noch einmal zu ihrem verlassenen Raumschiff aufgestiegen und hatte es geradewegs in den Ozean geflogen. Als der Tod Sie kommen sah, nahm er die Gestalt einer riesigen Schlange an, rollte sich im Wasser auf und wartete. Und obwohl Sie Gottes Tochter war und die Macht besaß, alles zu tun, was Ihr beliebte, ließ Sie geschehen, daß der Tod Sie verschlang.

So sehr liebte Sie uns.

Der Tod glaubte, er habe alles gewonnen. Beatrice war in ihm gefangen, in der Dunkelheit und Einsamkeit. Die Engel waren wieder zu Fleisch geworden, und so mußte er nicht einmal warten, bis die Sterne herabfielen, um die Engel für sich zu beanspruchen.

Aber Beatrice war ein Teil Gottes. Der Tod hatte einen Teil Gottes verschlungen. Das war ein Fehler gewesen. Nach drei Tagen brach sein Kiefer auf, und Beatrice flog heraus, gekleidet in Feuer. Der Tod war gebrochen, verwelkt, geschwächt.

Meine Glieder waren taub, doch meine Brust brannte. Der Tod war noch stark genug, die Verdammten zu unterdrücken. Ich schlug blind um mich und verschwendete das bißchen Sauerstoff, daß mir noch im Blut verblieben war, doch ich versuchte verzweifelt, mich vom Drang des Einatmens abzulenken.

Bitte, Heilige Beatrice…

Bitte, Daniel…

Leuchtende Flecken blühten hinter meinen Augen und schwebten hinaus ins Wasser. Ich sah, wie sie sich zu einer Art Strudel kräuselten, als ob sie jemand einsauge.

Es war das Maul der Schlange, die meine Seele verschlang. Ich öffnete den Mund und machte ein erbärmliches Geräusch, und der Tod schwamm heran, um mich zu küssen und mir kaltes Wasser in die Lunge zu atmen.

Plötzlich war alles lichtversengt. Die Schlange drehte sich um und floh wie ein bleicher, ängstlicher Wurm. Eine Welle der Zufriedenheit überschwemmte mich; es war, als sei ich wieder ein Kind und meine Mutter habe die Arme fest um mich gelegt. Es war, als nähme ich ein Sonnenbad, lauschte Gelächter, träumte von Musik, zu wunderbar, um aus der Wirklichkeit zu ertönen. Jeder Muskel meines Körpers versuchte noch, die Lunge einer ersehnten Luft zu öffnen, die es nicht gab, doch jetzt kämpfte ich beinahe unbewußt dagegen an, während ich mich über meine seltsame Euphorie wunderte.

Kalte Luft fuhr mir über die Hände und an den Armen herunter. Ich richtete mich auf, um einen

Mundvoll zu nehmen, sackte jedoch spuckend und schwindelnd wieder in mich zusammen. Ich war dankbar für jeden Atemzug, doch noch immer von etwas ganz anderem freudig erregt. Daniel drehte weiter, bis sich mein Kopf auf Höhe der Reling befand; dann klemmte er die Winde fest, beugte sich vor und warf mich über seine Schulter.

Es war warm im Wasser gewesen, doch jetzt klapperten mir die Zähne. Daniel wickelte mich in ein Handtuch und kappte dann die Kordel. Ich strahlte ihn an. »Ich bin so glücklich!« Er gab mir zu verstehen, daß ich leiser sein solle, doch dann flüsterte er freudig: »Das ist Beatrices Liebe. Sie wird jetzt immer mit dir sein, Martin.«

Ich blinzelte vor Überraschung, dann lachte ich sanft über meine eigene Dummheit. Bis zu diesem Moment hatte ich das, was geschehen war, überhaupt nicht mit Beatrice in Verbindung gebracht. Aber natürlich war Sie das gewesen. Ich hatte Sie darum gebeten, in mein Herz zu kommen, und Sie hatte es getan.

Und ich konnte es in Daniels Gesicht sehen: Ein Jahr nach seinem eigenen Untertauchen spürte er noch immer Ihre Gegenwart.

Er sagte: »Alles, was du von jetzt ab tust, tust du für Beatrice. Wenn du durch dein Teleskop schaust, tust du das Ihrer Schöpfung zu Ehren. Wenn du ißt oder trinkst oder schwimmst, tust du das, um für Ihre Gaben zu danken.« Er nickte begeistert.

Daniel säuberte alles und nahm sogar die Wasserpfützen auf, die ich an Deck zurückgelassen hatte. Als wir wieder in der Kabine waren, rezitierte er Passagen aus den Heiligen Schriften, die ich früher nie richtig verstanden hatte und die nun allesamt vom Untertauchen zu handeln schienen und davon, wie ich mich jetzt fühlte. Es war, als hätte ich das heilige Buch geöffnet und meinen Namen auf jeder Seite erwähnt gefunden.

Als Daniel vor mir einschlief, verspürte ich zum ersten Mal in meinem Leben nicht die leiseste Einsamkeit. Die Tochter Gottes war bei mir. Ich konnte Ihre Gegenwart spüren; sie war wie eine Flamme in meinem Schädel und verströmte Wärme in der Dunkelheit hinter meinen Augen.

Sie gab mir Trost und Stärke.

Sie gab mir den Glauben.

2

Das Kloster lag fast vier Milliradien von unserer Heimatgegend entfernt. Daniel und ich nahmen eine Barkasse bis zum Treffpunkt und schlossen uns dort mit drei anderen kleinen Schiffen zusammen, bevor wir unsere Reise fortsetzten. Seit beinahe einem Jahr war es alle zehn Tage dieselbe Route – und Daniel ging ja schon ein Jahr länger zur Gebetsgruppe –, daher benötigte die Barkasse nicht viel Aufsicht. Sie lebte von Nährstoffen im Ozean und trieb sich selbst dadurch an, daß sie Wasser durch dünne Kanäle in ihrer Außenhaut pumpte und sowohl vom Sonnenlicht als auch vom *Verheißungs*-Magnetfeld geführt wurde, und war daher ein perfektes Beispiel für das Erbe der Engel, an das unsere Erfindungen niemals heranzureichen vermochten.

Bartholomew, Rachel und Agnes befanden sich zusammen in einem Boot und trieben neben uns, während die anderen vor uns herglitten. Bartholomew und Rachel waren miteinander verheiratet, obwohl beide erst siebzehn Jahre alt waren, kaum älter als Daniel. Agnes, Rachels Schwester, war sechzehn. Um mich als jüngstes Mitglied der Gebetsgruppe machte Agnes seit dem Tag, an dem ich ihnen beigetreten war, viel Aufhebens. Sie sagte: »Heute ist deine große Nacht, nicht wahr?« Ich nickte, schwieg dann aber, so konnte sie sich mit Daniel unterhalten.

Die Abenddämmerung hatte schon eingesetzt, als das Kloster in Sicht kam. Es erhob sich als konischer Turm aus dem Wasser, der aus mindestens zehntausend Schalen erbaut war und in seiner Gestalt an Beatrices Raumschiff gemahnen sollte. Es war auf den Himmel gerichtet, nicht hinunter in die Tiefe. Obwohl einige Kommentatoren der Heiligen Schriften darauf bestanden, daß das Raumschiff selbst für immer versunken und Beatrice ohne Hilfe aus dem Wasser aufgestiegen war, war es doch noch immer das sinnfälligste Symbol Ihres Sieges über den Tod.

Während der Feier der drei Tage Ihrer Trennung von Gott waren all diese Bauwerke in Dunkelheit versunken, doch das lag schon ein halbes Jahr zurück, und jetzt leuchtete das Kloster aus jeder Luke.

Es gab einen schmalen Tunnel, der in den Turmsockel führte; die Barkassen entdeckten dessen Geruch im Wasser und reihten sich hintereinander ein. Ich wußte, daß sie keine Seele hatten, aber ich fragte mich, wie es für sie wäre, wenn sie sich ihrer Handlungen bewußt wären. Normalerweise ruhten sie im Dock einer einzelnen Schale, und zwar in einer Tasche aus Bootshaut, die sie schützte, aber doch zu einem großen Teil unbedeckt ließ. Vielleicht fühlten sie sich in diesem riesigen Gebilde noch sicherer als beim Andocken an ihrem Heimatboot. Als ich etwas derartiges sagte, wieherte Rachel in der Barkasse hinter mir vor Lachen. Agnes sagte: »Sei doch nicht so schrecklich.«

Die Wände des Tunnels phosphoreszierten in einem bleichen Grün, doch die Öffnung über uns war von weißem Lampenlicht erfüllt, das verwirrend prächtiger und heller war. Wir kamen in einem Kanal heraus, der eine gewaltige Vorhalle umfloß, und folgten ihm, bis die Barkassen leere Docks gefunden hatten.

Als wir ausstiegen, warf jeder Tritt und jeder Platscher ein Echo zu uns zurück. Ich sah hoch zur Decke; sie war aus Hunderten gebogener, dreieckiger Schalenteile zusammengefügt, in die farbige Szenen aus den Heiligen Schriften eingeritzt waren. Die ursprünglichen Illustrationen waren mehr als tausend Jahre alt, doch die lebendige Bootshaut ließ die Pigmente innerhalb von Jahrzehnten verschwinden, so daß die Mönche sie andauernd erneuern mußten.

»Beatrice bei den Engeln«, war mein Lieblingsbild. Weil die Engel nicht aus Fleisch waren, wuchsen sie nicht aus Müttern hervor; sie erschienen einfach aus dem Nichts in den Straßen der Unstofflichen Stadt. In dem Bild an der Decke war Beatrices unstofflicher Körper halb geformt; Cherubim arbeiteten noch daran, die unstofflichen Knochen Ihrer Beine und Arme mit unstofflichen Muskeln, Venen und mit Haut zu verkleiden. Ein paar Engel in leuchtenden Roben warfen von der Seite her Blicke auf Sie, doch man konnte nicht sagen, ob sie besonders beeindruckt von Ihr waren. Damals wußten sie noch nicht, wer Sie war.

Ein Korridor mit kleineren Illustrationen führte von der Vorhalle zum Versammlungsraum. Es waren etwa fünfzig Leute in der Gebetsgruppe – einschließlich einiger Priester und Mönche, die sich jedoch genau wie alle anderen verhielten. In der Kirche folgte man der Liturgie; der Priester oder die Priesterin zwängte eine Predigt dazwischen, doch für die Beter gab es nichts anderes zu tun als gemeinsam zu beten oder zu singen und vorgegebene Antworten herunterzuleiern. Hier aber ging es viel zwangloser zu. Es gab zwei oder drei verschiedene Redner in jeder Nacht – manchmal Gäste, die das Kloster besuchten, manchmal auch Gruppenmitglieder –, und hinterher konnte jeder die Gruppe bitten, mit ihm über alles mögliche zu reden.

Ich war hinter die anderen zurückgefallen, doch sie

hatten mir einen Platz am Gang freigehalten. Agnes saß links von mir, dann kamen Daniel, Bartholomew und Rachel. Agnes fragte: »Bist du nervös?«

»Nein.«

Daniel lachte, als wolle er damit sagen, daß diese Behauptung lächerlich sei.

Ich sagte: »Nein, bin ich wirklich nicht.« Ich hatte vorgehabt, überlegene Gelassenheit zu zeigen, doch die Worte kamen widerspenstig und kindisch heraus.

Die ersten beiden Redner waren Laientheologen; Festländer, die zu Besuch im Kloster waren. Einer hielt eine Rede über Leute, die zur falschen Religion gehörten und doch in Wirklichkeit alle Beatrice anbeteten, es bloß nicht wußten. Er sagte, sie seien nicht verdammt, weil sie sich die Kultur, in die sie hineingeboren worden waren, nicht hatten aussuchen können. Beatrice wisse genau, daß sie es gut meinten, und Sie würde ihnen vergeben.

Ich wünschte mir, daß dies der Wahrheit entsprach, aber es ergab einfach keinen Sinn für mich. Entweder *war* Beatrice die Tochter Gottes, und jeder, der anderer Ansicht war, hatte sich von Ihr abgewendet und sich in die Dunkelheit begeben, oder… es gab kein ›oder‹. Ich mußte nur die Augen schließen und Ihre Gegenwart fühlen, um das zu wissen. Trotzdem applaudierte jeder, als der Mann geendet hatte, und alle Fragen, die die Leute stellten, schienen mit seinen Ansichten übereinzustimmen; vielleicht war seine Argumentation bloß zu subtil für mich gewesen.

Die zweite Rednerin bezeichnete Beatrice als ›die Heilige Spaßmacherin‹ und tadelte uns ernsthaft, weil wir ihrem Sinn für Humor nicht genügend Aufmerksamkeit zollten. Sie zitierte Ereignisse aus den Schriften, von denen sie behauptete, sie seien nichts als Schabernack, und ließ sich dann in aller Länge über die ›heilende Kraft des Lachens‹ aus. Es war genauso packend wie ein Vortrag über Ernährung und Hygiene; ich versuchte mit aller Kraft, nicht einzuschlafen. Zum Schluß fiel niemandem eine Frage ein.

Dann sagte Carol, die die Versammlung leitete: »Jetzt wird Martin von der Macht Beatrices in seinem Leben Zeugnis ablegen.«

Alle klatschten ermutigend. Als ich aufstand und in den Gang trat, lehnte sich Daniel zu Agnes herüber und flüsterte sarkastisch: »Das soll wohl interessant sein.«

Ich stand am Rednerpult und hielt die Ansprache, die ich seit Tagen eingeübt hatte. Ich sagte, Beatrice sei nun bei mir, was immer ich auch täte: ob ich studierte oder arbeitete, aß oder schwamm oder nur dasaß und die Sterne beobachtete. Wenn ich am Morgen erwachte und in mein Herz schaute, war Sie, die ohne Fehl ist, bereits dort und gewährte mir Stärke und Führung. Wenn ich in der Nacht im Bett lag, fürchtete ich nichts, denn ich wußte, daß Sie über mich wachte. Vor meinem Untertauchen war ich mir über meinen Glauben unsicher gewesen, doch nun vermochte ich niemals mehr daran zu zweifeln, daß die Tochter Gottes wegen ihrer großen Liebe zu uns Fleisch geworden und gestorben war.

Das alles entsprach der Wahrheit, doch sogar als ich dies sagte, konnte ich Daniels sarkastische Worte nicht vergessen. Ich warf einen Blick hinüber zu der Reihe, in der ich gesessen hatte, und sah kurz die Leute an, mit denen ich hierher gereist war. Was hatte ich eigentlich mit ihnen gemeinsam? Rachel und Bartholomew waren miteinander verheiratet. Bartholomew und Daniel hatten zusammen studiert und spielten noch immer in derselben Tauchball-Mannschaft. Daniel und Agnes waren möglicherweise ineinander verliebt. Und Daniel war mein Bruder… aber der einzig wesentliche Unterschied zwischen ihm und den anderen war die

Tatsache, daß er mich weitaus wirksamer herabsetzen konnte als jeder Fremde.

Im folgenden offenen Gebet schenkte ich dem Trost und den Segnungen, mit denen man aneinander Anteil nahm, keine Aufmerksamkeit. Ich versuchte im stillen, Beatrice anzurufen, damit sie den Knoten aus Ärger in meinem Herzen löse. Doch das konnte ich nicht; ich hatte mich zu sehr von Ihr abgewandt.

Als die Versammlung sich auflöste und die anderen sich in den angrenzenden Raum zurückzogen, um eine Weile miteinander zu reden, blieb ich allein zurück. Und als sie außer Sichtweite waren, verschwand ich im Korridor und lief geradewegs auf die Barkasse zu.

Daniel konnte zusammen mit seinen Freunden heimfahren; sein Ziel lag nicht weit von ihrem entfernt. Ich würde in geringer Entfernung vom Boot warten, bis er mich eingeholt hatte, denn wenn meine Eltern sähen, daß ich allein ankam, würde ich Schwierigkeiten bekommen. Auch Daniel würde natürlich wütend sein, aber er würde mich nicht verraten.

Sobald ich die Barkasse aus ihrem Dock gelotst hatte, konnte sie eigenständig manövrieren: dem Ringkanal folgen, zurück in den Tunnel und hinaus aufs offene Meer. Als ich durch das stille, dunkle Wasser glitt, spürte ich Beatrices Gegenwart zurückkehren; es war wie ein Zeichen dafür, daß sie verstand, warum ich weggehen mußte.

Ich lehnte mich heraus, tauchte die Hand ins Wasser und spürte die Strömung, welche die Barkasse dadurch erzeugte, daß sie Ionen in die Zellen ihrer Haut hinein- und wieder herausschaufelte. Die äußere Schale glomm in einem phosphoreszierenden Blau und diente eher dazu, andere Gefährte zu warnen, als den Weg zu erleuchten. Zu Beatrices Zeiten hatte einer ihrer Jünger in der Unstofflichen Stadt gesessen und diese Kreatur mit einem Federstrich entworfen. Der

Gedanke an das, was die Engel alles gewußt hatten, versetzte mich in Schwindel. Ich war mir nicht sicher, warum so vieles davon verlorengegangen war, aber ich wollte es alles wieder neu entdecken. Selbst die Tiefe Kirche lehrte, daß daran nichts falsch war, solange wir nicht versuchten, erneut unsterblich zu werden.

Das Kloster schrumpfte zu einem Lichtfleck am Horizont, und kein anderes Seezeichen war auf dem Wasser in Sicht, doch ich konnte die Sterne lesen und die Feldlinien spüren; daher wußte ich, daß die Barkasse in der richtigen Richtung unterwegs war.

Als ich einen blauen Tupfer in der Ferne bemerkte, war mir klar, daß das nicht Daniel und die anderen sein konnten, die mir nachjagten; er befand sich in der falschen Richtung. Als ich beobachtete, wie das Gefährt näherkam, wuchs die Angst in mir; wenn es jemand war, den ich kannte, und ich nicht mit einem guten Grund ankam, warum ich allein reiste, würden meine Eltern schnell Wind von meinem Abenteuer bekommen.

Bevor ich jemanden an Bord erkennen konnte, rief eine Stimme: »Kannst du mir helfen? Ich habe mich verirrt.«

Ich dachte eine Weile nach, bevor ich antwortete. Die Stimme klang sehr sachlich und schien die Hilflosigkeit ihres Trägers leichthin zuzugeben, doch es war kein Scherz. Wenn man krank war, konnten sich sowohl der Tagessinn als auch der Feldsinn verwirren, so daß es viel schwieriger wurde, die Sterne zu lesen. Das war mir einige Male passiert, und es war eine schreckliche Erfahrung, selbst wenn man sicher an Deck eines Bootes stand. Zu so später Stunde konnte eine Barkasse, die nur ihren eigenen Feldsinn hatte, von ihrer Route abkommen, besonders wenn man versuchte, sie irgendwohin zu steuern, wo sie noch nie zuvor gewesen war.

Ich rief unsere Koordinaten und die Zeitangabe zurück. Ich war mir ziemlich sicher, daß ich sie bis auf hundert Mikroradien und einige hundert Tau genau abgeschätzt hatte.

»Das kann nicht stimmen! Darf ich näherkommen, damit unsere Gefährte miteinander kommunizieren können?«

Ich zögerte. Solange ich zurückdenken konnte, war mir eingebleut worden, daß ich um andere Schiffe einen weiten Bogen machen mußte, falls ich jemals allein auf dem Wasser sein sollte, es sei denn, mir waren die Leute an Bord bekannt. Aber Beatrice war bei mir, und wenn jemand Hilfe brauchte, war es falsch, sie zu verweigern.

»In Ordnung!« Ich hielt sofort an und wartete ab, daß der Fremde mich ansteuerte. Als das Schiffchen beidrehte, schaute ich überrascht, denn der Passagier war ein junger Mann. Er schien ungefähr in Bartholomews Alter zu sein, aber er klang viel älter.

Wir mußten den Barkassen nicht sagen, was zu tun war; die Nähe reichte aus, um einen chemischen Informationsaustausch auszulösen. Der Mann sagte: »Ganz allein hier draußen?«

»Ich reise mit meinem Bruder und seinen Freunden. Ich bin nur schon mal vorausgefahren.«

Er grinste. »Sie haben dich fortgeschickt, nicht wahr? Was glaubst du eigentlich, was sie da hinten treiben?« Ich gab keine Antwort; so redete man nicht mit Leuten, die man nicht einmal kannte. Der Mann suchte den Horizont ab, dann breitete er die Arme in einer Geste der Sympathie aus. »Du fühlst dich bestimmt ausgeschlossen.«

Ich schüttelte den Kopf. Auf dem Boden hinter ihm lag ein Fernglas; schon bevor er nach Hilfe gerufen hatte, mußte er gesehen haben, daß ich allein war.

Er sprang gewandt von seinem Gefährt in meines

und landete auf der Achterbank. Ich sagte: »Hier gibt es nichts zu stehlen.« Ich bekam eine Gänsehaut – eher aus Unglauben als aus Angst. Er stand im Sternenlicht auf der Bank und zog ein Messer aus seinem Gürtel. Die Einzelheiten – das Muster, das in den Griff graviert war, der gezackte Rand der Klinge – ließen alles eher wie einen Traum erscheinen.

Er hustete, schien plötzlich unsicher zu sein. »Tu einfach, was ich dir sage; dann wird dir nichts passieren.«

Ich zog die Luft ein und schrie mit aller Kraft um Hilfe; ich wußte, daß niemand in Hörweite war, hoffte aber, ihm damit Angst zu machen. Er sah sich um und war eher aufgeschreckt als wütend; so, als könne er nicht glauben, daß ich meine Kräfte so sinnlos vergeudete. Ich sprang rückwärts ins Wasser. Einen Augenblick später hörte ich, wie er mir folgte.

Ich entdeckte das blaue Glimmen der Barkassen über mir und schwamm dann schnell nach unten von ihnen fort, ohne Zeit damit zu verschwenden, den Schatten des Mannes auszumachen. Das Blut pochte mir in den Ohren, aber ich wußte, daß ich mich beinahe lautlos bewegte. Wie schnell er auch sein mochte, in der Dunkelheit konnte er unmittelbar neben mir herschwimmen, ohne mich zu bemerken. Wenn er mich nicht bald erwischte, kehrte er wahrscheinlich zu seiner Barkasse zurück und wartete, bis er mich erspäht hatte, wenn ich nach Luft auftauchte. Ich mußte in genügend großer Entfernung auftauchen, damit ich selbst für das Fernglas unsichtbar war.

Der Gedanke, jeden Augenblick eine Hand am Fußknöchel spüren zu können, war fürchterlich, doch Beatrice stand mir bei. Während ich wegschwamm, dachte ich zurück an mein Untertauchen und spürte Ihre Gegenwart stärker als jemals zuvor. Als meine Lungen beinahe barsten, half Sie mir weiter; meine Glieder bewegten sich mechanisch; Lichtkleckse flossen vor meinen Augen dahin. Als ich schließlich wußte, daß ich auftauchen mußte, drehte ich mich mit dem Gesicht nach oben und stieg langsam auf; dann legte ich mich auf den Rücken, so daß von mir nur Mund und Nase aus dem Wasser ragten. Ich widerstand der Versuchung, den Kopf herauszustrecken und mich umzuschauen.

Ich füllte und leerte meine Lungen ein paarmal und tauchte dann wieder unter.

Als ich das fünfte Mal auftauchte, wagte ich einen Blick zurück. Ich konnte keine der Barkassen mehr sehen. Ich arbeitete mich höher aus dem Wasser und drehte mich dann einmal um die eigene Achse für den Fall, daß ich die Orientierung verloren hätte, doch es kam nichts in Sicht.

Ich überprüfte die Sterne und meinen Feldsinn. Die Gefährte durften eigentlich noch nicht am Horizont verschwunden sein. Ich trat Wasser, ritt auf den Wogen und versuchte nicht an meine Müdigkeit zu denken. Ich befand mich mindestens zwei Milliradien vom nächsten Boot entfernt. Gute Schwimmer – einige durchaus jünger als ich – trugen Marathon-Wettbewerbe über solche Entfernungen aus, aber ich hatte niemals solche Heldentaten an Ausdauer angestrebt. Ich wußte, daß ich es unvorbereitet und mitten in der Nacht nicht schaffen würde.

Wenn der Mann die Verfolgung aufgegeben hatte, warum hatte er dann unsere Barkasse mitgenommen? Sie kostete doch so wenig, und die Markierungen waren so schwer auszuwechseln. Das Schiffchen wäre doch nur ein sichtbares Schuldeingeständnis. *Warum also konnte ich das Boot nicht sehen?* Entweder hatte er es fortgeschickt oder es hatte sich von selbst dazu entschlossen, nach Hause zurückzukehren.

Ich kannte den Weg, den es nehmen würde. Ich hätte es vorüberziehen sehen, wenn ich bereits früher aufgetaucht wäre. Aber jetzt gab es keine Hoffnung mehr, es einzuholen.

Ich betete. Ich wußte, daß es nicht recht gewesen war, die anderen zu verlassen, aber ich bat um Vergebung und spürte, daß sie mir gewährt wurde. Ich beobachtete beinahe ruhig den Horizont und lächelte angesichts der blauen Meteorblitze, die hoch über dem Ozean aufflammten, und war sicher, daß Beatrice mich nicht verlassen würde.

Ich betete noch immer – und trat Wasser und zitterte in der kalten Luft –, als in der Ferne ein blaues Licht erschien. Es verschwand, als mich eine Woge wieder nach unten drückte, doch es ließ sich nicht mit einer Sternschnuppe verwechseln. *War das Daniel mit den anderen – oder der Fremde?* Mir blieb nicht viel Zeit, um mich zu entscheiden; wenn ich in Rufweite kommen wollte, während sie vorüberfuhren, mußte ich kräftig schwimmen.

Ich schloß die Augen und betete um Geleit. *Bitte, Heilige Beatrice, laß es mich wissen.* Freude floß sofort durch meinen Geist; sie waren es; dessen war ich mir sicher. Ich schwamm so schnell wie möglich auf sie zu.

Ich rief bereits, bevor ich sehen konnte, wie viele Passagiere das Gefährt hatte, aber Beatrice würde nie zulassen, daß ich mich irrte; das wußte ich. Ein Lichtstrahl ging von der Barkasse aus. Er suchte das Wasser ab und und enthüllte gleichzeitig vier nebeneinander stehende Personen. Ich schrie vor Jubel und ruderte mit den Armen. Schließlich entdeckte mich jemand, und die Barkasse nahm Kurs auf mich. Als ich mich endlich an Bord befand, war ich so voller Adrenalin und Erleichterung, daß ich beinahe glaubte, ich könne zurück ins Wasser springen und mit ihnen um die Wette nach Hause schwimmen.

Ich hatte befürchtet, Daniel wäre wütend, doch als

ich ihm beschrieb, was mir zugestoßen war, sagte er nur: »Wir sollten uns besser auf den Weg machen.«

Agnes umarmte mich. Bartholomew warf mir einen beinahe respektvollen Blick zu, doch Rachel meinte vorwurfsvoll: »Du bist ein Idiot, Martin. Du weißt gar nicht, wieviel Glück du gehabt hast.«

Ich sagte: »Doch, ich weiß es.«

Unsere Eltern standen an Deck. Die leere Barkasse war schon vor einiger Zeit zurückgekommen; sie hatten sich gerade aufgemacht, nach uns zu suchen. Als die Freunde abgefahren waren, erzählte ich ihnen noch einmal alles von vorne, doch diesmal versuchte ich, jegliche Gefahr herunterzuspielen.

Noch bevor ich zum Ende kam, packte meine Mutter Daniel am Hemdkragen und ohrfeigte ihn. »Ich habe ihn dir anvertraut! *Du Wahnsinniger!* Ich habe dir vertraut!« Daniel hob den Arm etwas, um die Schläge anzuwehren, doch dann senkte er ihn wieder und drehte das Gesicht dem Deck zu.

Ich brach in Tränen aus. »Es war meine Schuld!« Unsere Eltern schlugen uns nie; ich konnte einfach nicht glauben, was ich da sah.

Mein Vater sagte beschwichtigend: »Schau, er ist doch wieder zu Hause. Er ist jetzt in Sicherheit. Niemand hat ihn angerührt.« Er legte den Arm um meine Schulter und fragte vorsichtig: »Das stimmt doch, Martin, oder?«

Ich nickte unter Tränen. Das hier war fast schlimmer als der Anschlag des Fremden oder die Angst während der Flucht; ich fühlte mich tausendmal hilfloser, tausendmal mehr wie ein Kind.

Ich sagte: »Beatrice hat über mich gewacht.«

Meine Mutter verdrehte die Augen und lachte übertrieben; dabei ließ sie Daniels Hemd los. »Beatrice? *Beatrice?* Weißt du denn nicht, was dir hätte geschehenen können? Du bist zu jung, als daß du ihm hättest geben können, was er wollte. Er hätte das Messer benutzen müssen.«

Die Kälte aus meinen nassen Kleidern schien plötzlich tiefer in mich zu dringen. Ich schwankte unsicher, kämpfte aber darum aufrecht stehenzubleiben. Dann flüsterte ich trotzig: »Beatrice war da.«

Mein Vater sagte: »Geh und zieh dir etwas anderes an, sonst holst du dir noch den Tod.«

Ich lag im Bett und hörte, wie sie Daniel anschrien. Als er schließlich die Leiter herunterkletterte, war ich so krank vor Scham, daß ich mir wünschte, ich wäre ertrunken.

Er sagte: »Alles in Ordnung mit dir?«

Es gab nichts, was ich darauf hätte sagen können. Ich konnte ihn einfach nicht darum bitten, mir zu vergeben.

»Martin?« Daniel knipste die Lampe an. Sein Gesicht war von Tränen gestreift; er lachte sanft und wischte sie fort. »Mist, ich hatte solche Angst um dich. Tu so etwas nie wieder.«

»Das werde ich nicht.«

»In Ordnung.« Das war's; kein Gebrüll, keine gegenseitigen Beschuldigungen. »Willst du mit mir beten?«

Wir knieten Seite an Seite nieder und beteten für den Frieden unserer Eltern und für den Mann, der mir etwas hatte antun wollen. Ich zitterte; das Ganze holte mich wieder ein. Plötzlich sprudelten Worte aus meinem Mund hervor – Worte, die ich weder kannte noch verstand, obwohl ich wußte, durch sie darum zu beten, daß mit Daniel alles in Ordnung komme und unsere Eltern ihn nicht mehr für meine Dummheit bestraften.

Die seltsamen Worte flossen weiter aus mir; es war ein unverständlicher Schwall, der irgendwie von alldem durchdrungen war, was ich nun fühlte. Ich wußte, was gerade geschah: *Beatrice hatte mir die Sprache der Engel verliehen.* Wir hatten alles Wissen aufgeben müssen, als wir zu Fleisch wurden, doch manchmal gewährte Sie einigen Leuten die Fähigkeit, auf diese Weise zu beten, weil die Sprache der Engel Dinge ausdrücken konnte, die wir sonst nicht mehr in Worte zu kleiden vermochten. Daniel war ihrer seit seinem Untertauchen mächtig, aber es war nichts, was man erlernen oder worum man auch nur bitten konnte.

Als ich schließlich verstummte, rasten mir die Gedanken im Kopf herum. »Vielleicht hat Beatrice alles geplant, was an diesem Abend geschehen ist? Vielleicht hat sie das alles so eingerichtet, daß es auf diesen Moment hinsteuert!«

Daniel schüttelte den Kopf und zuckte leicht zusammen. »Spar dir deine Begeisterung. Du hast die Gabe; nimm sie einfach hin.« Er gab mir einen Stups mit der Schulter. »Geh jetzt ins Bett, bevor wir beide noch mehr Schwierigkeiten bekommen.«

Ich lag fast bis zur Morgendämmerung wach und war überwältigt von Glück. Daniel hatte mir vergeben, Beatrice mich beschützt und gesegnet. Ich verspürte keine Scham mehr, sondern nur noch Demut und Staunen. Mein Leben war gehüllt in die Liebe Gottes, und ich wußte, daß ich nichts dafür getan hatte, sie zu verdienen.

3

Den Heiligen Schriften zufolge tosten die Meere der Erde in Stürmen und bargen zahlreiche gefährliche Geschöpfe. Aber auf *Verheißung* waren die Ozeane ruhig, und die Engel hatten in der Ökopoesie nichts erschaffen, was ihren eigenen sterblichen Inkarnationen Schaden zufügen konnte. Die vier Kontinente und die vier Ozeane waren gleichermaßen gut bewohnbar gemacht worden, und so wie Männer und Frauen im Angesicht Gottes ununterscheidbar waren, so waren es auch die

Freiländer und die Festländer. (Einige Kommentatoren bestanden darauf, daß dies buchstäblich so war: Gott habe sich entschieden, blind gegenüber dem Ort zu sein, an dem wir leben, und blind dafür, ob wir mit einem Penis geboren würden oder nicht. Für mich war das eine wundervolle Vorstellung, auch wenn mir die Absicht dahinter nicht ganz klar war.)

Ich hatte gehört, daß gewisse obskure Sekten lehrten, die Engel seien tatsächlich zu einem von allen anderen abgesonderten Volk geworden, das im Wasser leben und unter der Oberfläche atmen konnte, doch dann habe Gott sie vernichtet, weil sie dadurch Beatrices Tod verhöhnten. Aber keine rechtmäßige Kirche nahm diese Idee ernst, und die Archäologen hatten keine Spur von diesen mythischen, verdammten Vettern gefunden. Menschen waren Menschen; es gab nur eine Art. Freiländer und Festländer durften sogar untereinander heiraten – wenn sie sich darüber einigten, wo sie fortan leben wollten.

Als ich fünfzehn war, verlobte sich Daniel mit Agnes aus der Gebetsgruppe. Das ergab einen Sinn: so ersparten sie sich Erklärungen und Auseinandersetzungen über das Untertauchen, die bei einem anderen, nicht eingeweihten Partner notwendig geworden wären. Agnes war natürlich Freiländerin, doch ein großer Zweig ihrer Familie – und ein kleiner der unseren – bestand aus Festländern; also wurde nach langen Verhandlungen entschieden, daß die Hochzeit in der Küstenstadt Ferez stattfinden würde.

Ich ging mit meinem Vater los, um eine Schale auszusuchen, die Daniel und Agnes als Boot dienen sollte. Diana, die Züchterin, hatte sechs ausgewachsene Schalen am Seil, und mein Vater bestand darauf, auf ihre Rücken zu steigen und persönlich jede einzelne nach Fehlern abzusuchen.

Als wir zur vierten kamen, verlor ich die Geduld.

Ich wand ein: »Es ist die untere Haut, die zählt.« Zwar konnte man einiges über den Zustand der Schale von hier oben aus erfahren, aber es hatte keinen Sinn, sich über ein paar kleine Mängel oberhalb der Wasserlinie Sorgen zu machen.

Mein Vater nickte nachdenklich. »Das stimmt. Du solltest besser ins Wasser gehen und die Unterseiten überprüfen.«

»Das werde ich nicht tun.« Natürlich, wir konnten dieser Frau einfach nicht zutrauen, daß sie uns eine gesunde Schale zu einem anständigen Preis verkaufen würde; das wäre unverzeihlich leichtsinnig gewesen.

»Martin! Hier geht es um die Sicherheit deines Bruders und deiner Schwägerin.«

Ich warf einen Blick zu Diana hinüber, um ihr zu zeigen, wo meine Sympathien lagen, dann schlüpfte ich aus meinem Hemd und sprang ins Wasser. Ich schwamm bis zur letzten Schale in der Reihe und tauchte unter sie ab. Ich machte meine Arbeit mit peinlicher Gründlichkeit und glitt mit den Fingern über jeden Quadratnanoradian der Haut. Ich hatte vor, meinen Vater dadurch zu ärgern, daß ich sogar noch länger brauchte, als ihm lieb war – und ich wollte Diana beeindrucken, indem ich vorhatte, alle sechs Schalen zu untersuchen, ohne aufzutauchen und nach Luft zu schnappen.

Eine noch nicht eingerichtete Schale lag höher im Wasser als ein Boot voller Möbel und Kram, aber ich war überrascht, als ich entdeckte, daß selbst im Schatten der Kreatur noch ausreichend Licht war, um die Haut deutlich zu sehen. Nach einer Weile erkannte ich, daß dies paradoxerweise mit einer stärkeren Eintrübung des Wassers zusammenhing; und woraus die feinen schwimmenden Partikel auch bestehen mochten, sie streuten das Sonnenlicht bis in die Schatten hinein.

Als ich mich durch das warme, helle Wasser bewegte

und die Liebe Beatrices so stark empfand wie schon lange nicht mehr, löste sich die Wut auf meinen Vater in nichts auf. Er wollte die beste Schale für Daniel und Agnes haben, genau wie ich. Und was den Wunsch betraf, Diana zu beeindrucken... wie albern er doch war! Sie war eine erwachsene Frau, mindestens so alt wie Agnes, und es war sehr unwahrscheinlich, daß sie in mir mehr sah als nur ein Kind. Als ich mit der dritten Schale fertig war, ging mir der Atem aus. Ich tauchte auf und berichtete fröhlich: »Bisher keine Mängel!«

Diana lächelte zu mir herab. »Du hast eine starke Lunge.«

Alle sechs Schalen waren in tadellosem Zustand. Schließlich nahmen wir die letzte in der Reihe, weil sie am einfachsten loszumachen war.

Ferez war an einer Flußmündung errichtet worden, doch die Docks lagen in einiger Entfernung stromaufwärts. Das half uns bei der Eingewöhnung; das allmähliche Absterben der Wellen war weniger erschütternd als ein harter Wechsel von der See an Land. Als ich aber vom Deck auf die Pier sprang, war es, als stoße ich mit etwas Massivem und Unnachgiebigem zusammen – mit dem Gestein des Planeten selbst. Ich war vorher bereits zweimal an Land gewesen, beide Male weniger als einen Tag. Die Hochzeitszeremonie würde mindestens zehn Tage dauern, aber wenigstens konnten wir auf dem Boot schlafen.

Als wir vier die bevölkerten Straßen entlangwanderten und in Richtung der Zeremonienhalle gingen, wo alles außer dem Hochzeitssakrament selbst stattfinden würde, starrte ich ungehobelt jeden an, der mir unter die Augen kam. Beinahe niemand ging barfuß wie wir, und nach einigen hundert Tau auf den Pflastersteinen – die viel rauher als jedes Deck waren – verstand ich warum. Unsere Kleidung war anders, unsere Haut war dunkler, unser Akzent war unmißverständlich ausländisch... doch niemand starrte uns an. Freiländer waren hier nichts Neues. Das machte mich sogar noch selbstbewußter: die Neugier, die ich empfand, beruhte nicht auf Gegenseitigkeit.

In der Halle schlossen wir uns den Vorbereitungen an, die hauptsächlich darin bestanden, unter den Anweisungen eines tyrannischen Onkels von Agnes Möbel hin und her zu schleppen. Es war mehr als ungewohnt, so viele Freiländer zusammen in dieser fremdartigen Umgebung zu sehen, und alles wurde noch seltsamer, als ich bemerkte, daß ich nicht auf Anhieb die Festländer unter uns ausmachen konnte; es gab keine scharfe Trennlinie, was die physische Erscheinung oder die Kleidung anging. Ich fühlte mich irgendwie schuldig; wenn Gott schon nicht den Unterschied erkannte, warum jagte ich dann Anzeichen dafür nach?

Am Mittag aßen wir alle draußen in einem Garten hinter der Halle. Das Gras war weich, doch es kitzelte mich an den Füßen. Daniel war fortgegangen, damit man ihm die Hochzeitskleider anpassen konnte, und meine Eltern waren mit wichtigen Arbeiten beschäftigt. Ich kannte nur eine Handvoll der Leute um mich herum. Ich saß im Schatten eines Baumes und gab vor, die enorme Größe des Gewächses und dessen bizarre Anatomie nicht zu bemerken. Ich fragte mich, ob wir eine Siesta halten würden; ich konnte mir nicht vorstellen, auf dem Gras einzuschlafen.

Jemand setzte sich neben mich, und ich drehte mich um.

»Ich bin Lena. Agnes' Kusine zweiten Grades.«

»Ich bin Martin, Daniels Bruder.« Ich zögerte, dann reichte ich ihr die Hand. Sie ergriff sie und lächelte ein wenig. Ich hatte an diesem Morgen bereits ein halbes Dutzend Fremde unbeholfen geküßt – es waren allesamt zukünftige Verwandte gewesen –, doch diesmal wagte ich dies nicht.

»Der Bruder des Bräutigams macht dieselbe niedrige Arbeit wie wir anderen.« Sie schüttelte den Kopf in spöttischer Bewunderung.

Ich wollte unbedingt etwas Geistreiches darauf antworten, aber ein mißlungener Versuch wäre noch schlimmer, als bloß teilnahmslos zu wirken. »Lebst du in Ferez?«

»Nein, in Mitar. Von hier aus gesehen im Landesinneren. Wir wohnen bei unserem Onkel.« Sie zog eine Schnute. »Zusammen mit zehn anderen Leuten. Keine Privatsphäre. Schrecklich.«

Ich sagte: »Wir haben es gut. Wir haben unser Haus einfach mitgebracht.« *Du Idiot. Als ob sie das nicht wüßte.*

Lena lächelte. »Ich bin seit Jahren nicht mehr auf einem Boot gewesen. Du mußt mir irgendwann einmal eine Fahrt spendieren.«

»Natürlich. Es wäre mir ein Vergnügen.« Ich wußte, daß sie nur Konversation machte; sie würde niemals auf mein Angebot zurückkommen.

Sie sagte: »Gibt es nur dich und Daniel?«

»Ja.«

»Ihr müßt euch nahestehen.«

Ich zuckte die Schultern. »Und wie ist es bei dir?«

»Zwei Brüder. Beide jünger. Acht und neun. Sie sind in Ordnung, vermute ich.« Sie legte das Kinn auf die Hand und blickte mich kühl an.

Ich schaute weg. Mich verwirrte mehr als nur meine Mutmaßungen darüber, was hinter ihrem Blick verborgen lag. Falls nicht ihre Eltern bei ihrer Geburt entsetzlich jung gewesen waren, schien es unwahrscheinlich, daß weitere Kinder geplant waren. Deutete die ungerade Anzahl der Familienmitglieder auf einen Verstorbenen hin oder wurde der Brauch der geraden Kinderzahlen – für jeden Elternteil mindestens eines – dort, wo sie lebte, nicht mehr befolgt? Ich hatte die Gegend vor weniger als einem Jahr bereist, aber für solche Dinge erwies sich mein Gedächtnis als schrecklich schlecht.

Lena sagte: »Du sahst so einsam aus, wie du so ganz allein hier gesessen hast.«

Ich wandte mich ihr überrascht wieder zu. »Ich bin nie einsam.«

»Nein?«

Sie schien wirklich neugierig zu sein. Ich öffnete den Mund, um ihr von Beatrice zu erzählen, doch dann besann ich mich eines Besseren. Die wenigen Male, wo ich etwas zu Freunden gesagt hatte – zu gewöhnlichen Freunden, nicht zu solchen, die selbst untergetaucht worden waren –, hatte ich es immer bereut. Es hatte zwar nicht jeder gelacht, aber sie alle waren von dieser Offenbarung peinlich berührt gewesen.

Ich sagte: »Mitar hat eine Million Einwohner, nicht wahr?«

»Ja.«

»Ein Meeresgebiet von derselben Größe hätte eine Bevölkerung von zehn.«

Lena runzelte die Stirn. »Ich fürchte, das ist zu hoch für mich.« Sie stand auf. »Aber vielleicht fällt dir ja noch ein, wie du es ausdrücken kannst, so daß es selbst ein Festländer verstehen kann.« Sie winkte mir zum Abschied und ging fort.

Ich sagte: »Vielleicht.«

Die Hochzeit fand in der Tiefen Kirche von Ferez statt, einem aus Stein, Glas und Holz errichteten Raumschiff. Es sah fast wie eine Parodie auf die Kirchen aus, die ich kannte, auch wenn sie vermutlich dem echten Schiff der Engel mehr glich als alles, was aus lebenden Schalen bestand.

Daniel und Agnes standen vor dem Priester unter

der höchsten Wölbung des Baus, ihre nächsten Verwandten in zwei Reihen auf jeder Seite hinter ihnen. Mein Vater – also Daniels Mutter – war der erste in unserer Reihe, gefolgt von meiner eigenen Mutter und mir. Das brachte mich auf eine Höhe mit Rachel, die verächtliche Blicke in meine Richtung warf. Nach meinem Unglück hatte man Daniel und mir schließlich wieder erlaubt, zu den Treffen der Gebetsgruppe zu reisen, aber nach weniger als einem Jahr fühlte ich mich davon nicht mehr angezogen, und bald danach war ich auch nicht mehr zur Kirche gegangen. Beatrice war immer bei mir, und keine Versammlungen oder Zeremonien konnten mich Ihr noch näherbringen. Ich wußte, daß Daniel diese Haltung mißbilligte, doch er machte mir deswegen keine Vorhaltungen, und meine Eltern nahmen meine Entscheidung ohne viel Aufhebens hin. Wenn Rachel glaubte, ich sei so etwas wie ein Abtrünniger, dann war das ihre Sache.

Der Priester fragte: »Wer von euch beiden bringt eine Brücke mit in diese Ehe?«

Daniel antwortete: »Ich.« In der Übergangszeremonie fragten sie das nicht mehr; es ging wirklich keinen etwas an – und in gewisser Weise war diese Frage schon beinahe ein Sakrileg. Aber die Theologen der Tiefen Kirche hatten bereits größere dogmatische Widersprüche wegerklärt; also stand mir kein Einwand dagegen zu.

»Erklärt ihr, Daniel und Agnes, feierlich, daß diese Brücke das Band eurer Vereinigung bis zum Tod sein und mit keiner anderen Person geteilt werden wird?«

Sie antworteten zusammen: »Das erklären wir feierlich.«

»Erklärt ihr feierlich, daß, so wie ihr diese Brücke miteinander teilt, ihr auch jede Freude und jede Bürde des Ehelebens miteinander teilen werdet – zu gleichen Teilen?«

»Das erklären wir feierlich.«

Meine Gedanken schweiften ab; ich dachte an Lenas Eltern. Vielleicht war eines ihrer Kinder adoptiert. Lena und ich war es bisher gelungen, uns dreimal zum Boot fortzustehlen, und zwar jeweils am frühen Abend, wenn meine Eltern noch fort waren. Wir hatten Dinge getan, die ich noch nie zuvor mit jemand anderem getan hatte, doch ich hatte noch immer nicht den Mut aufgebracht, nach etwas so Persönlichem zu fragen.

Plötzlich sagte der Priester: »In den Augen Gottes seid ihr jetzt eins.« Mein Vater weinte leise. Als sich Daniel und Agnes küßten, spürte ich eine Welle einander widerstreitender Empfindungen. Ich würde Daniel vermissen, aber ich war froh über die Möglichkeit, endlich getrennt von ihm zu leben. Und ich wollte, daß er glücklich werde – ich war bereits auf sein Glück eifersüchtig –, aber zur gleichen Zeit erfüllte mich der Gedanke, jemanden wie Agnes zu heiraten, mit klaustrophobischen Gefühlen. Sie war freundlich, fromm und großzügig. Sie und Daniel würden einander und ihre Kinder gut behandeln. Aber keiner von beiden würde die geringste Herausforderung für die am innigsten gehegten Glaubensartikel des anderen bedeuten.

Dieses Rezept für Harmonie erschreckte mich – nicht zuletzt, weil ich Angst hatte, daß Beatrice es billigen und wünschen könnte, daß ich diesem Beispiel folgte.

Lena legte ihre Hand auf meine und drückte meine Finger keuchend tiefer in sich. Wir saßen mit einander zugewandtem Gesicht in meiner Koje. Ich hatte die Beine flach ausgestreckt, und ihre bogen sich darüber.

Sie glitt mit ihrer anderen Hand über meinen Penis. Ich beugte mich vor und küßte sie, wobei ich mit dem

Daumen über die Stelle rieb, die sie mir gezeigt hatte, und ihr Erzittern fuhr durch uns beide.

»Martin?«

»Was ist?«

Sie streichelte mich mit der Fingerspitze; irgendwie war das viel besser, als wenn sie die ganze Hand um mich legte.

»Willst du in mich kommen?«

Ich schüttelte den Kopf.

»Warum nicht?«

Sie bewegte den Finger weiter und folgte immer derselben Linie. Ich konnte kaum mehr klar denken. *Warum nicht?* »Du könntest schwanger werden.«

Sie lachte. »Sei doch nicht dumm. Das habe ich unter Kontrolle. Du wirst es auch lernen. Es ist nur eine Frage der Erfahrung.«

Ich sagte: »Ich mache es dir mit der Zunge. Das hast du doch gemocht.«

»Ja. Aber jetzt will ich mehr. Und du auch. Das weiß ich.« Sie lächelte beschwörend. »Ich verspreche dir, daß es für uns beide schön wird. Schöner als alles, was du in deinem Leben bisher gemacht hast.«

»Darauf würde ich nicht wetten.«

Lena entfuhr ein Ton des Unglaubens; sie bewegte den Daumen um den unteren Teil meines Penis. »Ich weiß, daß du ihn noch nie in jemand anderen gesteckt hast. Aber deswegen mußt du dich nicht schämen.«

»Wer sagt denn, daß ich mich schäme?«

Sie nickte feierlich. »In Ordnung. Also ist es Angst.«

Ich befreite meine Hand und schlug mir den Kopf an der Koje über uns an. An Daniels alter Koje.

Lena legte mir die Hand auf die Wange.

Ich sagte: »Ich kann nicht. Wir sind nicht verheiratet.«

Sie runzelte die Stirn. »Ich habe gehört, daß du das alles aufgegeben hast.«

»Was?«

»Religion.«

»Dann bist du falsch unterrichtet.«

Lena sagte: »Genau dafür haben die Engel unseren Körper geschaffen. Wie kann also etwas Sündhaftes dabei sein?« Sie fuhr mit der Hand über meinen Hals, dann über meine Brust.

»Aber die Brücke soll dienen...« *Wozu?* Die Heiligen Schriften besagten nur, daß sie Männer und Frauen gleichermaßen vereinen sollte. Und sie besagten, daß Gott die Männer nicht von den Frauen unterscheiden wollte, doch in der Tiefen Kirche hatte der Priester soeben im Angesicht Gottes Daniel dazu gebracht, den Vorrang für sich zu beanspruchen. Warum also sollte ich mich darum kümmern, was ein Priester dachte?

Ich sagte: »In Ordnung.«

»Bist du sicher?«

»Ja.« Ich nahm ihr Gesicht in die Hände und küßte sie. Nach einer Weile langte sie hinunter und führte mich ein. Das jähe Lustgefühl bewirkte, daß es mir beinahe gekommen wäre, doch irgendwie konnte ich es zurückhalten. Und als ich mich etwas beruhigt hatte, schlangen wir die Arme umeinander und schaukelten langsam vor und zurück.

Es war nicht besser als mein Untertauchen, aber es war ihm so ähnlich, daß es einfach von Beatrice gesegnet sein mußte. Als wir uns in den Armen hielten und uns bewegten, wuchs in mir der Entschluß, Lena zu fragen, ob sie mich heiraten wolle. Sie war klug und stark. Sie hinterfragte alles. Es machte mir nichts aus, daß sie eine Festländerin war; wir könnten uns auf halber Strecke entgegenkommen und in Ferez wohnen.

Ich spürte, wie ich mich ergoß. »Tut mir leid.«

Lena flüsterte: »Ist schon in Ordnung, ist schon in Ordnung. Beweg dich einfach weiter.«

Er war noch hart; das war mir nie zuvor passiert. Ich spürte, wie sie ihre Muskeln im Takt mit unseren Bewegungen und ihrem langsamen Ausatmen rhythmisch zusammenpreßte und wieder lockerte. Dann schrie sie auf und grub mir die Finger in den Rücken. Ich versuchte, teilweise wieder aus ihr herauszugleiten, doch das war unmöglich; sie hielt mich zu fest. Das war's; nun gab es kein Zurück mehr.

Jetzt hatte ich Angst. »Ich habe noch nie...« Tränen quollen mir in die Augen; ich versuchte, sie fortzuschütteln.

»Ich weiß. Und ich weiß auch, daß es beängstigend ist.« Sie umarmte mich noch fester. »Fühle es einfach nur. Ist es nicht wundervoll?«

Ich war mir meines bewegungslosen Gemächtes kaum mehr bewußt, doch jetzt strömte mir flüssiges Feuer durch die Leistengegend; es waren Lustwellen, die sich tiefer in mir ausbreiteten. Ich sagte: »Ja. Fühlt es sich bei dir genauso an?«

»Es ist anders. Aber es ist genauso gut. Das wirst du bald genug selbst herausfinden.«

»Ich hatte nicht so weit in die Zukunft gedacht«, gestand ich.

Lena kicherte. »Vor dir liegt ein ganzes neues Leben, Martin. Du weißt nicht, was dir bisher entgangen ist.«

Sie küßte mich und zog sich dann langsam von mir zurück. Ich schrie vor Schmerzen auf, und sie hielt inne. »Tut mir leid. Ich werd's langsam angehen.« Ich griff nach unten, um die Stelle zu berühren, an der wir miteinander verbunden waren; ein blutiges Rinnsal floß aus dem unteren Teil meines Schaftes.

Lena sagte: »Du wirst mir doch nicht ohnmächtig werden?«

»Red keinen Unsinn.« Allerdings war mir übel. »Was ist, wenn ich noch nicht soweit bin? Was ist, wenn ich es nicht kann?«

»Dann verliere ich meinen Griff um ihn in ein paar hundert Tau wieder. Die Engel waren nicht vollkommen dämlich.«

Ich überhörte diese Blasphemie, obwohl es nicht irgendein Engel gewesen war, der unsere Körper entworfen hatte – es war Beatrice selbst gewesen. Ich sagte: »Versprich mir nur, daß du kein Messer dazu benutzen wirst.«

»Das ist gar nicht witzig. Manchen Leuten passiert das wirklich.«

»Ich weiß.« Ich küßte sie auf die Schulter. »Ich glaube…«

Lena streckte die Beine ein wenig aus, und ich spürte, wie der Kern aus mir herausbrach. Aus der Leistengegend floß warmes Blut hervor, doch die Schmerzen hatten sich von Verletzungswarnung zu reiner Zärtlichkeit gewandelt; mein Nervensystem erstreckte sich nicht mehr auf die Wunde. Ich fragte Lena: »Spürst du ihn? Ist er jetzt ein Teil von dir?«

»Noch nicht. Es dauert eine Weile, bis sich die Verbindungen bilden.« Sie fuhr mir mit den Fingern über die Lippen. »Darf ich in dir bleiben, bis es soweit ist?«

Ich nickte glücklich. Nun kümmerte ich mich kaum mehr um meine Empfindungen, sondern dachte nur noch über das Wunder nach, das es mir ermöglichte, Lena einen Teil meines Körpers zu geben. Ich hatte die physiologischen Details vom Austausch der Nährstoffe bis hin zum unabhängigen Immunsystem dieses Organs bereits vor langer Zeit studiert – und ich wußte, daß Beatrice dieselben Techniken für die Brücke sowie für die Zeugung von Embryos verwendet hatte –, aber es war ebenso erschreckend wie zutiefst bewegend, Ihre Genialität so dramatisch am eigenen Fleisch zu beobachten. Nur der Gebärvorgang konnte mich ihr noch näher bringen als das hier.

Als wir uns dann endlich doch trennten, war ich

nicht ganz darauf vorbereitet, was ich sehen würde. »Oh, das ist ja widerlich!«

Lena schüttelte den Kopf und lächelte. »Die neuen sehen alle ein bißchen... verkrustet aus. Das meiste von dem Zeugs wird sich auswaschen, und der Rest wird in ein paar Kilotau abfallen.«

Ich faltete das Laken und suchte nach einer sauberen Stelle, dann tupfte ich meinen – ihren – Penis ab. Meine neu gebildete Vagina blutete nicht mehr, aber langsam dämmerte mir, wieviel Dreck wir gemacht hatten. »Das muß ich auswaschen, bevor meine Eltern zurückkommen. Ich kann es am Morgen zum Trocknen raushängen, wenn sie wieder weg sind, aber wenn ich es nicht sofort wasche, werden sie es riechen.«

Wir säuberten uns gut genug, um wieder die Hosen anziehen zu können, und Lena half mir dabei, das Laken an Deck zu bringen und an den Wäschehaken ins Wasser zu lassen. Die Fasern des Lakens benutzten die Nährstoffe im Wasser für ihren Selbstreinigungsprozeß.

Die Docks schienen verlassen zu sein; die meisten der Boote in der Nähe gehörten Leuten, die zur Hochzeit gekommen waren. Ich hatte meinen Eltern gesagt, ich sei zu müde, um weiter an den Feierlichkeiten teilzunehmen; heute würden sie bis zur Morgendämmerung dauern, obwohl Daniel und Agnes sich wahrscheinlich um Mitternacht zurückzögen. Um das zu tun, was Lena und ich gerade getan hatten.

»Martin? Zitterst du?«

Es brachte nichts, wenn ich es vor mir herschob. Bevor mich mein bißchen Mut verlassen konnte, sagte ich: »Willst du mich heiraten?«

»Sehr komisch. Oh...« Lena nahm meine Hand. »Es tut mir leid, aber ich weiß nie, wann du einen Witz machst.«

Darauf erwiderte ich: »Wir haben die Brücke getauscht. Es ist egal, daß wir nicht vorher geheiratet haben, aber es würde die Dinge vereinfachen, wenn wir uns der Konvention beugten.«

»Martin…«

»Wir könnten auch einfach zusammenleben, wenn es das ist, was du willst. Es ist mir egal. In Beatrices Augen sind wir bereits verheiratet.«

Lena biß sich auf die Lippen. »Ich will nicht mit dir leben.«

»Ich könnte nach Mitar ziehen. Ich könnte mir Arbeit suchen.«

Lena schüttelte den Kopf. Sie hielt noch immer meine Hand und sagte bestimmt: »*Nein*. Bevor wir es getan haben, wußtest du genau, was es bedeutet und was es nicht bedeutet. Du willst mich nicht heiraten, und ich will dich nicht heiraten. Also laß das sein.«

Ich befreite meine Hand aus ihrem Griff und setzte mich auf das Deck. *Was hatte ich getan?* Ich hatte geglaubt, Beatrices Segen zu haben; ich hatte geglaubt, das alles sei Ihr Plan… aber ich hatte mich nur zum Narren gemacht.

Lena setzte sich neben mich. »Worüber machst du dir Gedanken? Daß deine Eltern es herausfinden?«

»Ja.« Das war das geringste Problem, aber es schien sinnlos zu sein, ihr die Wahrheit zu erklären. Ich drehte mich ihr zu. »Wann können wir…«

»Nicht innerhalb der nächsten zehn Tage. Und manchmal dauert es beim ersten Mal noch länger.«

Das hatte ich gewußt, aber ich hatte gehofft, ihre Erfahrung würde meinem theoretischen Wissen widersprechen. *Zehn Tage*. Dann würden wir beide auf und davon sein.

Lena sagte: »Befürchtest du etwa, du kannst jetzt nie mehr heiraten? Was glaubst du, wie viele Ehen geschlossen werden, bei denen derjenige Partner noch die Brücke hat, mit der er geboren wurde?«

»Neun von zehn. Es sei denn, beide Teile sind Frauen.«

Lena warf mir einen Blick zu, der zwischen Zärtlichkeit und Unglauben pendelte. »Nach meiner Einschätzung ist es eine von fünf.«

Ich schüttelte den Kopf. »Das ist mir egal. Wir haben die Brücke getauscht; wir müssen zusammenbleiben.« Lenas Gesichtsausdruck verhärtete sich genauso wie meine Entschlossenheit. »Sonst muß ich sie zurückhaben.«

»Martin, das ist lachhaft. Du wirst schon bald eine neue Geliebte finden, und dann weißt du schon gar nicht mehr, worüber du dir eigentlich Sorgen gemacht hast. Oder vielleicht verliebst du dich in einen hübschen Jungen aus der Tiefen Kirche, und dann werdet ihr beide froh sein, daß ihr nicht das Problem habt, die überzählige Brücke loszuwerden.«

»Tatsächlich? Vielleicht wird er auch nur angewidert sein, daß ich nicht warten konnte, um es wirklich nur für *ihn* zu tun.«

Lena stöhnte und verdrehte die Augen gen Himmel. »Habe ich eben etwas davon gesagt, daß die Engel alles richtig gemacht haben? Zehntausend Jahre ohne Körper, und dann glaubten sie, sie wären qualifiziert dazu…«

Ich schnitt ihr wütend das Wort ab. »Sei nicht so verdammt blasphemisch! Beatrice wußte genau, was Sie tat. Wenn wir die ganze Sache versauen, ist das unsere Schuld!«

Lena sagte nüchtern: »In zehn Jahren wird es eine Pille geben, mit der du verhindern kannst, daß die Brücke fortwandert, und eine weitere Pille, mit der du sie abstoßen kannst, wenn es auf dem normalen Weg nicht klappt. Wir werden von den Engeln die Kontrolle über unseren Körper zurückerhalten und genau das mit ihm machen, was wir wollen.«

»Das ist krank. Das ist wirklich krank.«

Ich starrte auf das Deck und erstickte beinahe vor Elend. *Das war doch das, was ich gewollt hatte, oder etwa nicht? Eine Geliebte, die das völlige Gegenteil von Daniels süßer, frommer Agnes war.* Mit der Ausnahme, daß wir in meinen Phantasien immer eine ganze Lebensspanne Zeit hatten, um unsere philosophischen Differenzen auszuräumen, und nicht bloß eine einzige Nacht, in der sie uns auseinanderrissen.

Nun hatte ich nichts mehr zu verlieren. Ich erzählte Lena von meinem Untertauchen. Sie lachte nicht; sie hörte schweigend zu.

Ich sagte: »Glaubst du mir?«

»Natürlich.« Sie zögerte. »Aber hast du dich je gefragt, ob es für das, was du in jener Nacht im Wasser gespürt hast, eine andere Erklärung gibt? Dir wäre beinahe der Sauerstoff ausgegangen…«

»Den Leuten geht andauernd beinahe der Sauerstoff aus. Die Freiländerkinder verbringen ihr halbes Leben damit, länger als das letzte Mal unter Wasser zu bleiben.«

Lena nickte. »Sicher. Aber das ist nicht ganz dasselbe, oder? Du warst gezwungen, länger unter Wasser zu bleiben, als du nur mit Willenskraft geblieben wärst. Und… du warst vorbereitet; man hatte dir gesagt, was du zu erwarten hattest.«

»Das stimmt nicht. Daniel hat mir nie gesagt, wie es wirklich sein würde. Ich war *überrascht*, als es passierte.« Ich erwiderte ihren Blick ruhig und war bereit, jeden ihrer abgefeimten Einwände abzuschmettern. Ich fühlte mich ernüchtert, aber friedfertig. Das war es, was Beatrice von mir erwartet hatte, bevor wir die Brücke getauscht hatten: nicht eine tote Zeremonie in einem toten Gebäude, sondern die Ehrlichkeit, Lena genau zu sagen, mit wem sie schlafen würde.

Wir sprachen und stritten noch fast bis Sonnenaufgang; keiner überzeugte den anderen mit seinen Ansichten. Lena half mir, das saubere Laken aus dem Wasser zu ziehen und es unter Deck zu verstecken. Bevor sie ging, schrieb sie mir die Adresse eines Freundes in Mitar auf und die Zeit für ein Treffen.

Diese Verabredung einzuhalten war das Schwierigste, was ich je in meinem Leben getan habe. Ich verbrachte drei ganze Tage damit, mich bei meinen Vettern aus Mitar solange einzuschmeicheln, bis sie mich einfach einladen mußten, nach der Hochzeit noch etwas bei ihnen zu bleiben, wenn sie sich nicht als grob unhöflich erweisen wollten. Sobald ich dort war, mußte ich schonungslos Ränke schmieden und lügen, damit ich sie an dem vorherbestimmten Tag los sein würde.

Nachmittags machten Lena und ich im Haus eines Fremden freudlos alles rückgängig, was vor dem zwischen uns geschehen war. Ich hatte Angst gehabt, der neuerliche Akt könnte all meine dummen Illusionen wieder neu beleben, doch als wir uns draußen auf der Straße trennten, hatte ich das Gefühl, sie kaum mehr zu kennen.

Der Schmerz war noch schlimmer gewesen als auf dem Boot und meine Leistengegend fühlbar geschwollen, doch ich wußte, daß in ein paar Tagen höchstens noch die Berührung einer Geliebten oder eine medizinische Untersuchung ans Licht bringen könnte, was ich getan hatte.

Auf der Zugfahrt zurück zur Küste rief ich mir die ganze Folge der Ereignisse wieder und wieder ins Gedächtnis. *Wie hatte ich mich so sehr irren können?* Die Leute redeten andauernd davon, daß Sex ein Wesen verwirre und täusche, doch ich hatte geglaubt, das sei nur billiger Zynismus. Außerdem hatte ich mich nicht blindlings dem Sex ausgeliefert; ich hatte geglaubt, von Beatrice geleitet zu werden.

Wenn ich mich darin getäuscht haben sollte…

Ich mußte vorsichtiger sein. Beatrice sprach immer klar und deutlich, aber ich mußte ihr mit viel mehr Geduld und Demut lauschen als bisher.

Das war es. Das war es, das ich von Ihr lernen sollte. Schließlich entspannte ich mich und sah aus dem Fenster auf einen vorbeieilenden, verschwommenen Wald, der einen weiteren Triumph der Ökopoesie darstellte. Wenn ich den Beweis brauchte, daß es stets neue Hoffnung gab, dann war er jetzt überall um mich herum zu sehen. Die Engel waren so weit von Gott abgefallen wie niemand sonst, und doch hatte sich Gott ihnen wieder zugewandt und ihnen den Planeten *Verheißung* gegeben.

4

Ich war neunzehn, als ich nach Mitar zurückkehrte, um an der dortigen Universität Ökopoesie zu studieren. Eigentlich hatte ich nicht so weit von meinem Zuhause wegziehen wollen, aber letztlich mußte ich das geographisch und intellektuell erstbeste Angebot annehmen. Ich arbeitete mit Barat zusammen, einem Festländerbiologen, dessen eigentliches Fachgebiet die heimische Mikrofauna war. »Engelstechnologie ist für sich genommen ein faszinierender Gegenstand«, sagte er zu mir. »Aber wir dürfen nicht der Hoffnung erliegen, interpolierend arbeiten zu können und die irdische Evolution aus etwas zu entschlüsseln, das die Engel geschaffen haben. Wir können bestenfalls zu verstehen versuchen, wie die eigene Biosphäre von *Verheißung* aussah, bevor wir hier eintrafen und sie zerstörten.«

Es gelang mir, ihn zu einem Kompromiß zu überreden: Meine Dissertation würde den Druck der Ökopoesie auf die heimische Mikrofauna einschließen. Das würde mir eine Entschuldigung dafür verschaffen, die Erfindungen der Engel zu studieren und sie mit den graubraunen Einzellern zu vergleichen, die den Planeten in den letzten Jahrmilliarden bewohnt hatten.

›Der Druck der Ökopoesie‹ war natürlich ein viel zu breites Thema; mit Barats Hilfe straffte ich es auf eine einzige ungelöste Frage hin. Es gab seit langem den geologischen Beweis dafür, daß das Oberflächenwasser des Ozeans immer alkalischer und sauerstoffärmer geworden war, da neue Rassen das Gleichgewicht der ausweichenden Gase verschoben. Einige eingeborene Arten mußten sich vor den Umwälzungen zurückgezogen haben und waren vielleicht sogar völlig ausgelöscht worden, doch im Augenblick gab es eine blühende Population von Zooyten in den oberen Wasserschichten. Waren sie schon immer da gewesen und hatten sich *in situ* angepaßt? Oder waren sie von irgendwoher eingewandert?

Mitars Entfernung von der Küste war kein echter Nachteil beim Studium des Ozeans; die Universität veranstaltete regelmäßig Expeditionen, und ich hatte noch viel Bibliotheks- und Laborarbeit zu leisten, bevor ich daran denken konnte, lebende Beispiele in ihrer natürlichen Umgebung zu sammeln. Mehr noch: das Flußwasser und sogar das Regenwasser wimmelte von eng verwandten Arten, und da die Möglichkeit bestand, daß gerade aus diesen Beständen der ›verwüstete‹ Ozean wiederbesiedelt worden war, verfügte ich über viel Anschauungsmaterial in unmittelbarer Nähe.

Barat verlangte viel, aber er war kein Tyrann, und seine anderen Studenten gaben mir das Gefühl, willkommen zu sein. Ich hatte Heimweh, das aber nicht krankhaft war, und empfand leichtsinniges Vergnügen an den bewegten Träumen und meinem fiebrigen Gefühl beim Leben an Land, das sie hervorrief. Ich erfüllte mir zwar nicht eigentlich meinen Kindheitstraum, die Geheimnisse der Engel aufzudecken – und ich hatte weniger Gelegenheit als erwartet, zur Ökopoesie selbst abschweifen zu können –, aber als ich mich einmal in die Einzelheiten der ursprünglichen, völlig absichtslosen Biochemie der *Verheißung* vertieft hatte, stellte sie sich als vielfältig und elegant genug heraus, um meine Aufmerksamkeit zu fesseln.

Es ging mir nur schlecht, wenn ich mir erlaubte, an Sex zu denken. Ich wollte nicht wie Daniel enden; daher war das letzte, woran ich dachte, der Versuch, eine weitere untergetauchte Person zu finden und zu heiraten. Aber die Aussicht darauf, meinen Fehler mit Lena zu wiederholen, war mir unerträglich; ich hatte nicht vor, mit jemandem körperlich intim zu werden, es sei denn, wir wären bereits so vertraut miteinander, daß ich dieser Person vom Wichtigsten in meinem Leben erzählen konnte. Aber so liefen die Dinge hier nicht. Nach ein paar demütigenden Versuchen, gegen den Strom zu schwimmen, verwarf ich die ganze Idee und stürzte mich statt dessen auf meine Arbeit.

Natürlich war es an der Universität von Mitar möglich, ein gesellschaftliches Leben zu führen, ohne mit jemandem die Brücke zu tauschen. Ich schloß mich einem zwanglosen Gesprächskreis über Engelskultur an, die sich jede zehnte Nacht in einem kleinen Raum im Studentengebäude traf – so wie die alte Gebetsgruppe, auch wenn ich mich nicht der Täuschung hingab, daß diese hier mit Gläubigen vollgestopft wäre. Das brauchte sie auch nicht zu sein. Das Vermächtnis der Engel konnte man problemlos ohne Bezugnahme auf Beatrices Göttlichkeit analysieren. Die Heiligen Schriften waren lange nach der Überfahrt von Leuten aus einem einfacheren Zeitalter verfaßt worden; es gab keinen Grund, sie als unfehlbar anzusehen. Wenn Ungläubige etwas Licht in die Botschaften aus der Vergangenheit bringen konnten, hatte ich keinen Grund, ihre Einsichten zurückzuweisen.

»Es ist offensichtlich, daß nur eine einzige Splittergruppe zur *Verheißung* kam!« Das war die Anthropologin Céline, eine Frau, die so sehr Lena ähnelte, daß ich mich jedesmal, wenn ich sie ansah, gewaltsam daran erinnern mußte, daß zwischen uns nichts sein durfte. »*Wir* sind nicht so homogen, daß wir uns einmütig dazu entscheiden würden, zu einem anderen Planeten zu reisen und eine neue physische Form anzunehmen, welche kulturellen Kräfte uns auch immer dazu trieben. Warum also hätten die Engel einmütig sein sollen? Die anderen Splittergruppen müssen noch in der Unstofflichen Stadt oder auf der Erde oder anderen Planeten leben.«

»Warum haben sie dann keinen Kontakt mit uns aufgenommen? In zwanzigtausend Jahren hätte man doch erwarten dürfen, daß sie mal kurz reinschauen und ein oder zweimal hallo sagen.« David war Mathematiker und Freiländer und kam vom südlichen Ozean.

Céline entgegnete: »Die Haltung der Engel, die hierher kamen, hat Besucher sicherlich nicht ermuntert. Wenn alles, was wir haben, eine Geschichte der Überfahrt ist, in der Beatrice ausnahmslos alle Engel dazu überredet, die Unsterblichkeit aufzugeben – eine Version, die einfach alle anderen aus der Geschichte tilgt –, klingt das nicht gerade wie der Wunsch, miteinander in Kontakt zu bleiben.«

Eine Frau, die ich nicht kannte, warf dazwischen: »Es war aber vielleicht nicht von Anfang an so eindeutig. Es gibt Anzeichen von Siedlertechnologie, die sich erst mehr als drei Jahrtausende nach der Überfahrt entwickelte, lange nachdem sie noch für die Ökopoesie gebraucht wurden. Es entstanden weiterhin neue Rassen und bei technischen Projekten wurden weiterhin hochentwickelte Materialien und Energiequellen benutzt. Aber innerhalb eines Jahrhunderts verschwindet das alles. Die Schriften verschmelzen drei verschiedene Entscheidungen zu einer einzigen: den Verzicht auf die Unsterblichkeit, die Auswanderung zur *Verheißung* und die Aufgabe der Technologie, mit der ein Fluchtweg noch möglich gewesen wäre, hätte jemand seine Meinung geändert. Aber wir *wissen*, daß es so nicht gewesen ist. Dreitausend Jahre nach der Überfahrt geschah ein Einschnitt. Das ganze Experiment wurde plötzlich unumkehrbar.«

Diese Spekulationen hätten den gläubigen Durchschnittsfreiländer gröblich beleidigt, von den Untergetauchten ganz zu schweigen, doch ich hörte ruhig zu und zog sogar in Erwägung, daß etwas davon stimmen könnte. Beatrices Liebe war der einzige Fixpunkt in meinem Kosmos; über alles andere ließ sich reden.

Trotzdem aber war die Diskussion manchmal schwer zu ertragen. Eines Nachts kam David geradewegs von einem Physikerseminar zu uns. Was die Rednerin vorgetragen hatte, empfand ich schon als beunruhigend genug, doch er war bereits darüber hinausgegangen und zu einer Schlußfolgerung gelangt, die mir noch weniger behagte.

»Warum haben die Engel die Sterblichkeit gewählt? Warum haben sie nach zehntausend Jahren ohne Tod all die wunderbaren Möglichkeiten, die vor ihnen lagen, fortgeworfen und sind auf diesen Schlammklumpen gekommen, um wie Tiere zu sterben?« Ich mußte mir auf die Zunge beißen, um nicht auf diese rhetorische Frage zu antworten: Weil Gott die einzige Quelle des ewigen Lebens ist und Beatrice ihnen gezeigt hat, daß alles, was sie besaßen, nur eine billige Parodie dieses göttlichen Geschenkes war.

David machte eine Pause und bot uns dann seine eigene Antwort an – die ihrerseits eine schreckliche Parodie auf die Wahrheit Beatrices war. »Weil sie schließlich entdeckten, daß sie gar nicht unsterblich waren. Sie entdeckten, daß niemand unsterblich sein kann. Uns – und wahrscheinlich auch ihnen – ist schon immer klar gewesen, daß das Universum in Raum und Zeit endlich ist. Es ist dazu bestimmt, irgendwann in sich zusammenzufallen: »Die Sterne werden vom Himmel fallen. Aber es ist leicht, sich einen Ausweg daraus *vorzustellen.*« Er lachte. »Wir wissen selbst noch nicht genug von der Physik, um irgend etwas definitiv ausschließen zu können. Ich habe gerade eine außergewöhnliche Frau aus Tia gehört; sie hat darüber gesprochen, unseren Geist in Wellen zu kodieren, die das schrumpfende Universum so schnell umkreisen, daß wir eine *unendliche Anzahl von Gedanken* denken können, bevor alles zusammenbricht!« David grinste freudig angesichts der schieren Verwegenheit dieser Bemerkung. Ich dachte erst einmal: was für ein blasphemischer Unsinn.

Dann breitete er die Arme aus und sagte: »Versteht ihr es jetzt? Wenn die Engel ihre Hoffnung auf so etwas gesetzt hatten – auf einen genialen Trick, der sie davor bewahrte, das Schicksal des Universums zu teilen –, *schließlich jedoch soviel Wissen anhäuften, daß sie auch den letzten Fluchtweg als unmöglich erkennen mußten,* hätte das erhebliche Auswirkungen auf sie gehabt. Einige von ihnen könnten sich deswegen entschieden haben, sich in das Unvermeidliche zu fügen und – wenn sie schon sterblich waren – wie ihre Vorfahren zu leben. Im Fleisch.«

Céline sagte nachdenklich: »Und der Beatrice-Mythos legt einen religiösen Glanz über die ganze Sache, aber das ist vielleicht nichts anderes als die *Post-hoc*-Reinterpretation einer rein weltlichen Offenbarung.«

Das war zuviel für mich; ich konnte nicht mehr still bleiben und sagte: »Wenn die *Verheißung* wirklich von einer Bande tödlich depressiver Atheisten gegründet wurde, was hat dann bewirkt, daß sie ihre Ansichten änderten? Woher kommt das Verlangen noch einer ›*Post-hoc*-Reinterpretation‹? Wenn die Eingel eine Offenbarung hierher brachten, die ›weltlich‹ war, warum ist dann heute nicht der ganze Planet noch weltlich?«

Jemand sagte abfällig: »Die Zivilisation brach zusammen. Was erwartest du denn?«

Ich machte den Mund auf, um wütend darauf zu antworten, aber Céline war schneller. »Nein, was Martin sagt, ist nicht abwegig. Wenn David recht hat, muß der Siegeszug der Religion dringender denn je erklärt werden. Ich glaube nicht, daß jemand bereits jetzt dazu in der Lage ist.«

Danach lag ich lange wach und dachte über all das nach, was ich eigentlich hätte sagen sollen, über all die Einwände, die ich hätte erheben müssen. (Und über Céline.) Abgesehen von der Theologie gingen mir die Streitgespräche allmählich unter die Haut; vielleicht war es besser für mich, wenn ich meine Zeit im Labor verbrachte und Barat mit meiner Hingabe an seine sinnlosen, verdammten Mikroben beeindruckte.

Oder vielleicht war ich zu Hause besser dran. Ich konnte auf dem Boot aushelfen; meine Eltern waren nicht mehr jung, und Daniel mußte sich um seine eigene Familie kümmern.

Ich kletterte aus dem Bett und packte meine Sachen zusammen, doch mittendrin änderte ich meine Meinung. Eigentlich wollte ich meine Studien nicht aufgeben. Und ich hatte die ganze Zeit über gewußt, was das Gegenmittel für all die Verwirrung und die Wut war, die ich fühlte.

Ich legte meinen Rucksack fort, schaltete die Lampe aus, legte mich nieder, schloß die Augen und bat Beatrice darum, mir Frieden zu gewähren.

Jemand weckte mich auf, indem er gegen meine Zimmertür hämmerte. Es war ein Mitbewohner, ein junger Mann, den ich kaum kannte. Er sah sehr müde und reizbar aus, doch etwas anderes überdeckte seine Reizbarkeit.

»Hier ist eine Botschaft für dich.«

Meine Mutter war an einem unbekannten Virus erkrankt. Das Krankenhaus lag sogar noch weiter von Mitar entfernt als mein Heimatgebiet; die Reise würde fast drei Tage dauern.

Den größten Teil der Fahrt verbrachte ich im Gebet, aber je länger ich betete, desto schwieriger wurde es. Ich *wußte,* daß es möglich war, mit einem in der Engelsprache an Beatrice gerichteten Wort das Leben meiner Mutter zu retten, doch die Gefahr, dabei zu versagen und die Reinheit der Bitte mit meinem eigenen Zweifeln zu verderben, wurde immer größer.

Die Engel hatten nichts innerhalb der Ökopoesie erschaffen, was ihre eigenen sterblichen Inkarnationen schädigen konnte. Die ursprünglichen Lebensformen waren grundsätzlich unfähig, uns als Parasiten zu befallen. Aber über die Jahrtausende hinweg hatte unsere DNA Viren abgesondert. Und weil Beatrice alles lenkte, mußte die Erkrankung meiner Mutter genau das sein, was Sie wollte. Der Alterungsprozeß reichte nicht aus. Tödliche Verletzungen waren nicht genug. Der Tod mußte ohne Vorwarnung kommen können, still und unsichtbar.

So sagten es die Schriften.

Das Krankenhaus war ein Labyrinth aus miteinander verbundenen Schalen. Als ich schließlich den richtigen Durchgang gefunden hatte, war die erste Person, die ich aus der Ferne erkannte, Daniel. Er hielt seine Tochter Sophie in den ausgestreckten Armen und lächelte sie an. Dieses Bild vertrieb augenblicklich all meine Ängste; beinahe wäre ich auf die Knie gefallen und hätte meiner Dankbarkeit Ausdruck verliehen.

Dann sah ich meinen Vater. Er saß vor dem Zimmer und hatte den Kopf in die Hände gestützt. Ich konnte zwar sein Gesicht nicht sehen, aber das war auch nicht nötig. Er war weder besorgt noch erschöpft. Er war niedergeschmettert.

Ich näherte mich ihm in einem Dunst letzter Gebete, obwohl ich wußte, daß ich mit ihnen bereits darum bat, die Vergangenheit umzuschreiben. Daniel begrüßte mich, als sei nichts geschehen, und fragte mich, ob ich eine gute Reise gehabt habe – vielleicht versuchte er, mein Entsetzen zu mildern –, dann aber bemerkte er meinen Gesichtsausdruck und legte mir eine Hand auf die Schulter.

Er sagte: »Sie ist jetzt bei Gott.«

Ich drückte ihn beiseite und ging ins Zimmer. Der Körper meiner Mutter lag auf dem Bett und war bereits ordentlich aufgebahrt worden: die Arme lagen seitlich ausgestreckt, die Augen waren geschlossen. Tränen rannen mir die Wangen hinunter und machten mich wütend. Wo war meine Liebe gewesen, als ich dies hätte verhindern können? Worin hatte ich mich Beatrices Hilfe unwürdig erwiesen?

Daniel folgte mir alleine nach. Ich warf einen Blick zurück durch die Türöffnung und sah, daß Agnes Sophie hielt.

»Sie ist bei Gott, Martin.« Er strahlte mich an, als ob etwas Wundervolles geschehen sei.

Ich sagte starr: »Sie war keine Untergetauchte.« Ich war mir fast sicher, daß sie nicht einmal eine Gläubige gewesen war. Sie war ihr ganzes Leben lang in der Kirche des Übergangs geblieben – aber das war seit langem nur ein Weg, den Anschluß an Freunde nicht ganz zu verlieren, wenn man neun von zehn Tagen auf dem Boot arbeitete.

»Ich habe mit ihr gebetet, bevor sie das Bewußtsein verlor. Sie hat Beatrice in ihr Herz eingelassen.«

Ich starrte ihn an. Vor neun Jahren war er sicher gewesen: Entweder war man ein Untergetauchter, oder verdammt. So einfach war das gewesen. Meine eigene Überzeugung hatte sich schon vor langem gemildert; ich konnte nicht glauben, daß Beatrice wirklich so willkürlich und grausam war. Aber ich wußte, daß sich meine Mutter nicht nur geweigert hätte, das volle Ritual durchzuführen; seine ganze Philosophie wäre ihr genauso unsinnig vorgekommen wie der mechanische Ablauf.

»Hat sie das gesagt? Hat sie dir das gesagt?«

Daniel schüttelte den Kopf. »Aber es war klar.« Er war so erfüllt von Beatrices Liebe, daß er sein Lächeln einfach nicht abstellen konnte.

Eine Woge der Ablehnung durchflutete mich; ich stellte mir vor, wie ich mit seinem Gesicht das Deck scheuerte. *Es war ihm egal, was meine Mutter geglaubt hatte.* Wichtig war nur, was seine eigenen Schmerzen linderte und seine eigenen Zweifel erstickte. Es war unerträglich anzunehmen, daß sie verdammt war – oder nur einfach tot, vergangen, ausgelöscht –, daraus ergab sich alles andere. *Es lag keine Wahrheit in dem, was er sagte und er glaubte. Alles war nur Ausdruck seiner eigenen Bedürfnisse.*

Ich ging zurück in den Korridor und hockte mich neben meinen Vater. Ohne mich anzusehen, legte er den Arm um mich und drückte mich an sich. Ich spürte, wie Schwärze, Hilflosigkeit und das Gefühl des Verlustes über ihn hinwegbrandeten. Als ich versuchte, ihn zu umarmen, packte er mich nur noch fester und zwang mich zur Reglosigkeit. Ich zitterte einige Male, dann weinte ich nicht mehr. Ich schloß die Augen und erlaubte ihm, mich festzuhalten.

Ich war entschlossen, dort neben ihm zu bleiben und mich allem zu stellen, dem auch er sich stellen mußte. Aber nach einer Weile loderte die alte Flamme unlöschbar in meinem Hinterkopf wieder auf: die alte Wärme, der alte Friede, die alte Gewißheit. Daniel hatte recht; meine Mutter war bei Gott. *Wie hatte ich daran zweifeln können?* Es hatte keinen Sinn, sich zu fragen, wie das geschehen war; Beatrices Wege waren mir unverständlich. Aber das, was ich von Ihr selbst erfahren hatte, war die Kraft Ihrer Liebe.

Ich bewegte mich nicht; ich befreite mich nicht aus der trostlosen Umarmung meines Vaters. Aber jetzt war ich ein Schwindler, der aus seinem Gnadenzustand heraus für ihn um Trost bat und Fürsprache für ihn einlegte. Beatrice hatte mich aus der Dunkelheit herausgehoben, und ich konnte seine Qualen nicht mehr teilen.

5

Nach dem Tod meiner Mutter verlor mein Glaube weiter an Boden, ohne aber in seinen Grundfesten zu schwanken. Das meiste an dogmatischem Gehalt fiel weg und hinterließ einen Kernglauben, der viel einfacher zu verteidigen war. Es war gleichgültig, ob die Heiligen Schriften abergläubischer Unsinn oder die Kirche voller Narren und Heuchler waren; Beatrice war noch immer Beatrice, so wie der Himmel noch immer blau war. Wenn ich Debatten zwischen Atheisten und Gläubigen folgte, war ich immer häufiger auf Seiten der Atheisten – nicht weil mich ihre Schlußfolgerungen auch nur einen Moment lang überzeugten, sondern weil sie viel ehrlicher als ihre Gegner waren. Vielleicht hatten die Priester und Theologen, die gegen sie argumentierten, dieselbe unmittelbare, persönliche Erfahrung Gottes gemacht wie ich – oder vielleicht auch nicht; vielleicht versuchten sie nur verzweifelt zu glauben. Aber sie deckten nie die wahre Quelle ihrer Überzeugung auf; statt dessen machten sie lächerliche Versuche, die Existenz Gottes aus den historischen Aufzeichnungen oder vermittels Biologie, Astronomie oder Mathematik zu ›beweisen‹. Daniel hatte bereits im Alter von fünfzehn Jahren recht gehabt – so etwas konnte man nicht beweisen –, und mich schauderte, wenn ich hörte, wie diese Leute bei solchen Versuchen die Logik vergewaltigten.

Ich fühlte mich schuldig, weil ich meinen Vater mit einer Haushaltshilfe alleingelassen hatte, und noch schuldiger, als er ein Jahr später auf Daniels Boot zog, aber ich wußte, wie wütend ihn auch nur der Gedanke machen würde, ich hätte meine Karriere um seinetwillen aufgegeben. Manchmal war das der einzige Grund, warum ich in Mitar blieb. Selbst wenn ich wirklich alles hätte hinwerfen und zurückgehen wollen, um zu fischen, fürchtete ich, daß meine Entscheidung fehlinterpretiert werden könnte.

Es dauerte drei Jahre, bis ich meine Dissertation über die Wanderung der aquatischen Zooyten in der Folge der Ökopoesie vollendet hatte. Meine ursprüngliche Hypothese, der zufolge Frischwasserrassen den oberen Ozean bevölkert hatten, stellte sich als falsch heraus. Zooyten besaßen keine Gene, sondern waren nur Enzymfamilien, die einander nach der Zellteilung resynthetisierten, doch Vergleiche dieser erblichen Moleküle zeigten, daß im Gegensatz zum Regen, der neues Leben von oben mitbrachte, eine im Ozean lebende Spezies von einer viel größeren Tiefe aus stetig näher an die Oberfläche gerückt war, als die Schöpfungen der Engel den Sauerstoff aus dem Wasser gezogen hatten. Das wäre keine große Überraschung gewesen, wenn dieselben Tests nicht auch gezeigt hätten, daß verschiedene Arten, die man im Flußwasser finden konnte, sogar noch näher mit den Bewohnern der Meeresoberfläche verwandt waren. Aber diese Frischwasserrassen waren niemandes Vorfahren; sie waren die jüngsten Einwanderer. Die Zooyten hatten eine Milliarde Jahre in den Tiefen abgeschlossen verbracht und konnten plötzlich näher an der Oberfläche als je zuvor überleben (und sich fortpflanzen und mutieren), und als sie über eine Mutation gestolpert waren, die sie auch an der Luft gedeihen ließ, begannen sie, sich an Land auszubreiten. Die Ökopoesie hatte vielleicht andere einheimische Arten ausgelöscht, doch die Invasion von der Erde hatte es dieser uralten, ursprünglich auf dem Meeresgrund lebenden Spezies ermöglicht, eine lange überfällige eigene Invasion zu starten. Bewußt oder unbewußt hatten die Engel eine Reihe von Ereignissen in Gang gesetzt, die die Zooyten aus dem Ozean befreit hatten, auf daß sie den Planeten kolonisierten.

So bewies ich, daß ich unrecht gehabt hatte, erhielt meinen akademischen Titel und wurde berühmt in einem Kreis von Gleichgesinnten, der so klein war, daß wir alle nur füreinander berühmt waren. Es eröffneten sich mir jedoch keine neuen großen Forschungsmöglichkeiten. Alles, was die einheimischer Biologie betraf, erwies sich schnell als akademische Sackgasse; das hatte ich immer schon vermutet, aber auch hart darum gekämpft, aus ihr herauszukommen.

Die nächsten drei Jahre ging ich den Weg des geringsten Widerstands. Ich assistierte Barat bei seinen eigenen Forschungen und nahm Lehraufträge an, die niemand sonst haben wollte. Die meisten von Baraks Studenten wandten sich vielversprechenderen Tätigkeiten zu, und so wurde ich in Mitar immer einsamer. Aber das machte nichts; ich hatte ja Beatrice.

Im Alter von fünfundzwanzig Jahren sah ich meine Zukunft deutlich vor mir liegen. Während andere Leute das Vermächtnis der Engel entzifferten und darauf aufbauten, beobachtete ich ihre Bemühungen aus der Ferne und schlug mich noch immer mit Seewasserproben herum, aus denen man alle engelhaften Verunreinigungen peinlich gründlich entfernt hatte.

Als es schließlich beinahe schon zu spät war, entschied ich mich für einen Wechsel. Barat hatte mich stets gefördert, aber er hatte nie märtyrerhafte Loyalität erwartet. Am Ende des Jahres sollte in Tia eine biökologische (einheimische und engelhafte) Mikrobiologie-Konferenz abgehalten werden; es würde vielleicht das letzte Ereignis seiner Art bleiben. Ich konnte keine neuen Ergebnisse vorweisen, aber es fiel nicht schwer, einen plausiblen Grund für meine Teilnahme zu finden, und außerdem war es der ideale Ort, um nach einer neuen Position Ausschau zu halten. Meine große Zooyten-Entdeckung war in der größeren Gemeinschaft der Biologen nicht ganz untergegangen; ich konnte versuchen, die Erinnerung daran wieder wachzurufen. Ich bezweifelte, daß es mich weiterbringen würde, jemandem anzubieten, mit ihm oder ihr zu schlafen; abgesehen von ethischen Skrupeln war meine Brücke möglicherweise inzwischen eingerostet.

Vielleicht aber hatte ich ja Glück. Vielleicht stolperte ich über einen Untergetauchten, der in eine einflußreiche Position geraten war, und mußte ihm nur versprechen, daß ich meine Arbeit zur höheren Ehre Beatrices verrichten würde.

Tia war eine Stadt an der Ostküste mit zehn Millionen Einwohnern. Neue Türme standen Seite an Seite mit leeren Gebilden aus der Zeit der Engel; es handelte sich um gigantische, ausgebrannte Maschinen, die vielleicht einmal eine Rolle bei der Ökopoesie gespielt hatten. Ich war zu alt und zu stolz, um wie ein Kind zu glotzen, aber trotz all meiner provinziellen Kultiviertheit hätte ich eigentlich genau das am liebsten getan. Diese Kuppeln und Zylinder waren zwanzigmal älter als die Illustrationen, die in das Dach des Klosters in meiner Heimat geritzt waren. Wie alles von den Engeln Hervorgebrachte zeigten sie keine Bilder von Beatrice. Aber warum sollten sie auch? Sie waren schließlich vor ihrem Tod entstanden.

Die Universität am Rande von Tia war fast halb so groß wie die gesamte Stadt Mitar selbst. Eine Untergrundbahn umschloß den Campus; die Studenten, mit denen ich fuhr, beäugten meine unmodernen Kleider mit Unglauben. Ich ließ mein Gepäck im Studentenwohnheim und begab mich sofort ins Konferenzzentrum. Barat hatte es vorgezogen, fernzubleiben; vielleicht wollte er nicht Zeuge der öffentlichen Beerdigung seines Forschungsfeldes werden. Das machte es für mich leichter; es stand mir frei, mich nach einer neuen Karriere umzusehen, ohne ihm das sofort auf die Nase binden zu müssen.

Die letzten Änderungen im Konferenzprogramm wurden auf einem Bildschirm neben dem Haupteingang aufgelistet. Ich ging an der Anzeige vorbei, denn ich hatte für mich schon entschieden, welche Vorträge ich mir anhören wollte. Doch als ich den Bildschirm bereits drei Schritte hinter mir gelassen hatte, sah ich vor meinem inneren Auge eine Überschrift, die ich auf ihm wahrgenommen haben mußte. Ich mußte zurückgehen und mich vergewissern, ob ich sie mir nicht bloß eingebildet hatte.

Carla Reggia: »Euphorische Effekte der *Z/12/80*-Ausscheidungen.«

Ich stand da und lachte, weil ich es einfach nicht glauben wollte. Ich kannte die Referentin und ihre Mitarbeiter dem Namen nach, obwohl ich nie die Gelegenheit gehabt hatte, sie persönlich kennenzulernen. Wenn das nicht ein Scherz war... was hatten sie dann getan? Es getrocknet, es geräuchert und versucht, das als neue Forschung zu verkaufen? *Z/12/80* war einer ›meiner‹ Zooyten, einer derjenigen, die aus dem Ozean entkommen waren; Luft und Wasser von Tia wimmelten davon. Wenn seine Ausscheidungen euphorisch machten, mußte die ganze Stadt im Zustand der Verzückung sein.

Ich wußte, was sie entdeckt hatten. Ich *wußte* es, lange bevor ich es vor mir selbst zugab. Ich ging zu dem Vortrag mit dem Kopf voller Witze über vernachlässigte Kulturenflaschen voller psychotroper Analyseprodukte, aber zwei Tage lang hatte ich mich vor der Wahrheit davongestohlen und Wege gefunden, nicht mit ihr konfrontiert werden zu müssen.

Carla erklärte, daß *Z/12/80* neben seinen Abfallprodukten eine Aminosäure ausschied, die in der Lage war, sich an Rezeptoren unserer von den Engeln geschaffenen Gehirne zu binden. Seit von anderen Wissenschaftlern aufgezeigt worden war (niemand erkannte mich; niemand würdigte mich mehr als eines Blickes), daß *Z/12/80* vor den Zeiten der Ökopoesie nicht existiert hatte, war diese Interaktion mit an Sicherheit grenzender Wahrscheinlichkeit weder geplant noch vorhergesehen. »Es ist Aufgabe der Archäologen und Neurochemiker, zu entscheiden, welche Rolle – wenn überhaupt – die Ankunft dieser Substanz in der Umwelt beim Zusammenbruch der frühen Siedlungskultur gespielt hat. Aber seit den letzten fünfzehntausend oder achtzehntausend Jahren schwimmen wir darin. Da wir aber bis heute über ein breites Stimmungsspektrum verfügen, sind wir wahrscheinlich in der Lage, die Wirkung von *Z/12/80* dadurch zu kompensieren, daß wir den Ausstoß endogener Moleküle, die solche Rezeptoren binden, dauerhaft niedrig halten. Aber das ist nur eine wissenschaftliche Vermutung. Wie die Auswirkungen auf das einzelne Individuum je nach Dosierung und den Umständen des Einzelfalls genau aussehen, wird für Forscher mit entsprechender Sachkenntnis von großem Interesse sein.«

Ich sagte mir, daß ich keine Unruhe verspürte. Beatrice wirkte durch die Naturgesetze auf die Welt ein;

ich glaubte schon lange nicht mehr an Wunder. Die Tatsache, daß nun jemand herausgefunden hatte, wie Sie auf *mich* in jener Nacht im Wasser eingewirkt hatte, änderte überhaupt nichts.

Ich verstärkte meine Versuche, angeworben zu werden. Jeder auf der Konferenz sprach von Carlas Entdeckung, und als die Leute schließlich die Verbindung zu meiner eigenen Arbeit herstellten, hörten sie auf, durch mich hindurchzusehen. In den nächsten drei Tagen erhielt ich sieben Angebote, die sich alle auf die Erforschung der Zooyten-Biochemie bezogen. Jetzt konnte ich keinen Rückzieher mehr machen und in die unverbindlichere Welt der engelhaften Biologie flüchten. Einer der Forscher sagte sogar offen zu mir: »Sie sind Freiländer und wissen, daß die Vorfahren von *Z/12/80* in viel größerer Anzahl im Ozean leben. Glauben Sie nicht, daß der *ozeanische* Gesichtspunkt der Schlüssel zum Verständnis dieses Phänomens ist?« Er lachte. »Ich meine, Sie sind doch als Kind in dem Zeug geschwommen, oder nicht? Und Sie scheinen es unbeschadet überstanden zu haben.«

»Anscheinend.«

In meiner letzten Nacht in Tia konnte ich nicht schlafen. Ich starrte in die Schwärze des Zimmers und beobachtete die grauen Fleckchen, die vor mir durch die Luft tanzten. (Verunreinigungen der wässerigen Körpersäfte? Elektrische Störungen in der Retina? Ich hatte die Erklärung dafür irgendwann einmal gehört, aber ich konnte mich nicht an sie erinnern.)

Ich betete in der Engelsprache zu Beatrice; ich konnte Ihre Gegenwart sehr wohl spüren, und zwar so stark wie immer. Es war nicht nur eine Frage der Dosis oder der transkutanen Absorption; das bloße Schwimmen im Ozean in richtiger Tiefe reichte nicht aus, um das Gefühl des Untertauchens hervorzurufen. Doch in Kombination mit der Belastung durch den Sauerstoffmangel und der psychologischen Propaganda, die Daniel beigesteuert hatte, mußte der Schuß Zooytenpisse gewisse neuroendokrine Subsysteme in neue Gegenden geführt oder neue Pfade durch altbekanntes Territorium geschlagen haben. *Friede, Freude, Zufriedenheit, das Gefühl, geliebt zu werden* – das alles waren eigentlich keine unbekannten Gefühle. Doch weil das Gehirn, das normalerweise solche Gefühle nur hervorbrachte, wenn ein *Grund* für sie bestand, kurzgeschlossen wurde, war ich ›mit der Liebe Beatrices gesegnet‹ worden. Ich hatte Freude auf Abruf erlangt.

Und ich besaß sie noch. Das war das Unheimlichste daran. Selbst als ich dort in der Dunkelheit lag und dabei war, alles, wofür ich gelebt hatte, wegzuerklären, blieb meine Fähigkeit, mich der altbekannten Maschinerie zu bedienen, noch so tief eingewurzelt, daß ich mich so geliebt und gesegnet wie immer fühlte.

Vielleicht offenbarte mir Beatrice auf diese Weise, daß Sie diese Blasphemie vergab und mich in Ihre Arme zurückempfing. Aber warum glaubte ich, daß da jemand war, der mir vergab? Man konnte nicht über den Verstand zu Gott gelangen; es gab als einzigen Weg den Glauben. Und ich wußte jetzt, daß die Quelle meines Glaubens ein sinnloser Zufall war, ein unvorhergesehener Nebeneffekt der Ökopoesie.

Ich hatte noch eine Wahl. Ich konnte noch sagen, daß Beatrices Liebe immun gegen alle Logik blieb, sie eine Kraft jenseits des Verstehbaren und Beweisbaren war.

Nein, das konnte ich nicht. Ich hatte schon zu lange Ausnahmen für sie zurechtgezimmert. Jeder benutzt zweierlei Maß, aber ich übertrieb es inzwischen.

Ich lachte und weinte zur selben Zeit. Es war beinahe unvorstellbar: all die Millionen von Menschen, die auf dieselbe Art und Weise in die Irre geführt worden waren. Alles nur wegen der Zooyten und wegen… was? Wegen eines einzigen Freiländers, der zu seinem Vergnügen getaucht und über eine neue, seltsame Erfahrung gestolpert war? Dann wiederholten Zehntausende sie, Generation für Generation, bis ein sensibler Mann oder eine feinfühlige Frau dazu getrieben wurde, diese neue Erfahrung mit Bedeutung zu füllen; jemand, der das Gefühl, geliebt und beschützt zu werden, so bitter nötig hatte, daß er der Illusion einer realen Präsenz hinter dem bloßen Gefühl nicht mehr widerstehen konnte. Oder der verzweifelt glauben wollte, daß der Tod überwunden werden konnte, obwohl die Engel entdeckt hatten, daß auch selbst sie sterblich waren.

Ich hatte Glück: Ich war in einer Ära der Mäßigung geboren worden. Ich hatte weder im Namen Beatrices getötet, noch für meinen Glauben gelitten. Ich hegte keinen Zweifel daran, daß ich während der letzten fünfzehn Jahre sehr viel glücklicher hatte leben dürfen, als wenn ich Daniel befohlen hätte, das Seil und die Gewichte ohne mich über Bord zu werfen.

Aber das änderte nichts an der Tatsache, daß alles im tiefsten Grunde eine Lüge war.

Ich erwachte in der Morgendämmerung nach ein par Kilotau Schlaf. In meinem Kopf hämmerte es. Ich schloß die Augen und suchte nach Ihrer Gegenwart, wie ich es schon tausendmal getan hatte. *Wenn ich am Morgen erwachte und in mein Herz schaute, war Sie dort ohne Fehl und bot mir Stärke und Geleit. Wenn ich des Nachts im Bett lag, fürchtete ich nichts, denn ich wußte, daß Sie über mich wachte.*

Es war nichts mehr da. Sie war fort.

Ich stolperte aus dem Bett und fühlte mich wie ein Mörder. Ich fragte mich, wie ich mit dem, was ich getan hatte, weiterleben sollte.

6

Ich lehnte jedes Angebot ab, das ich auf der Konferenz erhalten hatte, und blieb weiterhin in Mitar. Barat und ich benötigten zwei Jahre, um unsere eigene Forschungsgruppe einzurichten, die Auswirkungen der Zooamine untersuchen sollte, und neun weitere Jahre, um das volle Ausmaß ihrer Aktivitäten im Gehirn zu erhellen. Unsere neuen Rekruten besaßen allesamt solide Kenntnisse in Neurochemie, und sie leisteten bessere Arbeit als ich selbst, aber als Barat in Pension ging, wurde ich trotzdem zum Wortführer der Gruppe.

Die ursprüngliche Entdeckung war außerhalb der Wissenschaftsgemeinde kaum zur Kenntnis genommen worden; den meisten Leuten war es ziemlich egal, ob unsere Gehirnchemie dem Entwurf der Engel entsprach oder vor fünfzehntausend Jahren durch irgendeine unerwartete Verunreinigung verändert worden war. Doch als die Zooamine-Gruppe von Mitar detaillierte Berichte über die Biochemie religiöser Erfahrung veröffentlichte, sann die ganze Öffentlichkeit auf Rache.

Die Universität ließ die Sicherheitsvorkehrungen verstärken, und trotz einiger Todesdrohungen und einer Anzahl unerquicklicher Zwischenfälle mit steinwerfenden Demonstranten wurde niemand verletzt. Fernsehsender überschwemmten uns mit Anfragen, von denen die meisten auf der Vorstellung basierten, die Gruppe sei moralisch verpflichtet, sich ›ihren Kritikern zu stellen‹; es ging nie darum, daß die Fernsehleute moralisch verpflichtet waren, uns Gelegenheit zu geben, unsere Arbeit ruhig und verständlich zu erklären, ohne von aufgebrachten Eiferern niedergebrüllt zu werden.

Ich hatte gelernt, die Eiferer zu meiden, doch den Obskurantisten war schwerer auszuweichen. Ich hatte

Opposition von den Kirchen erwartet, denn schließlich war es ihre Aufgabe, den Glauben zu verteidigen, aber einige der intellektuell verkommensten Antworten kamen von Akademikern aus anderen Disziplinen. In einer vom Fernsehen ausgestrahlten Debatte wurde ich mit einer Priesterin der Tiefen Kirche, einem Übergangstheologen, einem Anhänger der Ozeangöttin Marni und einem Anthropologen aus Tia konfrontiert.

»Diese Entdeckung hat keine echten Auswirkungen auf die Glaubenssysteme«, erklärte der Anthropologe ernsthaft. »Jede Wahrheit ist örtlich begrenzt. Innerhalb jeder Tiefen Kirche in Ferez *ist* Beatrice die Tochter Gottes, und wir sind die sterblichen Inkarnationen der Engel, die von der Erde aus hierher gekommen sind. In einer Küstenstadt ein paar Milliradien weiter südlich ist Marni die höchste Schöpferin, und Sie hat uns alle hier geboren. Wenn wir einen Schritt weitergehen und uns von der spirituellen zur wissenschaftlichen Domäne bewegen, könnte es so scheinen, als würden nun plötzlich einige spirituelle Wahrheiten negiert, aber wenn wir von der wissenschaftlichen zur spirituellen Ebene umschalten, erleben wir dieselben Beschränkungen. Wir selbst sind nichts anderes als die Geschichten, die wir uns erzählen, und keine Geschichte ist besser als die andere.« Er lächelte wohlwollend und hatte den Gesichtsausdruck eines Vaters, der nur allzu glücklich ist, seinen sich balgenden Kindern einen genau gleichen Anteil am umstrittenen Spielzeug geben zu können.

Ich sagte: »Was glauben Sie, wie viele Kulturen teilen Ihre Definition der Wahrheit? Wie viele Leute wären damit zufrieden, einen Gott anzubeten, der buchstäblich aus nichts anderem besteht als aus der Tatsache ihres Glaubens?« Ich wandte mich an die Priesterin der Tiefen Kirche. »Reicht Ihnen das aus?«

»Keinesfalls!« Sie funkelte den Anthropologen finster an. »Während ich den größten Respekt vor meinem Bruder hier habe« – sie zeigte auf den Anhänger Marnis –« kann man doch nicht einen Kreis um diejenigen Leute ziehen, die das Glück hatten, im wahren Glauben aufgewachsen zu sein, und dann andeuten, daß Beatrices unendliche Macht und Liebe auf diese Gruppe von Leuten begrenzt ist... wie eine beliebige Sammlung von Volksliedern!«

Der Anhänger Marnis pflichtete dem respektvoll bei. Marni hatte die entferntesten Sterne erschaffen und genauso die Ozeane der *Verheißung*. Vielleicht nannten einige Leute Sie bei einem anderen Namen, aber selbst wenn morgen jeder auf diesem Planeten stürbe, wäre sie noch Marni: unverändert, ungeschmälert.

Der Anthropologe antwortete besänftigend: »Natürlich. Aber im Zusammenhang und unter einer weiteren Perspektive...«

»Ich bin vollkommen glücklich mit einem Gott, der in uns wohnt«, meinte der Übergangstheologe. »Es scheint mir... *anmaßend*, mehr zu erwarten. Und anstatt uns sinnlos an diesen Fragen der Letzten Dinge aufzureiben, sollten wir uns auf angemessenere Probleme von menschlichem Format beschränken.«

Ich wandte mich ihm zu. »Es ist Ihnen also tatsächlich vollkommen gleichgültig, ob ein unendlich machtvolles und liebendes Wesen alles um Sie herum erschaffen hat und beabsichtigt, Sie nach Ihrem Tod in seinen Armen willkommen zu heißen, oder ob das Universum nur eine Quantenstörung ist, die letztlich wieder verschwinden und uns dadurch alle auslöschen wird?«

Er seufzte schwer; es war, als ob die Antwort auf meine Frage für ihn eine körperliche Großtat darstellte. »Dieser Schlußfolgerung kann ich keine Sympathie entgegenbringen.«

Später nahm mich die Priesterin der Tiefen Kirche

beiseite und flüsterte: »Ehrlich gesagt sind wir alle sehr dankbar, daß Sie diesen schrecklichen Kult des Untertauchens entlarvt haben. Es gibt eine große Anzahl fundamentalistischer Tölpel, und die Kirche wäre ohne sie besser dran. Aber Sie dürfen nicht den Fehler machen, zu glauben, daß Ihre Arbeit etwas mit normalen, zivilisierten Gläubigen zu tun hat!«

Ich stand hinten in der Menge, die sich am Strand nahe des Felsenteichs versammelt hatte, und hörte den beiden alten Männern zu, die knöcheltief in milchigem Wasser standen. Es hatte vier Tage gedauert, um von Mitar aus herzureisen, aber als ich Berichte über eine Zooytenblüte gehört hatte, die an der fernen Nordküste anbrandete, hatte ich einfach herkommen und die Auswirkungen selbst sehen müssen. Die Zooamine-Gruppe hatte eigentlich für solche Gelegenheiten eine Anthropologin eingestellt – jemand, der mit solch schwierigen Problemen wie der Existenz einer objektiven Realität und der biochemischen Grundlage menschlichen Denkens umgehen konnte –, aber Céline war nur einen Teil des Jahres bei uns, und im Augenblick war sie verreist und mit anderen Forschungen beschäftigt.

»Dies ist ein alter, heiliger Ort!« intonierte einer der Männer und breitete die Arme aus, als wolle er den ganzen Teich umschließen. »Ihr müßt nur seinen Umriß erkennen, um es zu verstehen. Er bündelt die Energie der Sterne und der Sonne und des Ozeans.«

»Der Brennpunkt der Macht ist hier am Zufluß«, fügte der andere hinzu und zeigte auf eine Stelle, wo ihm das Wasser bis zu den Waden stehen mußte. »Einmal bin ich zu nahe herangekommen. Ich hatte mich fast im großen Traum des Ozeans verirrt, als mein Freund kam und mich errettete!«

Diese Männer waren keine Anhänger Marnis oder

Mitglieder einer anderen regulären Religion. Soweit ich aufgrund von alten Berichten wußte, ereigneten sich diese ›Blüten‹ etwa alle acht bis zehn Jahre, und die beiden Männer gaben sich seit mehr als fünfzig Jahren als ›Wächter‹ des Teichs aus. Einige der hiesigen Dorfbewohner sahen das Ganze als Scherz an, doch andere verehrten die alten Männer. Und für eine kleine Gebühr konnten Touristen und Einheimische einen Segensgesang erhalten und wurden dann mit dem mächtigen Gebräu besprengt. Verdunstung hatte sicherlich das ›Blütenwasser‹ stark konzentriert; einige Tage lang würden die Amine in Mengen bereitstehen, die denen in unseren Laborkulturen daheim in Mitar glichen.

Als ich zuschaute, wie sich die Leute für das Ritual in eine Reihe stellten, versuchte ich die Möglichkeit herunterzuspielen, daß jemand davon ernsthaft in Mitleidenschaft gezogen werden konnte. Es war heller Tag, niemand bangte um sein Leben, und das pantheistische Geschwafel der alten Männer besaß die Gewichtigkeit des Geplappers von windigen Straßenhändlern. Ihre nur marginale Aufrichtigkeit und das Geld, das den Besitzer wechselte, mußte ausreichen, um die ganze Sache zu untergraben. Das hier war eine Touristenfalle und keine das Leben ändernde Erfahrung.

Als die Segnungen vorüber waren, kniete sich die erste Kundin am Rand des Teiches nieder. Einer der Wächter füllte eine kleine Metallschale mit Wasser und schüttete sie der Frau ins Gesicht. Einen Augenblick später heulte sie vor Freude. Ich ging näher heran. Mein Magen zog sich zusammen. *Sie hatte gewußt, was man von ihr erwartete; mehr war an der Sache nicht dran. Sie spielte mit, weil sie den anderen den Spaß nicht verderben wollte – wie die anständigen Kerle, die vorgeben, ein Jahrmarktszauberer habe ihre Gedanken gelesen.*

Danach segneten die Wächter einen jungen Mann. Er schwankte schon heftig, noch bevor das Wasser ihn berührte; als es soweit war, brach er in Schluchzer der Erleichterung aus, die seinen ganzen Körper schüttelten.

Ich sah mir die ganze Schlange an. Als dritte war ein junges Mädchen an der Reihe, das ängstlich um sich schaute; sie war nicht älter als neun oder zehn. Ihr Vater (ich nahm an, daß er es war) stand hinter ihr und drückte ihr die Hand gegen den Rücken, als ob er sie sanft vorwärtstreiben wollte.

Ich verlor das Interesse daran, den Anthropologen zu spielen, und bahnte mir einen Weg durch die Warteschlange. »Diese Männer sind Betrüger! Hier passiert nichts Mysteriöses. Ich kann euch genau sagen, was im Wasser ist; es ist nur eine Droge, eine natürliche Substanz, die von Geschöpfen ausgestoßen wird, die hier in der Falle saßen, als sich die Wellen zurückzogen.«

Ich hockte mich und wollte die Hand in den Teich stecken. Einer der Wächter stürzte vor und packte mich am Handgelenk. Er war nur ein alter Mann, und ich hätte mit ihm machen können, was ich wollte, doch einige Leute verspotteten mich bereits, und ich wollte nicht mit ihm raufen und einen Aufruhr verursachen. Ich wich vor ihm zurück und sagte dann:

»Ich untersuche diese Droge seit mehr als zehn Jahren an der Universität von Mitar. Sie befindet sich überall im Wasser dieses Planeten. Wir trinken sie, wir baden in ihr, wir schwimmen in ihr. Aber hier ist sie stark konzentriert, und wenn ihr nicht wißt, was ihr tut, wenn ihr sie benutzt, könnte euch diese Unwissenheit schaden!«

Der Wächter, der mein Handgelenk festhielt, lachte. »Ja, der Traum des Ozeans ist mächtig, aber das brauchst du uns nicht zu sagen. Fünfzig Jahre lang haben mein Freund und ich seine Weisheit studiert, bis wir stark genug waren, in dem heiligen Wasser zu *stehen!*« Er deutete auf seine ledrigen Füße; ich zweifelte nicht daran, daß seine Blutzirkulation so schwach geworden war, daß sie die Dosis auf ein erträgliches Maß beschränkte.

Er streckte seinen sehnigen Arm nach mir aus. »Also verpiß dich nach Mitar, Inländer! Verpiß dich zu deinen Büchern und deinen toten Maschinen! Was weißt du denn schon über die heiligen Mysterien? *Was weißt du schon über den Ozean?*«

Ich sagte: »Ich glaube, Sie sind es, der keine Ahnung hat.«

Ich stieg in den Teich. Der Alte jammerte, ich verseuche das Wasser mit meinem nicht gereinigten Körper, doch ich drückte ihn zur Seite. Der andere Wächter kam auf mich zu, aber obwohl meine Füße nach vielen Jahren des Schuhetragens weich geworden waren, ignorierte ich die scharfen Kanten der Steine und marschierte weiter auf den Zufluß zu. Die Zooamine halfen mir dabei. Ich verspürte die alte Freude, den alten Frieden, die alte ›Liebe‹; es war ein starkes Beruhigungsmittel.

Ich warf einen Blick zurück über die Schulter. Der zweite Mann verfolgte mich nicht mehr; er schien ehrlich Angst zu haben, weiterzugehen. Ich zog mein Hemd aus, knüllte es zu einem Bündel zusammen und warf es auf einen Fels neben dem Teich. Dann watete ich weiter, geradewegs auf den ›Brennpunkt der Macht‹ zu.

Das Wasser stand mir bis zu den Knien. Ich spürte, wie mein Herz hämmerte – so stark wie seit meiner Kindheit nicht mehr. Die Leute riefen mir vom Rand des Teichs etwas zu; einige waren verärgert über mein Sakrileg, andere sorgten sich anscheinend um meine Sicherheit angesichts von Kräften, die ich ihrer Meinung nach nicht einschätzen konnte. Ohne mich umzudrehen, rief ich so laut ich konnte: »Hier gibt es keine ›Macht‹! Hier ist nichts ›Heiliges‹! Hier ist nichts als eine Droge…«

Alte Angewohnheiten sind schwer auszurotten; beinahe hätte ich gebetet. *Bitte, Heilige Beatrice, laß mich meinen Glauben nicht wiedererlangen.*

Ich legte mich so tief in das Wasser, daß es mein Gesicht bedeckte. Vor meinen Augen wurde es weiß; ich fühlte mich, als verlasse ich meinen Körper. Die Liebe Beatrices floß in mich, und nichts hatte sich geändert: Ihre Gegenwart war so deutlich und so unleugbar wie immer. Ich *wußte*, daß ich geliebt und angenommen war und daß mir vergeben wurde.

Ich wartete und starrte in das Licht. Beinahe erwartete ich, eine Stimme zu hören oder Visionen oder detaillierte Halluzinationen zu haben. Das war einigen der Untergetauchten passiert. Wie haben sie danach ihren Weg zurück in die geistige Gesundheit gefunden?

Doch ich hatte nur das Gefühl selbst; es war überwältigend, aber rein. Es wurde nicht langweilig; ich hätte mich tagelang in ihm suhlen können. Jedoch verstand ich jetzt, daß es mir nicht mehr über meinen Platz in der Welt sagte als die Wärme des Sonnenlichts auf der Haut. Ich würde es nie mehr als die Berührung einer wirklichen Hand mißverstehen.

Ich kam auf die Beine und öffnete die Augen. Violette Nachbilder tanzten vor mir her. Es dauerte einige Tau, bis ich Atem holen konnte und mich wieder sicher auf den Beinen fühlte. Dann drehte ich mich um und watete zurück zum Ufer.

Die Menge schwieg; ob aus Ekel oder mißgünstigem Respekt, wußte ich nicht.

Ich sagte: »Das ist nicht nur hier so. Es ist nicht nur im Wasser. Es ist inzwischen ein Teil von uns; es ist auch in unserem Blut.« Ich war noch immer halbblind; ich konnte nicht sehen, ob mir jemand zuhörte. »Aber wenn ihr das wißt, seid ihr schon frei. Solange ihr bereit seid, einzusehen, daß alles, was euren Geist zu Höhenflügen verleitet, und alles, das euch selbst erhebt und euer Herz mit Freude erfüllt, *daß alles, was euer Leben lebenswert macht*, eine Lüge ist, daß es nichts als Zerfall ist, daß es bedeutungslos ist, dann könnt ihr niemals versklavt werden!«

Sie ließen mich gehen, ohne mir etwas anzutun. Ich drehte mich um; die Reihe formierte sich wieder; das Mädchen stand jetzt aber nicht mehr in der Warteschlange.

Ich zuckte aus dem üblichen alten Traum hoch.

Ich ließ meine Mutter vom Achterdeck des Bootes ins Wasser hinab. Ihre Hände waren zusammengebunden; ihre Füße mit Gewichten beschwert. Sie hatte Angst, aber sie vertraute mir. »Du wirst mich wieder nach oben und in Sicherheit bringen, nicht wahr, Martin?«

Ich nickte beruhigend. Doch sobald sie unter den Wellen verschwunden war, dachte ich: Was tue ich da? Ich glaube doch nicht mehr an diesen Mist.

Also nahm ich mein Messer und schnitt das Seil durch…

Ich zog die Knie bis zum Brustkorb hoch und hockte so in der Dunkelheit auf dem unvertrauten Bett. Ich befand mich in einer kleinen Stadt an der Bahnlinie auf halben Weg zurück nach Mitar. Irgendwo zwischen Mitternacht und Tagesanbruch.

Ich zog mich an und verließ die Herberge. Die Innenstadt lag verlassen da, und der Himmel hing voller Sterne. Wie zu Hause. In Mitar verschwand alles im Lichternebel.

Alle drei Sterne, von denen die verschiedenen Autoritäten jeweils eine andere als die Sonne der Erde ansahen, standen am Horizont. Wenn hier nicht ein großer Irrtum vorlag, würde ich vielleicht noch zu meinen Lebzeiten ein Teleskopbild des Planeten selbst sehen können. Aber die Aussicht darauf, Kontakt mit den Engeln herzustellen – wenn es wirklich irgendwo da draußen noch eine Splittergruppe von ihnen gab –, ließ mich kalt. Ich rief im stillen zu den Sternen hinauf: *Eure degenerierte Nachkommenschaft braucht eure Hilfe nicht! Warum sollten wir uns mit euch zusammentun? Wir werden euch überflügeln!*

Ich setzte mich auf eine Stufe am Rande eines Platzes und bedeckte mein Gesicht. Gespielte Tapferkeit nützte nichts. Nichts nützte mehr. Wenn ich im Angesicht der Wahrheit aufgewachsen wäre, wäre ich vielleicht stärker gewesen. Aber wenn ich nachts erwachte und wußte, daß meine Mutter einfach tot war, daß jeder, den ich liebte, ihr folgen würde, daß ich selbst in der gleichen Leere verschwinden würde, dann war es, als sei ich lebendig begraben worden. Es war, als ob ich wieder im Wasser sei, gefesselt und mit Gewichten beschwert und mit dem Wissen, daß es niemanden gab, der mich hochziehen konnte.

Jemand legte mir die Hand auf die Schulter. Ich sah verwirrt auf. Es war ein Mann in meinem Alter. Er wirkte nicht bedrohlich, er schien eher Angst vor mir zu haben.

Er sagte: »Brauchen Sie ein Dach über dem Kopf? Ich kann Sie in die Kirche lassen, wenn Sie wollen.« In einiger Entfernung hinter ihm stand ein mit Reinigungsgeräten bepackter Handwagen.

Ich schüttelte den Kopf. »So kalt ist es nicht.« Ich war zu verlegen, um zu erklären, daß ich ein gutes Zimmer in der Nähe hatte. »Danke.«

Als er fortging, rief ich hinter ihm her: »Glauben Sie an Gott?«

Er blieb stehen und starrte mich eine Zeitlang an, als ob er herauszufinden versuche, ob das eine Fangfrage sei – als ob ich von den örtlichen Gemeindemitgliedern angeheuert worden sei, um ihn auf seine theologische

Standfestigkeit zu überprüfen. Oder vielleicht wollte er auch nur vorsichtig gegenüber jemandem sein, der verzweifelt genug war, um gegen Mitternacht auf dem Ortsplatz zu sitzen und sich von einem Fremden beruhigen zu lassen.

Er schüttelte den Kopf. »Als Kind habe ich geglaubt. Jetzt nicht mehr. Es war eine schöne Vorstellung, aber sie ergab keinen Sinn.« Er beäugte mich skeptisch und war sich meiner Motive anscheinend noch immer unsicher.

Ich sagte: »Ist das Leben dann nicht unerträglich?«

Er lachte. »Nicht die ganze Zeit über!«

Er ging zurück zu seinem Handwagen und rollte ihn zur Kirche hin.

Ich blieb auf der Stufe sitzen und wartete auf die Morgendämmerung.

Originaltitel: ›Ozeanic‹ · Aus: ›Asimov's Science Fiction‹, August 1998 · · Übersetzung aus dem amerikanischen Englisch von Michael Siefener

---

Monika Angerhuber

MOTTENFLÜGEL – EIN JAPANISCHES GESPENSTERMÄRCHEN

Unserer Liebesnacht flüchtiger Traum zerfließt mir.
Schlummernd suche ich das Bild zu erneuern;
und es zerfließt immer mehr.

ARIWARA NARIHIRA

Es war an einem Morgen spät im September. Schon seit dem ersten Licht der Dämmerung hatte man die Hufe der Pferde draußen auf der trockenen Ebene vernommen; sie trommelten ein unablässiges, gehetzt hin- und hereilendes Stakkato.

Die ganze Nacht hatten die Bewohner des Hauses am Flußufer wachgelegen, die Wange auf den nackten Arm gepreßt, der ihnen als Kopfkissen diente, mit offenen Augen in die Dunkelheit lauschend. Draußen am Himmel stand der volle Mond wie eine Verheißung, ein wunderschönes Geschenk der Götter, aber sein Licht erschien den Schlaflosen plötzlich nicht mehr mild und tröstend, sondern unbeteiligt und kalt.

»Weine nicht«, sagte Takigawa Nobutsune, seiner Gattin mit sanften, langen Strichen über das Haar fahrend. »Wir können es doch nicht ändern, aber ich werde wiederkommen, du mußt nur auf mich warten.

Wenn der Vollmond wieder über dem Hügel steht, bin ich zurück.«

»Schwöre es«, flüsterte Akihime, seine Hand mit nassen Lippen küssend. Er lächelte, nickte hinter dem Vorhang seiner lang aufgelösten lackschwarzen Haare zu ihr hinunter. Rabenflügel, dachte Akihime. Sein Haar sieht aus wie Rabenflügel, es hat den gleichen bläulichen Metallglanz, als ob es nicht von dieser Welt wäre.

Bei Tagesanbruch kleidete er sich an und ging hinaus, die Männer begrüßen, die dort neben ihren Pferden auf ihn warteten. Sie neigten das Haupt vor ihm, aber ihr Respekt schien seiner Gattin, die in ihrem Schlafgewand an den Pfeiler gestützt stand und sie ängstlich beobachtete, nicht von Herzen zu kommen. Sie unterdrückte den Impuls, ihm eine Warnung zuzurufen, und beobachtete wortlos, wie er auf das prachtvoll gezäumte Pferd stieg. Ein Diener reichte ihm die Lanze und das Schwert und entfernte sich wie eine Krabbe rückwärts am Boden rutschend.

Dann wirbelten die rastlosen Hufe den Staub des Hofes auf, und das Geräusch der Frühlingstrommeln entfernte sich, immer leiser werdend, zwischen den sonnenverbrannten Hügeln.

Zweimal hob sich – und sank – der Vollmond.

Akihime beobachtete sein Ebenbild, das von winzigen Wellen getrübt wurde, im Spiegel des Flusses. Sie saß auf dem hölzernen Steg, ließ ihre aufgelösten Haare in der Strömung treiben, und ihr Perlmuttkamm strähnte, ohne daß sie es bemerkte, Wasserpflanzen und Haare gleichermaßen. Ihre Lippen flüsterten lautlos, vielleicht sprach sie ein Gedicht aus alter Zeit. Die Wassertropfen, die von ihren Händen fielen, durchdrangen ihr helles Übergewand und ließen die rote Seide des Unterkleides durchscheinen wie das Innere einer Muschel, die sich dem kräftigen Schnabel des Reihers ergibt.

Der Herbst war inzwischen weit fortgeschritten; die Pfeilkrautblätter am Flußufer hingen braun in die träge Flut. Am Horizont sah man bisweilen den aufsteigenden Rauch ferner Brände, und es wurde erzählt, der ›Weiße Reiher‹, die Burg des Shôgun, stehe in Flammen. Akihime schüttelte immer den Kopf, wenn die Sprache auf diese Dinge kam. Sie wollte nichts davon hören, was kümmerte sie die Wohlfahrt der hohen Herren? Sie wartete auf den Hufschlag von ›Wolke‹, den sie aus allen anderen heraushören würde. Wie oft hatte sie ihren Gatten bei den Reitübungen beobachtet, sich den Rhythmus des Hufschlags eingeprägt. Grau wie der Rauch war das Roß von Nobutsune, grau wie der Flug der Schwalben, die sich im Spätherbst von den Dächern stürzen und nie mehr zurückkommen.

Der erste Schnee fiel, und ein Bote traf von der Grenze kommend ein. Akihime hörte die hastig hervorgestoßenen Worte des Boten an der spaltbreit geöffneten Verandatür, hinter der sie am Boden kauerte. Die Herrin solle sich darauf vorbereiten, am Abend den Besuch des Fürsten zu empfangen, sagte der Bote. Sie wußte: Es war wichtig, daß sie bei diesem Anlaß die Interessen ihres abwesenden Gatten vertrat. Sie durfte nichts tun, was den Fürsten verärgern und Nobutsune in Ungnade fallen lassen konnte.

Akihime war noch jung und hübsch, sie kannte den Fürsten, war ihm schon bei Hof begegnet. Bei mehr als einem Anlaß hatte sie Gelegenheit gehabt, sich sein bleiches Gesicht mit den kleinen, hartglänzenden Augen einzuprägen. Sie wußte, welchen Wein er bevorzugte und daß er kein Geflügel aß. Mit diesem Wissen konnte sie rasch ein passendes Abendessen vorbereiten lassen.

Freundlich dankend entließ sie den Boten und erhob

sich, um sich für den erwarteten hohen Besuch zurechtzumachen.

Obwohl es nicht für den Monat passen wollte, wählte sie ein dunkelviolettes Gewand mit aufgestickten gelben und hellblauen Lilien, unter dem die Streifen des roten Unterkleides am Halsausschnitt wie frische, mit dem Lineal gezogene Wunden auf ihrer hellen Haut leuchteten. Sie würde für den gehobenen Anlaß ihr Haar offen nach Art der Hofdamen tragen, sich das Gesicht mit Reispuder weiß färben und die nach der bei Hof vorherrschenden Mode hoch angesetzten Augenbrauenpunkte mit Kohlenpulver auf die Stirn tupfen.

In der Küche eilten derweil die flinken Füße der Mägde hin und her, eilig damit beschäftigt, Fische auszunehmen und Reis zu schälen. Die dumpfen Schläge des Reisstampfers drangen durch das stille Haus bis in das Gemach der Herrin. Nachdem sie mit ihren Vorbereitungen fertig war, saß Akihime bei offenen Schiebetüren und ließ ihre Blicke auf dem nebelverhangenen Flußufer weilen, von wo ab und zu der hohle Ton des Wassers mit dem Wind heraufdrang.

Als der Fürst nach Einbruch der Dunkelheit eintraf, wartete sie am Boden zusammengekauert, die Stirn auf die gefalteten Hände gelegt, darauf, daß er ihr das Aufstehen erlaube. Sie sah nur seine Füße, breit und selbstsicher in die Strohmatten des Eingangs gestemmt, und glaubte den Blick der glänzenden kleinen Affenaugen auf ihrem Rücken brennen zu fühlen.

Später saßen sie zusammen beim Essen. Akihimes Aufgabe bestand darin, dem Fürsten Wein nachzuschenken und ihm die Speisen zu reichen, ihn mit ihrer Konversation zu unterhalten, während er aß und trank.

»Spielt mir etwas auf der Biwa vor«, hatte er gesagt, »ich schätze beim Essen ein stimmungsvolles Lied.«

Akihime überlegte, welches Lied sich wohl für die Gelegenheit am besten eignete, aber dann flossen die Noten wie von selbst über die zitternden Saiten der Laute, nahmen in der stillstehenden Luft des kleinen Gemachs den Ton des Windes an, der draußen durch die Wipfel der Kiefern fuhr. Der Klang der Biwa ahmte den Klang des Wintersturmes nach, den Ton des langsam tropfenden Tauwassers. Sie zog die Saiten lang mit ihren Fingern, streichelte sie mit den Nägeln, entlockte ihnen klagende, mit beinahe menschlicher Stimme schluchzende Töne.

Der Fürst lachte, als er die Melodie erkannte. »Warum spielt Ihr das Lied der ›weinenden Kiefern‹? Ich finde es nicht recht passend für diesen Anlaß. Spielt ein fröhliches Lied, spielt ›Regenpfeifer am Biwasee‹ oder, noch besser, spielt ›Die Motte im Licht‹!«

Errötend gehorchte Akihime. ›Die Motte…‹ war ein Liebeslied, in dem es um die Leidenschaft ging, die so stark war, daß die Motte sich sogar dafür in das tödliche Licht stürzte.

»Verzeiht«, sagte sie, »Ihr müßt verstehen, daß das Lied der Kiefer meiner Stimmung am besten entspricht; denn noch ist mein Herr nicht heimgekommen, und ich habe bislang keine Nachricht von ihm erhalten.«

»Dieser Flußbarsch ist sehr gut, er paßt zu Eurem leichten Wein«, bemerkte der Fürst, gelassen mit der Hand den Takt zur Musik vorgebend. Er schien nicht willens zu sein, auf das Thema einzugehen, aber dann warf er einen Blick auf das Gesicht der Frau, die vor ihm am Boden über ihrem Instrument kauerte und ihn mit weit aufgerissenen Augen wie in Trance anstarrte.

Sie schlug sofort die Augen nieder, als ihre Blicke sich kreuzten, aber er hatte die flehende Frage hinter dem ausdruckslosen Lächeln doch erkannt.

»Ich habe Nachricht für Euch von Eurem Gatten«,

sagte er milder und legte die Eßstäbchen weg. Sie schien nicht zu verstehen, was er ihr dann wortreich sagte. Wie hätte sie sonst bei dieser Nachricht weiterhin so unverändert lächeln können? Ihr Herr würde nicht zurückkommen, man hatte ›Wolke‹ reiterlos vor der Festung eingefangen, die Mähne von Blut verkrustet. Es wurde allgemein angenommen, daß Nobutsune gefallen war. Alle seine Besitztümer würden nun dem Fürsten zufallen, da er keinen männlichen Erben hatte.

»Ich werde Euch ab jetzt öfter besuchen, jeden Tag, wenn ich kann«, sagte er. »Ihr seid schutzlos ohne einen Gatten. Wie könnte ich diesen Zustand dulden?«

Und er ergriff das Ende einer ihrer langen schwarzen Haarsträhnen, die bis zu seinen Knien ausgebreitet waren.

Das nur noch schwach flackernde Licht in der Papierlampe verglomm mit einem leisen Zischen. Der Schlag von Mottenflügeln hätte ausgereicht, um es zu löschen.

Am nächsten Abend, kurz vor Einbruch der Dämmerung, ging Akihime barfuß hinunter zum Flußufer, auf den hölzernen Steg, der bereits von einem feinen, weichen Schneeflaum bedeckt war.

Als die Dienerinnen sie Stunden später verzweifelt suchten, weil der angekündigte Besuch des Fürsten nahe bevorstand, fanden sie ihre Herrin unter einer dünnen Decke jungfräulichen Schnees. Der Perlmuttkamm war hinuntergefallen, ihr Haar hatte sich gelöst und hing lang ausgestreckt in der trägen Strömung, einen anmutigen Kontrast zu ihrem nackten weißen Arm bildend, von dem eine nicht abreißende Perlenschnur roter Tropfen in den Fluß rann.

Der erste Blick des Fürsten, als er breitbeinig in die Tür trat, fiel auf die Tote, die in aufgeweichten und durchnäßten Kleidern – das wirre Haar von Wasserpflanzen durchwoben – lang ausgestreckt auf dem Boden des Empfangszimmers lag. Sie trug nur eine schmale, schon nicht mehr blutende Wunde. Der zierliche Frauendolch schimmerte, die halbmondförmig gebogene Klinge leicht befleckt, neben ihr.

Wütend versetzte der Fürst dem nächstbesten Möbelstück einen kräftigen Hieb mit der Reitpeitsche, dann wandte er sich auf dem Fuß um und verließ mit ausdruckslosem Gesicht das Haus.

Das Haus am Flußufer wurde aufgegeben, wie der Fürst es angeordnet hatte, obwohl tiefer Winter herrschte.

Alle Diener und Einrichtungsgegenstände bewegten sich in einer langen Karawane aus Ochsenkarren über die Hügel fort, behindert von den grausam fauchenden Windböen, die ihnen hartgefrorene Eisbrocken entgegenschleuderten.

Das Haus lag still, in ungestörter Ruhe; durch die offen gelassenen Schiebetüren wehte der Schnee in winselnden Wellen herein. Das Jaulen des Windes, der die Bilder an den Wänden tanzen ließ und die dünnen Reispapierrollen in lange, flatternde Streifen riß, war der einzig hörbare Ton weit und breit. Der unscheinbare kleine Grabstein der Hausherrin auf dem Hof war rasch von dem alles einhüllenden Weiß begraben. Kein lebendes Wesen regte sich entlang des verwaisten Flußufers außer den standhaften Enten, die selbst im Winter nicht fortfliegen wollten. Doch auch der längste Winter schwindet eines Tages dahin, und das nächste Frühjahr hielt mit seinem anhaltenden Regen, der drückend feuchtwarmen Luft und dem wilden Wachstum der Pflanzen Einzug in dem stillen Haus.

Zwanzig Jahre vergingen auf diese Weise.

Ein alter Bettelmönch bewegte sich in der Nachmittagshitze schleppend langsam über die ausgetrockneten, von dürrem Gestrüpp bewachsenen Hügel. Der Schweiß rann ihm in Bächen von der Stirn, weshalb er einen Streifen aus dem Saum seines Gewandes gerissen und um den Kopf geschlungen hatte, um die Augen zu schützen. Der Horizont tanzte vor ihm in einem unsteten Flackern, das die von der Hitze in Wirbeln aufgetriebene Luft verursachte. Die hölzerne Bettelschale schlug in gleichmäßigem Takt gegen seinen Oberschenkel; er benützte das Geräusch als Schrittzähler, versenkte sich in das monotone Klappern, vergaß darüber seine Umgebung und zum Teil auch sein Unbehagen.

Aber es würde bald Abend werden, und er mußte sich nach einem Schlafplatz umsehen. Die Bettelschale war leer geblieben an diesem Tag, sogar die Bauern waren von der Hitze zu träge, um den Arm auszustrecken und etwas hineinzuwerfen. Das war nicht so schlimm, er war daran gewöhnt und verspürte überdies keinen großen Hunger. Er brauchte nur etwas zu trinken – von der Hitze und dem fliegenden Staub war seine Kehle völlig ausgetrocknet.

In der Ferne erhob sich vor ihm der graubraune Strich eines dichten Bambusgehölzes. Wo es Bambus gab, mußte Wasser in der Nähe sein, deshalb ging er geradewegs darauf zu. Schon von weitem hörte er das kratzende, schürfende Rascheln der dolchförmigen Blätter im Luftzug und ein müdes Gluckern, das von einem Wasserlauf herrühren mußte.

Als er sich mühsam durch das Dickicht gekämpft hatte, stand der Mönch am Ufer eines Flusses, dessen gelblichbraune Fluten, von der Hitze geschwächt, nur noch ein träges Rinnsal zwischen den aufgerissenen Ufern bildeten. Aber es war immerhin Wasser, und er war froh, seine hölzerne Bettelschale damit füllen zu können. Er mußte nur Holz suchen – etwas trockenes Holz oder Bambuslaub, nicht eben schwer zu finden an diesem Ort.

Als der alte Mönch die Blicke in die Runde schweifen

ließ, sah er zwischen den zerfledderten Kiefernwipfeln am anderen Ufer ein moosbewachsenes, löchriges Hausdach aufragen. Rasch zog er die Strohsandalen aus, schürzte sein schwarzes Gewand und watete durch das Wasser hinüber. Ein hölzerner Steg führte vom Ufer gerade hinauf bis an die auf Pfeilern stehende Veranda; er folgte den aus der Form gesprungenen Brettern des Steges mit tastenden Schritten seiner nackten Füße.

Die Veranda lag, von dem darübergewucherten Bambus beschattet, in einer absoluten Stille, die kein Ruf eines Vogels durchbrach. Etwas wie ein langer, hohler Atemzug hob sich vom Wasser her und zog, fauligen Geruch mit sich bringend, zum Haus empor.

Es mußte einmal ein prächtiges, großes Haus gewesen sein, mit einer umlaufenden Veranda, großen Schiebetüren und einem Innenhof, der wohl ehemals von kundiger Hand liebevoll bepflanzt und mit buntem Sand bestreut worden war. Ein unscheinbarer kleiner Grabstein – vielleicht der eines totgeborenen Kindes – erhob sich hinter einem Dickicht von Brennesseln. Die fauligen Reispapierfüllungen der Schiebetüren hingen in Streifen herunter, so daß der Blick ungehindert ins Innere schweifen konnte.

Der alte Mönch stützte sich an einem der Pfeiler, kratzte sich den schlecht rasierten Kopf. Die schwermütige Ruine und das Flußufer erschienen ihm seltsam vertraut. Er war zwanzig Jahre auf Wanderschaft durch ganz Yamato gewesen, hatte in diesen Jahren manches Flußufer und manches Haus gesehen. Vielleicht – das war nicht ausgeschlossen – hatte er auch diesen Ort schon einmal besucht.

Zweifelnd sah er sich noch einmal um, dann betrat er die verwüsteten Reste der ehemaligen Empfangshalle.

Das umgestürzte Kohlenbecken war glücklicherweise nicht zerbrochen. Nachdem er es aufgerichtet hatte, konnte er ein kleines Feuer aus dem dürren Bambuslaub darin entfachen und in einer gesprungenen irdenen Schale Wasser aufkochen.

Draußen vor dem Haus dunkelte es nur sehr langsam. Der Eintritt der erleichternden Abendkühle schien sich endlos hinauszögern zu wollen, noch drückte die brütende Hitze alles zu Boden.

Der Mönch saß auf den schimmligen Matten des vordem prächtigen Raumes, betrachtete die zerrissenen Holzschnitte an den Wänden und die verstreut herumliegenden, zerbrochenen Gegenstände, die so aussahen, als wären sie bei überstürztem Aufbruch an Ort und Stelle zurückgelassen worden.

In der Schmucknische am Kopfende des Gemachs lehnten, achtlos hingeworfen, eine Kôto und eine Biwa in jämmerlichem Zustand. Das Holz der Klangkörper war aufgesprungen von der Hitze wie die trockene Haut seiner Lippen, die Saiten hingen schlaff und brüchig von den Wirbeln.

Ein großes Frauenporträt, in ehemals leuchtenden Farben von geschickter Hand auf das feine Papier gepinselt, zierte das obere Ende der Schmucknische. Die zerrissenen Ränder spielten in einem leichten, nicht spürbaren Luftzug, flatterten sanft wie die winzigen Barteln eines Welses, der die moosigen Steine am Grund des Teiches mit seinem empfindsamen Maul abtastet.

Über dem Dreifuß des Kohlenbeckens köchelte das Wasser aus dem Fluß mit leise singendem Ton, dem der alte Mönch halbgeschlossenen Auges, in schläfriger Stimmung lauschte. Er war zu matt, um die Hand zu heben und die Schale vom Feuer zu nehmen. Das Wasser würde bald verkocht sein, aber... er hatte ohnehin keinen Durst mehr, die Müdigkeit war stärker als jedes andere Bedürfnis. Sich auf der Seite ausstreckend, hob er den Blick noch einmal zu der Schmucknische mit ihrer sonderbaren Anordnung von Gegenständen.

Das Licht des Sonnenuntergangs fiel durch einen Spalt in den Wänden herein. Es badete das Bild der Frau in leuchtendem, durchscheinendem Rot, das die gemalten Augen sonderbar lebendig wirken ließ. Wie schwarze Beeren, glänzend und hart, waren sie in unablässigem Starren scheinbar auf ihn gerichtet. Er erwiderte das Starren zuerst gleichmütig, wissend, daß es nur ein Bild war; aber nach einer Weile wurde ihm doch unwohl dabei.

Der Schnitt der großen schwarzen Augen, der lächelnde Kindermund unter der feinen, geraden Nase, der silberne Halbmond auf dem Haarkamm ihrer Frisur berührten irgendeine verborgene, längst verdorrte Saite in ihm, und es schien ihm, als taste ein Erinnern sich langsam, gleichsam auf Katzenpfoten, am Rand des Schlafes heran. Die unfaßbare, nur einen winzigen Zipfel ihrer Gesamtheit offenbarende Erinnerung entzog sich jedoch seinem Zugriff, saß in seinem Fleisch quälend wie ein winziger Stachel.

Seufzend erhob der Bettelmönch sich, ging hinüber zu der Schmucknische, drehte das Frauenbild mit dem Gesicht zur Wand und legte sich wieder neben das Kohlenbecken.

Dann war es völlig still, und die Dunkelheit sank rings um das stille Haus herum wie eine riesige, von Regen schwer beladene Wolke.

Der alte Mann versuchte zu schlafen. Auf dem Rükken hingestreckt, den schwer atmenden Mund halb geöffnet, lag er reglos am Boden. Aber der Schlummer, der ihn noch vor kurzem mit bleischwerer Mattigkeit auf den Boden gefesselt hatte, schien einer unerklärlichen Unruhe Platz gemacht zu haben, die in seinem Körper juckte und stach.

Nur der volle Mond warf seine Strahlen durch das

löchrige Dach herein, traf die toten Gegenstände im schweigenden Haus mit teilnahmsloser Berührung. Der Mönch glaubte in dem ungewissen Schein zu sehen, wie das Bild in der Schmucknische sich leise flatternd bewegte, obwohl kein Windhauch wehte. Etwas, das aussah wie ein dünner bläulicher Rauchfaden, stieg von dem Bild auf und wand sich in schlangengleichen Spiralen bis unter die im Dunkeln liegende Decke.

Dann sah er es ganz deutlich: Das Bild hatte sich in der Nische herumgedreht, und die durchdringenden schwarzen Augen musterten ihn wie zuvor in reglosem Starren.

Er kannte dieses Gesicht, dessen war er sich nun ganz sicher. Aber woher nur? In den zwanzig Jahren, die er durch Yamato gewandert war, hatte er so viele Gesichter gesehen, daß sie sich vor seinem inneren Auge vermischten zu einer einzigen, formlosen Masse. All die vielen Frauen, auf denen sein Auge im Lauf seines Lebens geruht hatte, verschmolzen in eine einzige, ungewisse Form, wie ein Strom von flüssigem Wachs.

Und aus dieser Urform traten aufs neue überdeutlich klar die Züge der Frau auf dem zerrissenen Rollbild hervor.

Ein kleiner, blasser Falter, eine Motte vielleicht, schwebte durch den dunklen Raum in einem langsamen, hin und her torkelnden Zickzacktanz. Die Motte schien nicht zu wissen, wohin sie sollte; endlich setzte sie sich auf die Schulter des alten Mönches, und er betrachtete sie aus nächster Nähe, reglos, mit mühsam verdrehten Augen.

Ihre Flügel waren bedeckt mit einem feinen, durchscheinenden Perlenmuster, das einem Netz von Tränen ähnelte.

Dann schrak das Tierchen plötzlich auf, flatterte

empor und erlosch in der Finsternis wie eine Rußflocke über dem Licht einer glühenden Lampe.

Ein langgezogener, singender Ton kam aus der Tiefe des Raums und bewegte sich in wellengleichen, widerhallenden Windungen auf ihn zu. Es war der klagende Ton einer Biwa, das erkannte der alte Mönch nach einem Augenblick ungläubigen Horchens. Körperlos, schwach und zitternd, wie der unstete Flug des Falters. Die Töne waren so zart und leise, als hätten die Finger kaum die Kraft, die Saiten zu zupfen. Die Melodie, die sie spielten, war schleppend und langsam, ähnlich dem müden Hufschlag der schwerbeladenen Pferde auf weiter Ebene.

»Nobutsune«, flüsterte der Wind, der draußen in den Kiefernwipfeln gespielt hatte und jetzt mit elektrisierender Berührung durch die offenen Türen hereinstrich. »Bist du nun doch zurückgekehrt? Der Mond ist voll, wie du es versprochen hattest… aber du kommst um viele Jahre zu spät.«

Der alte Mönch schrak heftig auf bei diesen Worten, als hätte er in tiefem Schlummer gelegen. Sicher, es war nur ein Traum gewesen – er war, ohne es zu merken, doch in Schlaf gefallen und hatte geträumt.

»Nein«, murmelte er mit einem schwermütigen Lächeln und strich sich über die Glatze. »Ich heiße nicht Nobutsune. Diesen Namen trage ich schon seit zwanzig Jahren nicht mehr. Nenn mich Bûson, Wind, wenn du schon einen Namen brauchst.«

»Nobutsune«, hauchte der Wind, der nun deutlicher den Klang einer hellen, kindlichen Frauenstimme hatte. »Erkennst du das Lied, das ich für dich spiele? Es heißt ›Die Motte im Licht‹…«

Ein plötzlicher Windstoß ließ das Bambusdickicht vor dem Haus mit einem trockenen Rascheln erschaudern, fuhr wie eine Liebkosung über das verrunzelte Gesicht des alten Mannes.

»Geh, verfluchter Geist; laß mich, ich kenne dich nicht«, sagte er.

Da jaulte der Wind schmerzlich auf wie ein getretener Hund, schlug die Fenster und Türen zu, riß die Fetzen der Rollbilder von den Wänden. Im Kohlenbecken verglommen die letzten Reste der Glut, die nun von dem heftigen Luftzug auf die trockenen Matten geweht wurden. Überall um den Mönch her sprangen die roten Funken auf, hüpften durch die Finsternis und verglühten qualmend auf dem trockenen Reisstroh.

Eine Saite der gespenstischen Biwa riß mit klagendem Ton und schnellte durch die ganze Länge des Zimmers, wand sich wie ein dünner, fester Eisendraht um den Körper des alten Mannes. Er konnte sich nicht bewegen, so fest umwickelte der harte Draht ihn, fesselte ihm die Arme an den Brustkorb und schnitt tiefe Wunden in seine Haut. Mit einem leisen Schmerzenslaut fiel er zurück auf die Seite, versuchte sich kraftlos aus der Umklammerung zu befreien, die ihm den Atem abschnürte.

Feurige Kreise tanzten ihm vor den Augen, gesellten sich zu dem Flug der Funken, die der Sturm aus dem Kohlenbecken wirbelte. Sein Blut tropfte, fiel in rötlichen Echos, mit dem pochenden Ton der Frühlingstrommeln. Der schwere, in seiner Wahrnehmung verzögerte Aufprall der Blutstropfen klang wie der Schritt von Pferdehufen oder der den Marschtakt vorgebende Fächerschlag der Generäle.

Der rachsüchtige Geist lachte laut und voller Befriedigung bei diesen Tönen. Schmerz mit Schmerz zu vergelten, war sein Ziel. Aber schon kroch das erste Zwielicht durch die Ritzen, schon wurde das böse Lachen überlagert von den fernen Tempelglocken, welche das Ende der Nacht und den Anbruch des Tages verkündeten.

Als er den Klang der Glocken hörte, bäumte sich der

alte Mönch noch einmal mit dem Mute der Verzweiflung auf, warf sich herum und schleuderte das schwere Instrument mit einem Ruck aus der Nische quer durch das Zimmer. Ein glänzender kleiner Gegenstand klirrte neben ihm in der Blutlache am Boden.

Mit der rechten Hand, die frei geblieben war, tastete er nach dem schlüpfrigen Ding, bekam es zu fassen und warf es in die Finsternis, ohne sehen zu können, wohin.

Das kalte Lachen brach mit einem Ton, der wie ein langgezogener Seufzer dahinschwand; es hätte ebensogut das Schluchzen des Windes im Bambusdickicht sein können. Dann trat eine so vollkommene Stille ein, daß das eigene Keuchen dem alten Mönch überlaut in den Ohren dröhnte.

Während die Windungen des Eisendrahtes um seinen Brustkorb sich allmählich lockerten, sank er, erschöpft von dem wilden Kampf, bewußtlos zu Boden.

Als Bûson am nächsten Morgen die Augen aufschlug, strömte der Regen wie eine unaufhörliche Flut von Tränen nieder. Durch die Löcher im Dach fielen die Tropfen herein, sein Gewand war bereits davon durchtränkt. Er lag auf dem Rücken, ließ sich das lauwarme Wasser über das Gesicht, in den Mund laufen. Es hatte einen sonderbar salzigen Geschmack – wie Blut oder Tränen –, der ihm widerlich zwischen den Lippen brannte.

Erst nach einer Weile fand er den Mut, sich herumzudrehen und zu sehen, wer sein Gegner in dem nächtlichen Kampf gewesen war.

Ein paar Schritte von ihm entfernt lag, jämmerlich zerbrechlich und halb zertrümmert, inmitten des geronnenen Blutes ein menschliches Skelett. Zwischen den fingerdünnen Rippenbögen steckte ein halbmondförmig gebogener Frauendolch. Die langen schwarzen

Haare, die noch an dem Schädel hingen, hatten sich um den Leib des Mönchs geschlungen, schienen ihn in einer Art sehnsüchtiger Umklammerung verzweifelt festzuhalten.

Nun erst fiel die Blindheit der Erinnerung von ihm ab, und der alte Mann wußte, wohin ihn das unbarmherzige Schicksal, das niemals verzeiht, geführt hatte.

Am Abend ritzte er mit dem Dolch in den kleinen Grabstein auf dem Hof einen weiteren Namen, dann ging er hinunter zum Flußufer, um nach alter Sitte in der reinigenden Flut seine Sünden abzuwaschen.

Die Autorin:

›EDDIE‹ MONIKA ANGERHUBER, geboren 1965 in München und dort aufgewachsen, lebt seit 1981 in Berlin. Langjährige Tätigkeit als Verwaltungsangestellte; seit kurzem auch Webdesign. Herausgabe des ›Artzines Fleurie‹ von 1993 bis 1998. Veröffentlichung von Kurzgeschichten und längeren Erzählungen in diversen Szenemagazinen und zuletzt in Anthologien wie ABENDGRAUEN (KBV-Verlag), DER AGNOSTISCHE SAAL (Schriftenreihe Maldoror) und DER TAG DES SILBERNEN TIERES (EDFC). Bisher zwei Bände mit eigenen Erzählungen (Goblin Press, Edition Metzengerstein); zur Zeit ist ein Roman in Vorbereitung. Übersetzung zweier Storysammlungen, eines Romans und diverser Erzählungen aus dem Englischen und Amerikanischen.

ASIMOVS
SCIENCE FICTION

Von **Isaac Asimov** erschien in der
HEYNE ALLGEMEINEN REIHE:

Auf der Suche nach der Erde · 01/6401
Aurora oder Der Aufbruch zu den Sternen · 01/6579
Das galaktische Imperium · 01/6607
Die Rückkehr zur Erde · 01/6861
Die Rettung des Imperiums · 01/7815
Nemesis · 01/8084
Robot ist verloren · 01/6401
Die vierte Generation · 01/8228
Die Menschheit wird gerettet · 01/8358
Das Foundation-Projekt · 01/9563
Einbruch der Nacht · 01/10090
(mit Robert Silverberg)

In der Reihe
HEYNE SCIENCE FICTION & FANTASY:

Der Mann von drüben · 06/3004
Geliebter Roboter · 06/3066
Der Tausendjahresplan · 06/3080
Der galaktische General · 06/3082
Alle Wege führen nach Trantor · 06/3084
Am Ende der Ewigkeit · 06/3088
SF-Kriminalgeschichten · 06/3135
Ich, der Robot · 06/3217
Die nackte Sonne · 06/3517
Der Zweihundertjährige · 06/3621

Foundation-Edition
10 Bände in Kassette · 06/8101-8110

Als Herausgeber:
Science Fiction Erzählungen des 19. Jahrhunderts · 06/4022
Fantasy-Erzählungen des 19. Jahrhunderts · 06/4023
Der letzte Mensch auf Erden · 06/4074
Zukünfte – nah und fern · 06/4215
Spekulationen · 06/4274
Die Wunder der Welt · 06/4332
Science Fiction aus den Goldenen Jahren · 06/4600

Seit 1978 erscheinen **Auswahlbände** aus dem bekannten amerikanischen Periodikum **›Isaac Asimov's Science Fiction Magazine‹** inzwischen **›Asimov's Science Fiction‹:** Die letzten Folgen waren:

40: 06/4957
41: 06/5018
42: 06/5085
43: 06/5141
44: 06/5196
45: 06/5311
46: 06/5373
47: 06/5481
48: 06/5635
49: 06/5666
50: 06/5921
51: 06/5948
52: 06/5989
53: 06/8318
54: 06/6345

In der
BIBLIOTHEK DER SCIENCE FICTION LITERATUR:
Lunatico · 06/7
Meine Freunde, die Roboter · 06/20
Die Stahlhöhlen · 06/71
Die nackte Sonne · 06/72
Foundation · 06/79

Als Herausgeber:
Das Forschungsteam · 06/13